临港产业区工程建设实践

下册：生态环境工程

闫红民　主　编
徐聆溪　周开红　贾秉志　副主编
江苏方洋集团有限公司　编　著

中国建筑工业出版社

图书在版编目（CIP）数据

临港产业区工程建设实践. 下册，生态环境工程 / 闫红民主编；江苏方洋集团有限公司编著. —北京：中国建筑工业出版社，2021.12

ISBN 978-7-112-26891-7

Ⅰ. ①临… Ⅱ. ①闫… ②江… Ⅲ. ①工业园区—环境工程 Ⅳ. ①TU984.13②X5

中国版本图书馆CIP数据核字（2021）第261652号

编 委 会

主　　编： 闫红民

副 主 编： 徐聆溪　周开红　贾秉志

编　　委：（以编写章节顺序排名）

孙庆凯　苏国强　李安白　王余虎　黄本敏　刘衍溥

姜崇棠　包小萌　李　军　杜　易　张　婷　王惠惠

杨廷超　于惠莲　程志刚　王其仓　柏高之　陈　祺

参编单位：

江苏方洋建设工程管理有限公司

江苏方洋人力资源管理有限公司

江苏方洋水务有限公司

江苏东港能源投资有限公司

青岛新都市设计集团有限公司

上册：基础配套工程

目录

下册：
生态环境工程

第8章 生态环境工程概述

连云港徐圩新区在建设以石化产业为主，兼有其他产业的综合临港产业园区的过程中，秉持“生态、低碳、循环、智能”的发展理念，实现产业经济与生态环境同步发展，并进行了有益的实践。徐圩新区领导在对新区发展进行总结时说道：“历经十年发展建设，探索形成了一些好的发展理念。其中最核心一条，就是绿色发展。”绿色发展，使产业区在经济快速发展的同时，保持天蓝、地绿、水清的良好生态环境。

8.1 产业区生态环境建设的思考

我国改革开放的几十年里社会经济得到快速发展，经济建设取得巨大成就。但由于最初阶段经济发展形式比较粗放，生态环境遭到破坏，付出了沉重的代价，成了人们忧心的问题。探究其中的原因，就是没有考虑经济发展给生态环境带来的负面影响，导致经济发展与生态环境没有能够兼顾，多数经济发展好的地区，往往是生态环境受到严重破坏的地区，甚至有些地区的环境污染已经影响到了人们的生产与生活，威胁到了人们的身体健康。

每一个工业产业园区都是工业企业的集中地，在发展过程中也都存在环境污染的隐患，都面对绕不开的环保问题，每一个产业园区都在思考如何应对。大多数产业园区通过投入资金和技术，采用各具特色的处理方式，避免或减少生产带来的污染，保护和改善生态环境，以实现产业园区健康、可持续发展的长远目标。

徐圩新区在推进产业园区绿色发展的过程中，面对自然环境条件和工业废水处理及排放情况，我们思考并提出以下问题。

（1）徐圩新区东临黄海，建区前曾是晒盐的盐场，新区范围内土壤盐碱化严重，地表水和地下水盐度高，如何在这样的条件下进行有效绿化、营造现代园林景观?

（2）徐圩新区的主要产业是石化工业，多家生产企业同时排放工业废水，废水处理工程量大，对处理工艺提出了更高的要求；此外，由于涉及多家企业，对于污水处理的管理模式如何创新？

（3）为了更好地保护环境，对污水处理厂达标尾水采用生态湿地的方法进一步净化，具体需要怎样的水生植物配置方案？生态湿地在发挥净化功能的同时，如何布置成产业区中的一道别致风景线？

（4）达标尾水净化后采用深海排放的形式来处理，深海排放工程建设难度大，采用什么样的技术方案更可靠？

园区管理者和工程技术人员针对以上问题，结合自然条件和工程项目要求开展技术研究，对每项工程提出了对应的设计实施方案。

8.2 生态环境工程建设目标

从产业园区持续健康发展的需要出发，针对自然生态、工业污染、废物垃圾等问题，通过生态环境工程建设来进行治理，避免环境污染，以保障产业园区整体发展处在良性循环的轨道上，对产业园区长期稳定发展具有重要作用。

通过树立顺应自然的理念，运用当代的科学技术，为产业园区的未来发展拓展了新的空间，其意义是长久的，在经济上也是合理的。

（1）打造宜人怡景的现代产业园区

通过实施盐碱土地修复、培植滨海地区适应性植物、工业废水无害化处理等工程，让产业园区内景色优美，绿意盎然，清新自然。

（2）为产业园区的可持续发展奠定基础

推动产业园区内生态经济运行体系的建立，促进建立园区内产业发展与生态环境的新型关系，为未来产业园区在低碳减排方面提供更多空间，为未来产业园区转型升级提供重要支撑。产业园区通过生态环境工程建设，增强了园区人员的生态文明意识，提高了园区企业的生态素养，推广绿色文化、生态知识和绿色消费，确保园区生态环境安全，使产业园区达到较高的生态环境标准，相对其他同行产生比较优势。

8.3 产业园区生态环境建设与发展

连云港徐圩新区的建设走过了12年的发展历程，辖区内有石化工业产业区、节能环保产业区、商业核心区以及徐圩港区等功能区。徐圩新区为了提升全区生态环境水平，开展了多方面的研究，包括对盐碱化土壤修复及植物适应性培植与养护，滨海地区高盐度地下水排盐工程，利用水源热泵技术为办公楼供热和空调，对污水处理厂排放尾水进行再净化工程等。新区将研究成果付诸实践，建成了多项生态环境工程，如张圩港河防护林带生态廊道建设，污水处理厂达标尾水净化工程、达标尾水排海工程、高盐废水处理工程等，其指标涵盖经济发展、物质减量与循环、污染控制、园区管理等方面，极大地促进了新区实现产业转型升级和生态文明建设的融合发展，于2019年7月被生态环境部、科学技术部及商务部联合评定为国家生态工业示范园区。

徐圩新区以规划引领生态园区建设，充分利用当地自然环境和条件，通过生态绿地工程建设，打造具有体育运动等多功能的生态绿地中心，为区内企业和居民提供良好的工作生活环境，实现创新型生态工业园区的目标。

徐圩新区在建设开发前是产盐重镇，生态环境较为恶劣。通过对高盐碱土壤环境地带开展土壤改良研究与探索，采用了多种生态恢复技术与景观设计手法，在过去的荒盐碱土质的环境中建起景色优美的湖畔景区，极大地改善了新区环境。

徐圩新区针对污水处理厂达标尾水，采用人工湿地形式进行生物净化处理，人工湿地可用于污染水体的水质改善和环境修复，净化处理设施在提升水质的同时，还形成了产业区一处新的景观带。

达标尾水净化后进行深海排放。将达标尾水通过海域管道输送至尾水扩散器，利用海洋净化功能达到最终处理目的。

随着石化产业的快速发展，新区对临港产业区污水预处理等各项配套提出新的要求，石化基地工业废水第三方治理等工程建设，满足了新区产业项目污水预处理、再生回用水回用及达标排放的要求。

第9章　生态绿地与拓展基地

徐圩新区自2009年成立以来，各项基础设施建设和经济同步发展迅速，市政道路、港口铁路、公园绿化等项建设已在全区范围内展开，以石化产业为主的产业园区已初具规模。整个新区在经济发展、物质减量与循环、污染控制、园区管理等方面形成了整体有序的良性循环，促进新区实现产业转型升级和生态文明建设的融合发展。

徐圩新区以规划引领生态园区建设，充分利用当地自然环境和条件，通过生态绿地工程建设，打造新区生态绿地中心，为区内企业和居民提供良好的工作生活环境，实现创新型生态工业园区的目标，推动新区向更高水平发展。

9.1　建设概况

9.1.1　建设概况

2015年环境保护部（现生态环境部）、商务部和科学技术部联合出台的《国家生态工业示范园区管理办法》中指出："为贯彻落实《中华人民共和国环境保护法》《中华人民共和国循环经济促进法》和《中华人民共和国清洁生产促进法》等法律法规和《中共中央 国务院关于加快推进生态文明建设的意见》，促进工业领域生态文明建设，推动工业园区实行生态工业生产组织方式和发展模式，促进工业园区绿色、低碳、循环发展"。徐圩新区结合新区的建设发展目标，于2016年启动新区生态绿地工程建设项目。

生态绿地与拓展基地位于江苏大道至港前大道之间的条形地带，北靠灯塔路，南邻张圩港河路，长约3300m，宽约560m，如图9-1所示。该项目分为张圩港河生态绿地和拓展训练基地两部分（统称"生态拓展公园"），张圩港河绿地先期建设，拓展训练基地随后建设。

图9-1 整体鸟瞰图

1. 张圩港河生态绿地

张圩港河生态绿地位于徐圩新区张圩港河北岸沿河地带，在徐圩新区总体规划和控制性详细规划中，该地块用地性质为防护绿地和旅游文化用地，用地面积近2km²。地块内培植适合当地生长的绿色植物，并逐步使当地绿色植物向多样化方面发展，面对地块内多为回填淤泥的现状条件，按照总体设计，该项目进行了全方位的绿化建设，包括回填种植土与改良原状土相结合的土质改造，大面积种植耐盐碱的树种和草种，建设休闲广场与体育锻炼步道，修建具有海绵城市概念的生态绿地设施等。该工程2017年开工建设，于2019年年初基本建成，彻底改变了张圩港河北岸的面貌。

2. 拓展训练基地

利用张圩港河生态绿地内的体育锻炼区域和张圩港河的岸线及水域，结合产业园区企业对员工的培训需求，设置拓展训练基地。拓展训练基地与生态绿地相互交错，功能与环境相互补充，成为企业员工拓展培训、居民休闲娱乐的大型生态型拓展训练基地。

拓展训练基地由5项室外训练设施和1项室内训练设施组成，分布于张圩港河生态绿地和张圩港河岸线和水域。室外训练设施包括：重走长征路、攀岩、植物迷宫、挑战塔和水上龙舟与皮划艇项目，其中水上龙舟与皮划艇为水上项目，设置于张圩港河以北沿岸。室内项目位于张圩港河绿地北侧，室内培训设施为一组以体能训练为主的训练设施，室内外共六组设施，组成了整个拓展训练体系。

生态绿地与拓展训练基地相互嵌入、有机结合，形成以生态绿地为背景、拓展训练和体育运动为主题的大型公共活动基地。

9.1.2 建设作用与意义

1. 构建生态绿肺，优化环境要素

张圩港河生态绿地工程建成后，将成为新区中心公园绿地，大幅提高产业区的绿地率，改善新区生态环境，并构建起新区绿肺生态系统。在设计中，该工程项目引入了海绵城市理念，设置雨水花园、隔盐碱植草沟等设施，体现了绿地整体的生态性。

该生态绿地所具有的规模，可以在植物多样性和生物多样性方面发挥有效作用。在绿地系统设计中，结合当地土质水源情况，设计了多种植物，既能适应该绿地所处的环境，又能够为产业区绿化种植的进一步发展提供借鉴。同时，还考虑到该绿地处于鸟类迁徙的途经地，可以成为迁徙候鸟重要的栖息地，成为更大范围生物系统中的一环。

2. 建设综合公园，丰富休闲文化

生态绿地内规划设计了多种设施，使其成为产业区的开放性、综合性的绿地公园。绿地范围内的疏林缓坡、公园广场，为居民提供休闲娱乐的场地；人行步道、自行车道为人们提供健身锻炼的场所；林荫小路、曲岸花堤成为人们流连忘返的观赏景致。具有海绵城市概念的“下沉式储水池”“雨水花园”等，还可以成为向人们宣传海绵城市生态绿地的生动实例。

该生态绿地为长3300m、宽425m的条形地块，位于产业园区商务核心区与产业园区之间，将在两个区域之间筑起环境隔离带，降低南部产业区对北部商业办公核心区的负面影响，同时还能降低季节性强风给产业园区带来的不利影响。

3. 增加园区功能，丰富新区内涵

拓展训练基地集拓展培训、军事训练、体育锻炼与比赛等功能为一身，能够满足军体训练和承接体育竞技比赛的需求，还可为高级别的拳击、攀岩、水上运动比赛和军体训练提供场地服务。该基地所具有的设施和规模，使之能够成为省内外拓展训练的主要基地。生态绿地的实施建成，将成为徐圩新区假日休闲娱乐、户外体育锻炼的中心，成为向社会宣传生态绿地和海绵城市理念的基地。

生态绿地和拓展训练基地丰富了徐圩新区的功能，从此徐圩新区不再单是工业生产基地，而是能够提供更多服务、满足更多社会需求的产业园区，这对于产业园区自身全面可持续健康发展具有战略意义。

4. 增加服务功能，促进产业发展

生态绿地和拓展训练基地两项工程通过总体设计有机地融合为一个整体，最终成为一个具有生态绿地、拓展训练基地、体育锻炼和生态公园等功能的公共服务基地。拓展训练基地融入生态绿地，提升了生态绿地隔离带的综合价值，为徐圩新区增加了拓展、锻炼、休闲、旅游、娱乐等功能，与徐圩新区已有的展览展示中心、购物中心、餐饮酒店、云湖风景区、城市自行车比赛用道等设施相互促进，形成“展览、旅游、拓展、锻炼、体育、饮食、住宿、娱乐”产业链条，打造了大型产业园区公共服务配套的新模式。

拓展训练基地可以吸引更多的客户将会议、旅游、休闲活动安排在该地区，为新区大陆桥展览展示中心、大陆桥酒店及餐饮、智慧湾娱乐中心带来客流，而购物中心、餐饮酒店、云湖风景区等为拓展训练基地提供了生活保障，提升了本地区的综合服务水平，也提升了本地区的影响力，进而增强新区承办更多相关活动的能力。

5. 建立拓展基地，形成新区名片

拓展训练基地用地面积和水域使用面积共计达到184万m^2，在国内拓展培训领域属于规模较大的基地，并将以高标准的设施配置，成为国内较有影响的高端拓展训练基地。它的建成能够为江苏省及周边省份，乃至中西部省份提供高端的拓展培训服务，也使徐圩新区成为国内重要的拓展训练基地。

9.2 场地条件及设计策略

9.2.1 场地条件分析

张圩港河生态绿地和拓展基地工程位于连云港市东部徐圩新区，处于北半球的中纬度，属南暖温带，兼有暖温带和北亚热带气候特征，全年四季分明，冬无严寒，夏无酷暑，温和湿润，气候宜人。年平均气温在14℃左右，多年平均降雨量900.9mm，且70%以上集中于6～9月份。

1. 自然条件

场地地势较为平坦，总体呈南高北低、西高东低的走势。环境本底优良，但较为脆弱，属于不稳定的湿地生态系统。由于受海洋的调节，气候类型为湿润的季风气候，四季分明，春冬两季多北风、西北风，夏季则东南风居多，平均风速3m/s。

2. 土壤

场地现状地貌为滩涂和荒地，偶有块状水塘分布，属于典型的海岸粉砂淤泥土质，多数区域为回填淤泥，表层少数区域为黏土，其下也是较厚的淤泥层，现状土壤条件较差。

受海潮和海水型地下水的影响，土壤含盐量较高，pH值在8.25～8.95之间，含盐量30‰～40‰；土壤类型从上至下依次由超盐渍土—强盐渍土—中盐渍土过渡；土壤中易溶盐盐度、质量浓度、腐蚀性特征均在15m以内的范围随深度的加深呈降低趋势；地下水中易溶盐各项指标普遍高于钻孔土壤样品，显示较强的腐蚀性。

3. 水文

整个徐圩新区水系较为复杂，主要包括生活水系和盐场生产水系。张圩港河东西贯穿，在省道S226以东、灯塔路以南附近形成38.7万m^2的湖体，湖底水深大于6.0m。张圩港河（包括张圩港河、张圩湖新建工程）排涝设计水位为2.37m，非汛期常水位1.77m，汛期常水位1.37m，防洪排涝标准为20年一遇。

4. 植被

场地目前拥有大片的自然湿地，生物多样性单一，以芦苇、碱蓬及杂草等构成基地内的盐生草本植物群落，其中碱蓬是主要的湿地植物。由于部分取土和开发等人为影响导致生态系统受到干扰而不稳定，整体地形单调平坦，也限制了多样化的物种分布。

周边已建成区域的植被对本项目具有指导借鉴意义，通过调查周边相关区域的现有植被，发现植物种类52种，其中乔木20种，灌木20种，草本12种，其中长势良好的树种主要有苦楝、刺槐、柽柳、银杏、朴树、国槐、广玉兰、鸡爪槭、紫薇等。

由于受海风、土壤盐碱度较高以及大量建设工地的影响，区域内植物的长势普遍较弱，仅云湖区域及部分主干道的绿化群落相对较好。

9.2.2 设计面临的挑战

1. 土壤盐渍化严重

现状场地土壤盐渍化程度严重，不利于大多数植物生长。过度的盐渍化形成了单一生境系统，导致生物多样性缺失，栖息地特征模糊，为大部分动植物的生存限制了条件。恢复湿生、陆生植物群落需要艰难而持续的前期准备工作。

2. 水系盐碱化严重

现状水系以海水为主，含有高浓度的氯化钠及其他矿物盐，可利用条件较为有限。高浓度的矿物盐不利于植物根部的呼吸，阻止有效营养物质的输送。因此，构建良好生态的土壤环境是改善现有状况的有效措施，特别是地形的塑造可增加植物群落的多样性和稳定性。

3. 地下水位较高

基址地下水位较高，局部易形成深浅不一、形态各异的自然水塘。沿海地区较高的地下水位是影响生态系统多样性的主要因素，但同时也是具有典型地域特征的有利条件，如何因势利导，变不利为有利是设计需要思考的问题。

9.2.3 设计策略

徐圩新区处在滨海重盐渍滩涂地上，对于生态重建是一项巨大的系统工程，结合本项目的立地情况，经过一系列探索、实验、研究，总结出了一套具有针对性的生态环境建设技术方法，循序渐进地采用排盐措施、土质改良、地形塑造、绿地建植四个步骤。

1. 排盐措施

排盐措施是改土脱盐、改善土壤性质的最重要部分，首先采用地下滤水管网排盐—隔离层防盐—隔盐壁防盐的方式对土壤实施排盐。

根据“盐随水来，盐随水去”的运动规律，在排盐的第一步措施中，采取敷设地下排水管网的形式，降低地下水位，减少土壤含盐量。待盐碱随水排走后，在地下水位线之上铺设粗、中粒径石子或炉渣，另覆盖土工布，从而形成纵向上的防盐隔离层，阻断土壤的毛细作用，以防地下水上返再次污染种植土。

在绿地边界设置防渗土工膜作为隔盐壁，隔绝绿地与外界盐碱水分的横向联系，防止次生盐渍化的发生。本工程在实施过程中，根据不同的种植区域采用相应的隔盐碱、排盐碱措施。

（1）绿地隔盐碱

大面积绿地采用隔盐碱的方法。为满足种植要求，种植土最浅覆土深度保证达到60cm，种植土与碎石层之间铺设一层土工布（200g/m^2），以确保种植土不会随雨水渗透至碎石之间的空隙之中，堵塞空隙，使地下水无法通过毛细作用进入上层种植土。碎石选用粒径2～3cm的碎石，铺设厚度30cm。根据张圩港河多淤泥的地基特点，最下层增加竹耙，相互搭接，搭接长度大于15cm，形成整体的基础，防止碎石层不均匀沉降使隔盐碱作用失效，如图9-2所示。

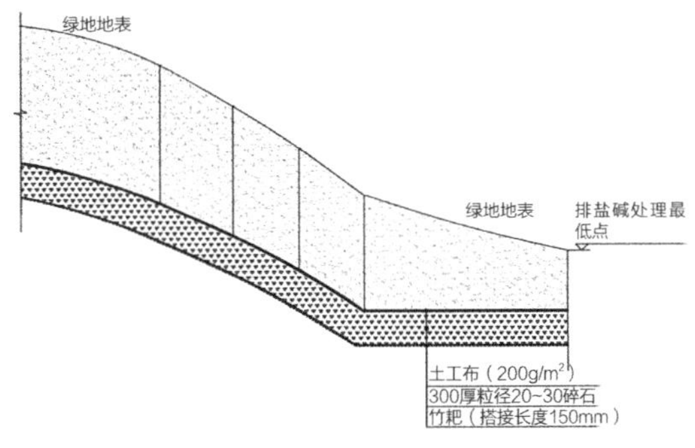

图9-2　绿地隔盐碱示意图

（2）绿地排盐管沟

有排水设施的区域可以采用排盐管沟的形式加强排盐碱效果。与绿地隔盐碱做法相比，绿地排盐管沟在碎石层底部增加排盐管，排盐管联通后最终将水排入周边雨水系统，防止雨水、盐水在排盐层中滞留产生渗透作用，起到更好的排盐碱作用。本工程排盐管采用*DN*80透水塑料波纹管（双壁）。绿地边界处设0.10mm厚农用薄膜，起到侧向阻隔盐水的作用。

（3）种植池隔盐碱

花坛、树池等种植池采用隔盐碱的措施，原理与绿地隔盐碱相同。

2. 土质改良

徐圩新区为重盐碱地区，土壤类型从上至下依次由超盐渍土—强盐渍土—中盐渍土过渡；土壤中易溶盐盐度、质量浓度、腐蚀性特征均随深度的加深呈降低趋势；地下水中易溶盐各项指标普遍高于钻孔土壤样品，显示较强的腐蚀性。

采取排盐碱处理后，下一步需对土质进行改良，为日后的植被栽植提供必要的基础条件。本项目中，为最大限度节约土壤资源，除采取客土填垫的方式外，还选取适宜区域进行原土改良试点。

（1）客土填垫法

客土填垫法，即在排盐碱措施实施完成后，从外界运输不含盐碱的种植土填垫于隔离层之上。在生态拓展公园客土填垫实施过程中，除草坪、地被、草花种植区整体回填50cm厚种植土外，灌木、乔木均采用局部树穴回填等体积种植土的方式，以节约换填种植土的用量。

（2）原土改良法

原土改良，即为不更换种植土，而对原有盐渍土进行就地改造与回填利用，通过物理、化学、生物等措施，使其变得适于植物生长。在本项目中，选取试点区域进行原土改良。将开挖出的原土加入稻壳、秸秆等有机物料并结合专用的土壤调理剂，在机械充分掺拌均匀后进行回填。回填后，再施入盐碱改良肥及有机肥料，以提高土壤肥力，降低土壤pH值，改良土壤结构，最终将原土改造成为可以保障植物正常生长的良好基质。

3. 地形塑造

既可以形成起伏不断的景观竖向变化，又可以适当抬高地面，令地下水位相应降低，使

图9-3　地形示意图

树木根系摆脱高矿化地下水的侵害，为树木生长创造有利条件（图9-3）。采取土壤改良并抬高地面的方式进行植物栽植，可极大提高绿化成活率。

另外，值得注意的是，在施工过程中，地形塑造后还需进行整平，以便雨水能及时排出，均匀下渗，提高降雨淋溶洗盐的效果，达到土壤脱盐的目的，防止土地斑块状盐渍化发生。

4. 绿地建植

为保证苗木的整体成活率，在绿地建设前期必须做好调查研究，尽量把可能发生的问题解决在设计阶段。

（1）选种适生植物

为保证苗木成活率，在种植设计中，引入种植分期设计的理念。初期的植物多选择抗盐碱性强、具抗倒伏能力、生长势旺盛的盐碱地区本土植物，并以草本及灌木为主，乔木的规格也多选用9～10cm的中苗，该类苗木适应能力强，消耗少，可保证较高的成活率。

因前期排盐碱措施较为成功，已发挥出应有的功效。在初期苗木定植一年后，其成活率可达90%以上。在此情况下，后期加大了苗木的选择范围（表9-1），普遍取得了良好的效果。

适生植物汇总表　　表9-1

类型	主要植物种类
常绿树种	广玉兰、大叶女贞、枇杷、白皮松、中山杉、棕榈、金森女贞、金边黄杨、龟甲冬青、小叶女贞、小叶黄杨、大叶黄杨、石楠、十大功劳、小龙柏、丝兰、夹竹桃、海桐、石岩杜鹃、大花栀子等
落叶树种	苦楝、合欢、黄山栾、水杉、垂柳、臭椿、国槐、香花槐、紫花泡桐、白蜡、紫叶李、垂丝海棠、西府海棠、木槿、紫荆、海滨木槿、石榴、紫薇、紫穗槐、金丝桃等
地被、花卉类植物	金焰绣线菊、金山绣线菊、丰花月季、金娃娃萱草、锦葵、钓钟柳、松果菊、二月兰、葱兰、扶芳藤、地被菊、白三叶、马尼拉草等

（2）构建生态廊道

生态廊道的植物骨架以乔木林带为主体，搭配部分小乔木及灌木，形成开阖有度的楔形块状林地。依据徐圩新区风玫瑰图，结合绿化布局、河流形态等形成通风廊道，有效对城市空间进行引风、防风，促进对城市微环境的调节。

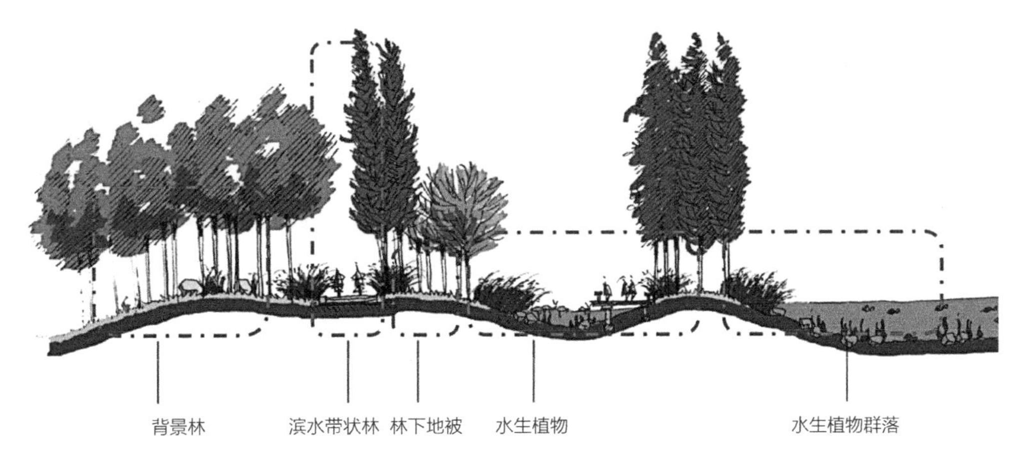

图9-4　植物群落示意图

（3）模拟自然植物群落

在合理适当保留现状植被的基础上，选择耐盐碱、抗性强的植物材料，补植上层乔木，丰富林下花卉地被；增加水生植物种类，构建滨水生态湿地系统。形成“背景林—滨水带状林—观花地被—水生植物”的多层次的植被结构如图9-4所示。

9.3 总体规划

9.3.1 总体设计

1. 设计目标

“河海、陆桥、淮盐、湿地”是连云港独特的城市特色，这里有蔚美壮阔的河海景观，是“一带一路”沿线最便捷的出海通道；盐产富足，是淮盐文化的发祥地；丰富的湿地景观更成为江淮地区“绚丽的绿肺”。立足优越的自然、文化、产业资源，打造生态环境优美、生活环境舒适、生产环境健康的，具有文化内涵与功能齐全的“三生共融”的生态产业示范区。

2. 设计思路

以生态绿地为基底，以拓展基地为核心，利用河海、湿地、地形、植被等自然语言，通过各种措施改善生态环境，丰富生物多样性。同时，融入拓展活动，形成与生态休闲相互促进、协同发展的功能布局，建构生态绿地与拓展基地相互渗透的多方位立体空间，打造一处凭海临风、向海而兴的“绿地环抱之中的拓展基地”，使其成为人、动植物的理想场所，实现多元融合，促进新区发展。

3. 设计原则

尊重生态性原则。运用恢复生态学原理，遵循徐圩新区滨海植被群落的演替规律，选用耐盐碱植物品种，构建稳定的人工植被群落，呈现优美的植物群落景观。

尊重特征性原则。注重土壤和水体的形态特征，着重运用原生植被材料，凸显徐圩新区植物种植的特质，创造地区特色。

尊重可持续原则。研究场地及周边自然、社会、生态、经济的协调发展关系，善用场地自然资源，结合场地改良效果，以经济性乡土资源为先锋，考虑地域资源的永续利用和保护。

9.3.2 设计思路

依托张圩港河独特的滨海临河、绿意盎然的自然生态环境，本着保护生态、善用生态、经营生态的建设运营目标，还原自然生态的室内外及水上丰富的拓展训练体验。生态绿地与拓展基地，在用地布局上相互嵌入、有机结合，在使用功能上相辅相成、相互促进，在使用体验上独具特色、各有所长，二者相互助力、协同发展。

1. 区域划分

根据项目场地的现状特征、规划的功能属性、使用者的实际需求和生态绿地与拓展基地之间协同发展等因素，将场地分为四大功能区，包括综合拓展活动区、城市休闲乐活区、湿地生态防护区和道路生态防护区。其中，综合拓展活动区是本项目的核心，承载了室内外及水上多种拓展训练内容，其他三个区域依托综合拓展活动区依次展开，四个区域相互融合、相互渗透，形成连续、自然、完整的生态拓展空间。

2. 交通组织

顺畅通达的交通流线组织，增强了各区域之间的紧密联系互通。根据设计将道路分为三级，包括主环路、一级步道和二级步道。主环路宽度为6m，包含人行步道和自行车道，道路贯通全园四大功能分区，是各区域之间紧密联系的纽带，承担了整个公园集散与疏导、维修与养护、运输与管理等主要功能；一级步道宽度为3m，主要为人行步道，一级步道与主环路紧密联系，增加了各场所之间通达的路径，丰富了使用者交通及游览体验；二级步道宽度为1.5m，作为主环路和一级步道的辅助道路，二级步道串联起各类小型休闲游憩空间，同时在景观营造以及使用者体验等方面，可起到延长景深、扩大空间的作用。项目结合周边用地性质、城市主要道路及交叉口、周边建筑功能和布局以及主要车流人流导向，设置两个主要出入口和四个次入口，便于车辆及游人出入，有利于对外交通和对内管理。

3. 竖向调整

结合功能分区、路网布局及拓展设施的位置，结合海绵城市指导建议，灯塔路标高依据规划标高设置，范围在3.59～4.27m之间。因场地本身为盐滩，排盐碱层依据地下水位标高设置在1.80m，要求填土保证在1.50m以上才可能种植乔木，张圩港河常水位1.77m，排涝水位2.37m，因此主环路靠近水系一侧标高控制在2.40m以上，地势最高处分布在场地的中央区域。科学合理的竖向设计，既能保证场地建设与使用的合理性，又能有效降低工程成本、加快项目建设进度。

9.3.3 分区设计

1. 综合拓展活动区

综合拓展活动区是本项目的核心区域（图9-5），利用徐圩新区海、湖、生态湿地等自然资源，规划集素质拓展和安全教育培训为一体的大型综合性实训基地。设计中充分结合主环路，沿道路内侧展开布局，既充分利用道路交通组织，增加了拓展空间的可达性、互通性，又不影响车行及人行交通，将绿意引入拓展场地，改善拓展环境，丰富拓展体验，同时也将拓展场地的生机活力对外进行充分展示，增添了公园独具特色的景致。

综合拓展活动区分为室外拓展活动和室内拓展活动2个主要部分，室外拓展活动又包括陆地活动和水上活动2个部分。在规划中着重考虑活动类型和拓展内容，在总体布局合理的基础上，具体开发5项室外项目和1项室内项目，开展体验式培训、探险式培训等团队活动。拓展活动结合景观空间类型，科学布局拓展建筑及构筑物，控制体量、高度和所需场地的大小，以满足各类型活动及组织团队的需求。

室外拓展活动项目中，陆地活动结合场地布置，自西向东依次设置大型攀岩、“重走长征路”综合拓展区（图9-6）、植物迷宫（图9-7）和挑战塔，结合拓展活动器材布置相应的休憩场地、景观建筑、特色构筑、服务及附属设施等，完善室外拓展内容，增加景观观赏性，丰富使用者的体验和感受；水上活动主要包括龙舟、皮划艇等项目，结合水上活动布置滨水看台、亲水广场、游船码头等，改善滨水环境，焕活水岸线，增加使用者的亲水互动体验。

2. 城市休闲乐活区

城市休闲乐活区，位于综合拓展活动区北侧，围绕综合拓展活动区展开，东侧及北侧紧

图9-5 综合拓展活动区入口效果图

图9-6 “重走长征路”拓展区域鸟瞰图

图9-7 植物拓展迷宫鸟瞰图

邻城市道路，与城市空间紧密衔接，成为城市空间与综合拓展活动区的过渡区域、联系区域、互动区域。绿意盎然的植物空间，为滨海绿地提供了必要的绿色屏障，使车水马龙的街道在此隔离，城市的喧嚣在这里渐弱，取而代之的是绿荫环抱、静谧自然的绿色生态空间（图9-8）。城市休闲乐活区结合周边市政道路布局、人流车流主要方向等，设置公园出入口，综合考虑景观特色及功能需求，明确主入口广场的规模大小及内容形式，如公园西侧主入口结合拓展基地布置相应的景石铭牌，东侧的主入口结合连云港及徐圩新区的文化特色布置相应的景观展示空间等，同时根据相关规范设置相应数量的生态停车场，保证车辆出入及停放的合理便捷。穿过主入口广场，通畅连续的主环路将使用者引入园中，道路两侧种植抗性、耐性较强的本地植物，精选植株造型及长势较好的植物品种，沿途两侧或绿荫遮蔽，或疏朗开阔（图9-9）。城市休闲乐活区西侧可一览拓展活动区的景象，亦可融入其中参与体验；东侧可享受静谧林荫、鸟语花香，亦可进行健身运动或休憩交流，感受徐圩新区的城市温度。

图9-8　城市休闲乐活区效果图

图9-9　主环路及风景林带效果图

城市休闲乐活区结合各类型场地功能，通过整体规划布局周密安排各景观节点，布置相应的集散广场、活动空间及展示空间，节点布局考虑与综合拓展活动区各空间、滨海绿地空间、河海水系空间、城市道路空间之间的各项关系，节点布局疏密有致、场地功能明确丰富，以期实现景观节点统领空间布局、强化空间内涵的作用。如乐动广场，紧邻灯塔路，人流相对集中，广场为使用者提供慢跑散步、健身锻炼、户外运动等方面的场所，穿过乐动广场经过生态景观林带，沿西行是攀岩拓展区，向东行是“重走长征路”大型综合拓展区域，乐动广场在满足自身功能的同时，成为联系拓展活动两个区域的重要的绿色纽带；风景林活力广场，为使用者提供休憩交流、放松身心、观赏美景的场地，同时与拓展场地局部相互结合，形成天然绿色的渗透融合空间；盐文化展示园，展示了城市特色文化、城市风貌和历史故事等；经由盐文化广场，穿越生态密林，河边赫然屹立着拓展训练的终点——挑战塔，历史人文的身心感受，柳暗花明的空间体验，起承转合的空间布局，为使用者提供身临其境的沉浸式体验；架空栈道，穿梭林中直抵水岸，近可亲近花香鸟鸣，远可俯瞰公园景致，在布局上丰富了景观空间层次，在功能上增加了使用者绿色游览体验。

3. 湿地生态防护区

湿地生态防护区位于综合拓展活动区南侧的滨水地带，是公园陆地与水系之间较为关键的过渡区域，旨在通过湿地的自然修复能力、自我更新能力，减少人工建设对滨水环境的干扰和破坏，使周边土壤状况得到改善，也为植被的良好生长创造条件，使整个生态拓展公园更具有生命力。

湿地生态防护区连接着水陆两侧生物流和能量流的沟通与互动，是介于常水位与排洪水位间的可调节地段。改善本区域地表水与地下水之间的现状劣势关系，使其相互补充、相互促进，使周围土壤的孔隙度和含水量增加，从而改善土壤结构。对周边排水及引水系统进行调整，确保湿地水资源合理与高效的利用，适当开挖新的水系并采取可渗透的水底处理方式，以利于整个园区地下水位的平衡。通过科学合理的维护、经营和管理，达到保护湿地生态系统、维持湿地多种效益持续发挥的目标。

湿地生态防护区具有湿地保护与利用、科普教育、湿地研究、生态观光、休闲娱乐等多种功能；设有科普园、观澜园、观景塔、人行景观桥、湿地过渡带等景观节点或设施。在湿地植物品种上，选择耐污净化能力强、抗逆性强、适应性强、经济和观赏综合利用价值高、利于物种间的合理搭配和易于管理的品种。通过科学合理的湿地植物配置，营造独特的滨水湿地风光。本区域除湿地景观外，适当融入徐圩新区人文景观和与之相匹配的配套设施，在改善区域生态状况的同时，还能促进其可持续发展，实现使用者与滨水自然环境的和谐共处。湿地生态防护区效果如图9-10、图9-11所示。

4. 道路生态防护区

道路生态防护区位于张圩港河南岸，紧邻张圩河路，是公园与南侧物流仓储用地及交通枢纽用地之间的隔离缓冲带，在保持水土、涵养水源、调节小气候、减少污染、隔离噪声等方面起到重要作用。科学规划生态防护林带的宽度、结构、走向和间距，引入和恢复乡土植

图9-10　湿地生态防护区鸟瞰图

图9-11　湿地生态防护区效果图

物群落，营造地域性群落优势种为主的近自然植被群落，完善植被群落生态结构。优美的林带、舒缓的林冠线也与张圩港河北岸风景林带的整体风貌协调统一，保持公园整体绿荫环抱的特色。

道路生态防护区除生态防护林带外，另设有滨水栈道、亲水平台、景观步道、休憩设施等。滨水栈道及平台借北岸之景，视野豁达、心境开阔，林中穿行的步道及休憩空间深邃悠远，观览对岸景象藏露有序、富于变化。在防护隔离的同时，营造舒适宜人的滨水生态空间（图9-12）。

图9-12 道路生态防护区效果图

9.4 整体景观

9.4.1 绿化分区

依据对徐圩新区本地区相关项目的经验和对基地实地踏勘所了解的情况，在采取排盐措施的基础上进行场地内微地形的塑造，可形成不同的植物种植带。沿河区域以芦苇、碱蓬等耐盐碱的湿生植物为主；生态绿地以杉、柳、朴树、榆树、白蜡、楝树等乡土树种为主，地被植物以混播耐盐植物为主，尽量少用草坪。

根据周边用地性质、地形地貌特征及景观布置，树种选择以当地适生树种为主，改善生态环境，美化景观。结合景观设计思路，将该区段按不同的植物种植方式分为3个特色种植区：密林区、疏林花地区、湿生植物区（图9-13）。

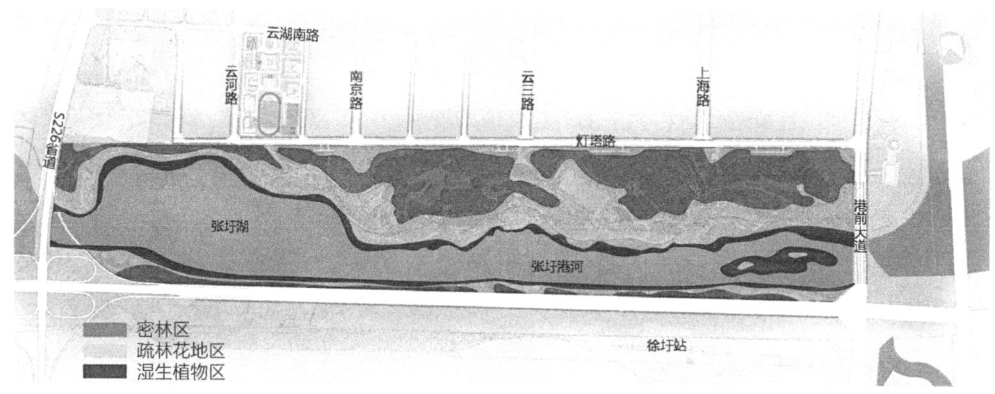

图9-13 种植分区平面图

密林区：植物层次相对较简洁，形成通风廊道，促进对城市微环境的调节 。

疏林花地区：巧妙搭配姿态优美、树形饱满的大乔木，配合常绿树种，结合地形，形成收放自如的视觉通透效果。

湿生植物区：沿岸线配植品类丰富、色感质感各异的水生植物、耐水湿植物、观赏草，美化、软化岸线。

9.4.2 植物季相景观营造

为了充分展现植物的四时之美与色彩之美，在植物配置上，考虑三季有花，四季常绿，合理布置开花植物，保证常绿植物占比超过30%，四季景观常绿，全园充满生机。在重要的观赏界面或节点布置特色突出、色彩鲜艳、表现优良的植物品种，充分渲染植物的景观魅力（表9-2）。

植物季相景观汇总表　　表9-2

季节	主要观赏色彩	主要观赏内容
春季	粉色系、黄色系为主的春花，浅绿色系为主的叶色	二月兰、丁香、连翘、迎春、贴梗海棠等春花植物； 臭椿、垂柳等春色叶植物
夏季	粉色系为主的夏花，绿色系为主的叶色	湿地植物群落； 水生植物组团； 紫薇、木槿等夏花植物； 栾树、国槐林
秋季	黄色系、橙色系、红色系为主的秋季叶色	芦苇荡；碱蓬、柽柳等盐碱湿地景观植物； 栾树、柿树等秋色叶植物
冬季	深绿色系为主的常绿色调	雪松、黑松、沙地柏等常绿植物； 红瑞木等观枝植物等

9.4.3 栽植模式

1. 孤景树栽植

在入口广场等重要广场周边，留出相对开敞的草地，采用孤景树栽植的方式，孤植形态优美的特选大乔木，如榉树、五角枫、朴树、广玉兰等，适当点缀整形球类植物及景石，形成开敞空间中的视觉焦点。

2. 组团式栽植

如在道路生态防护区的开阔绿地中，采取模拟自然群落的组团式搭配模式。以朴树、绒毛白蜡作为骨干树种密植，中景搭配雪松、大叶女贞，前景依次为开花亚乔木及花灌木，树下完全以各类地被植物代替草坪，减少养护量。整个群落形成高、中、低三个景观层次。

3. 疏林式栽植

疏林式栽植是指具有稀疏的上层乔木，其郁闭度在0.4～0.6之间，并以下层草本植物为主体，比单一的草地增加了景观层次。“疏林草地”模式遵循以树木为本、花草点缀，乔木为主、灌木为辅的原则。它在有限的绿地上把乔木、灌木、地被、草坪、藤本植物进行科学搭配，既提高了绿地的绿量和生态效益，又为人们的游憩提供了开阔的活动场地，将传统植物配置风格和现代草坪融为一体，形成完整的景观。项目中将疏林草地的栽植方式与“重走长征路”拓展设施有机结合，形成三片不同搭配形式的疏林草地，既保证了拓展设施视线的通透性，又增加了植物景观，二者有机结合，相得益彰。

9.4.4 拓展基地绿化设计

1. 雪松+大草坪

在“强渡大渡河”“过草地”“爬雪山”3个拓展项目围合的绿地空间里，采用了雪松大草坪的种植模式。以雪松作为主要的植物材料，在体量上相互衬托，高大挺拔的雪松与红军过草地、爬雪山时所体现的坚韧无畏的精神十分匹配，用植物来烘托相关拓展项目的氛围，很好地实现了植物景观与拓展设施的融合。

雪松单一树种的集中种植可体现树种的群体美；适当的缓坡地形，更强调了雪松伟岸的树形。采用四角种植的方式，既明确限定了空间，又留出了中央充分的观景空间和活动空间，景观效果与使用功能都得到了极大的满足。

根据植物景观的平面布局，雪松大草坪的种植模式可划分为3种植物组合，下面分别分析各种植物组合的景观特色。

第一种植物组合为雪松大草坪的中心和主景，植物种类包括雪松、广玉兰、黄山栾、枫香、中山杉、石楠、桂花、麦冬等。第二种植物组合中，植物呈岛状点缀于草坪中央，自南侧主路望去，成为观赏的主景；自草坪东西两头望去，则划分了草坪空间，增加了长轴上的层次，延长了景深；黄连木、枫香的秋色叶为整个草坪空间增加了绚烂的秋色，桂花的香味则拓展了植物景观的知觉层次。第三组植物组合为雪松纯林，植株较其他两种组合高大，主要是为了休现雪松的个体美和群体美。

2. 悬铃木+广玉兰+草坪

在“强渡乌江”“四渡赤水”“巧夺金沙江”“飞夺泸定桥”4个拓展项目围合形成的绿地空间中，绿化植物采用了悬铃木+广玉兰+草坪的形式。在同一草坪空间中种植由广玉兰、悬铃木构成的两组纯林式树丛，随时间演变体现不同的景观效果，体现了园林种植设计之初对近、中、远期景观的统筹兼顾。

由于广玉兰体量较小，树高一般6m左右，虽有地形抬高，但与成年悬铃木相比，在高度与冠幅上都不具优势。这样的配置方式，使在目标主景形成以前也能保证良好的景观效果。

在用一般苗木（3~5年生苗木）建园的园林种植设计中，对于孤植树的设计，常常在同一草坪或同一园林局部中，设计两套孤植树，一套是近期的，一套是远期的。远期的孤植树，在近期可3~5株成丛种植，近期则作为灌木丛或小乔木树丛来处理，随着时间的演变，把生长势强的、体形合适的植株保留下来，把生长势弱的、体形不合适的移出。总体而言，由悬铃木和广玉兰组成的植物景观以简单的树种形成了持续变化、效果强烈的主景，其配置手法值得借鉴。

3. 枫杨+草坪

在“突破封锁线”这一拓展项目围合形成的绿地空间中，绿化植物主要采用了枫杨。枫杨生长健壮、野性十足，具有自然之趣，且管理维护成本低。林下适当点缀常绿或开花的灌木、地被，增加近景，从而进一步吸引游人观赏停留。入口处间植常绿乔木，丰富了局部林相变化，也为香樟等常绿乔木提供了适宜的生长空间，总体景观效果较为理想。枫杨为徐圩新区乡土树种，从苗木价格、观赏价值而言，该树种并不具有突出的优势。但群植的枫杨随着树龄的增长，自然郁闭成林，冠盖相接，成为草坪上的主景，其林下也提供了适宜各个季节活动的空间。

4. 黄连木+草坪

在拓展项目“胜利大会师”围合形成的绿地中，绿化植物主要采用了黄连木+草坪的形式。以曲线组合的栽种方式，将黄连木迷人的秋色发挥得淋漓尽致，其深色的树干、浓重的红叶，宛如一幅油画。简单的树种在适宜的环境中表现出统一而壮观的景致，由其烘托出的氛围，完美地体现了长征胜利后的喜悦。由3～6株不等的组合借蜿蜒的小路串成有机的整体，每组内间距为5～10m，单侧或两侧面临开阔的草坪，使无患子的伞形树冠获得较大的生长空间。草坪缓坡起伏，为这组颇具气势的植物景观创造了适宜的观赏环境。单一树种的群植较适宜开敞空间中的植物造景。

在园林中，草坪与其他植物的不同搭配，可以产生不同的景观效果。大草坪内可用树丛、树群再分割成若干封闭式的小草坪；为增添安静感，小草坪宜以乔木、花灌木复层配植来分隔，既遮挡了视线，又在小空间内形成花团锦簇的景观。

9.4.5 硬质景观设计

1. 铺装材料

在铺装材料的选择上，统筹考虑区域环境、设计理念、分期投资等综合因素，本着“经济、适用、美观”的原则，减少石材的用量，增加生态透水材料的应用，以天然露骨料透水混凝土为主，以花岗岩石材、透水砖、砂土等为辅，采用预制混凝土块作为铺装收边材料，贯彻生态设计的理念。

天然露骨料透水混凝土表面粗犷，可塑性强，在视觉上给人以生态、粗犷、大气、开阔、舒适的感觉，适用于园区内大面积的广场道路铺装。在局部较小空间和特色场地中，选用花岗岩石材铺装，采用荔枝面处理，来体现铺装场地的氛围，给人以自然不乏精致、稳重又柔和的感觉。在人行游步道和广场铺装局部选用透水砖，透水砖的面层效果较为精致柔和，并且色彩朴实，给人以清馨、温暖的感觉，并和其他不同材料搭配、对比，形成更加美观的景观效果，使本项目生态运动的特色更加突出。

铺装收边材料大量采用预制混凝土块，其具有高效、性价比高、节能、环保、降耗等优势，符合国家节能减排、可持续发展的战略方针，并且可有效地降低工程造价、控制成本。

2. 铺装设计

（1）运用不同材料界定和组织空间

不同的铺装材料或图案的变化组合界定空间边界，起到空间分隔及功能变化的提示作用。如图9-14所示铺装节点图中，采用了花岗岩石材和透水混凝土两种铺装材料。花岗岩石材铺装区域为入口广场，作为拓展设施体验的入口和起点，满足人们集合、休憩、活动的需求；与之相连的南侧红色露骨料透水混凝土铺装为贯穿全园的自行车道，北侧的灰色透水混凝土人行游步道铺装与花岗岩铺装相接。如此通过两种铺装材料和同一材料采用两种颜色之间的对比，明确区分了不同的功能。

在贯穿全园的自行车道中，每隔20m设置一个自行车图案的白色喷涂（图9-15），在和自行车道并行的健身步道上用白色喷涂做了起点、终点和中途距离的图案（图9-16），

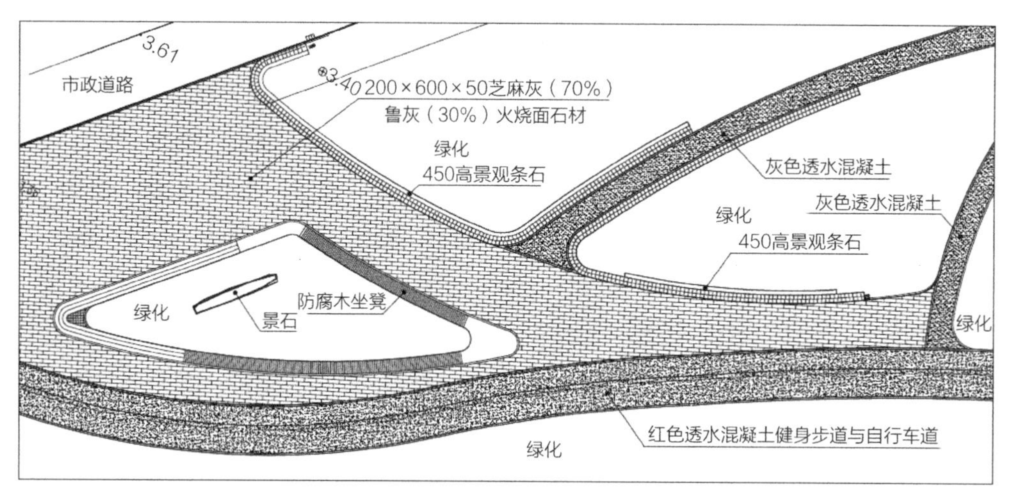

图9-14　铺装节点——入口广场铺装平面图

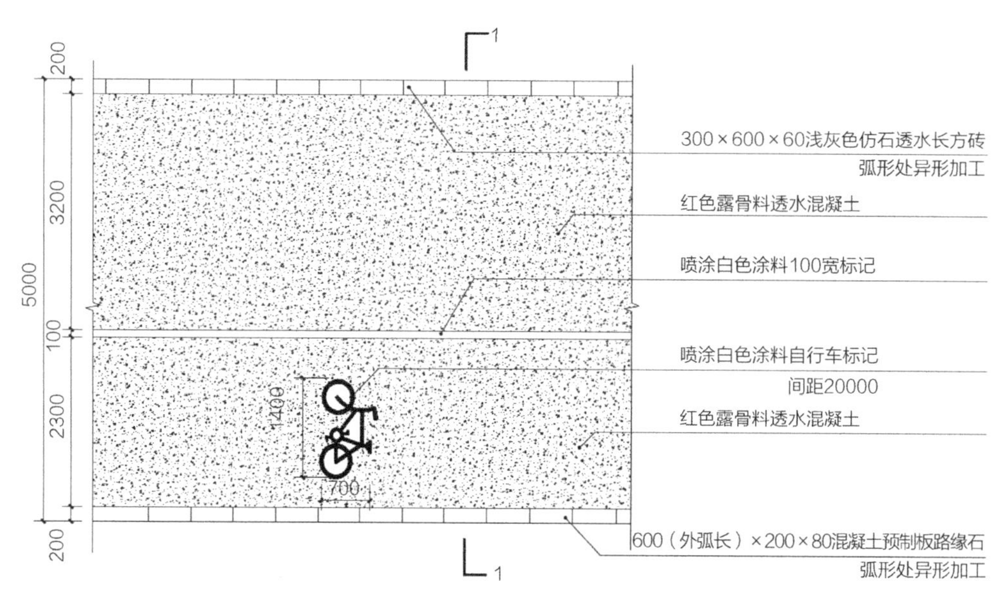

图9-15　健身步道及自行车道铺装平面图

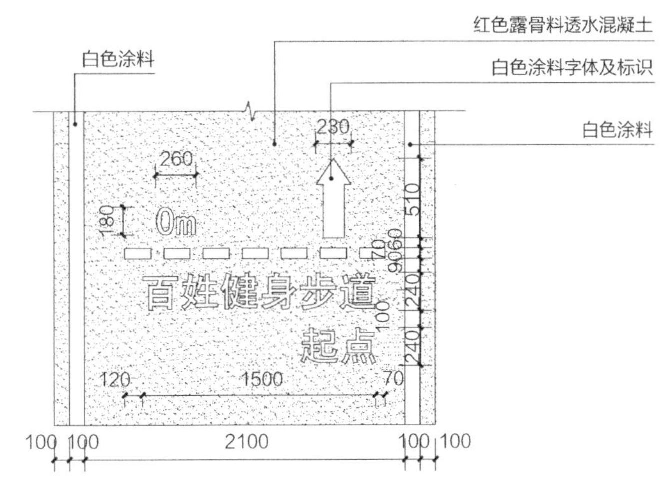

图9-16　健身步道标识平面图

明显的区分了不同的道路功能，在视觉效果上也打破了单一色彩的单调性，增加了美观性。

（2）运用铺装设计引导游人视线

在场地的铺装设计中，采用直线形的线条铺装引导游人前进，有秩序地导入拓展设施；在需要游人停留的场所，则采用无方向性或稳定性的铺装；当需要游人关注某一景点时，则采用聚向景点方向走向的铺装。另外，通过铺装线条的变化，可以强化空间感，比如用平行于视平线的线条强调铺装面的深度，用垂直于视平线的铺装线条强调宽度。项目中运用这一原理在视觉上调整空间大小，起到使小空间变大，窄宽等效果，更好地体现了拓展设施

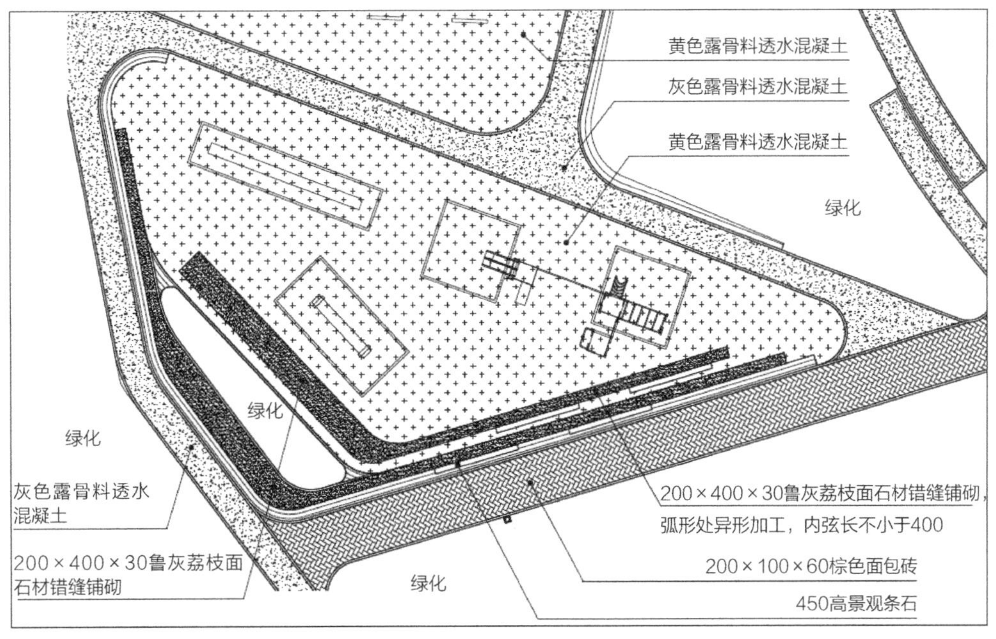

图9-17　铺装节点二平面图

的主题效果。如图9-17所示，在铺装节点二中，直线型深色的花岗岩铺装起到了引导游人视线的作用，并且强化了空间感。再如，铺装节点五（图9-18），将1.5m宽的人行道透水砖铺装贯通至花岗岩石材铺装广场中，产生强烈的视觉引导作用，引导游人进入下一个拓展设施。

（3）通过铺装烘托设计主题

良好的铺装景观对空间往往能起到烘托、补充或诠释主题的增彩作用，本项目场地铺装根据不同设计主题采用不同铺装构图和铺装色彩，极好地烘托了生态拓展公园的生态、运动、探险的整体风格，诠释了拓展设施的主题意境。以拓展锻炼、休闲运动为主要功能，整个园区铺装均采用自然不规则线形构图，表达自然流畅、行云流水的意境，如图9-19所示。

整个园区铺装以灰色天然露骨料透水混凝土为底色，在不同的功能分区根据不同主题采用不同的色调，灰色透水混凝土在色彩上具有天然的兼容性，保证园区景观统一中有变化。

不同的拓展设施主题采用不同的色调，如在拓展设施“重走长征路”系列中，在激烈紧张的区域，使用色彩鲜艳的铺装，营造激烈、紧张、探险的气氛（图9-20）；在较为舒缓、节奏较慢的区域，采用色彩柔和素淡的铺装，营造安宁、平静的气氛；在具有纪念性的拓展场地等较为肃穆的场所，配合使用沉稳的色调。在主题突出的一些拓展设施中，利用铺装的色彩抽象地体现和烘托设施的主题，如在“强渡乌江”“四渡赤水”“巧夺金沙江”“飞夺泸定桥”“强渡大渡河”这些拓展设施中，用蓝色系透水混凝土配合自然流畅的图形，抽象地

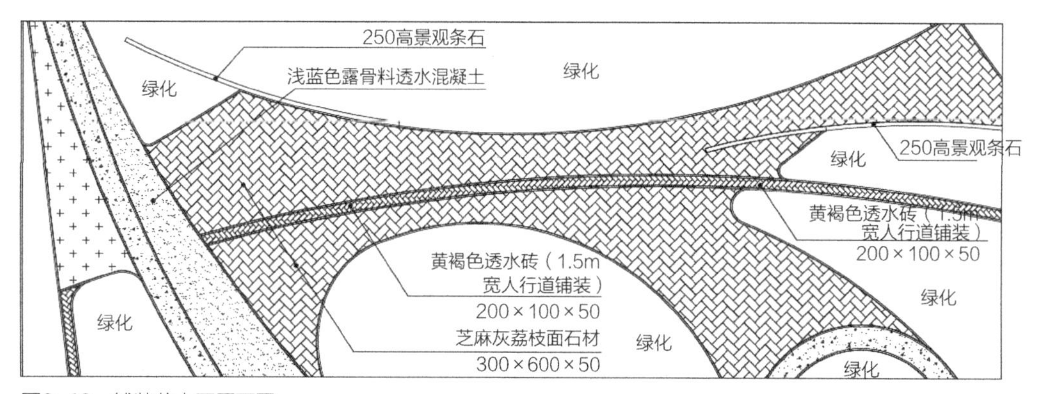

图9-18　铺装节点五平面图

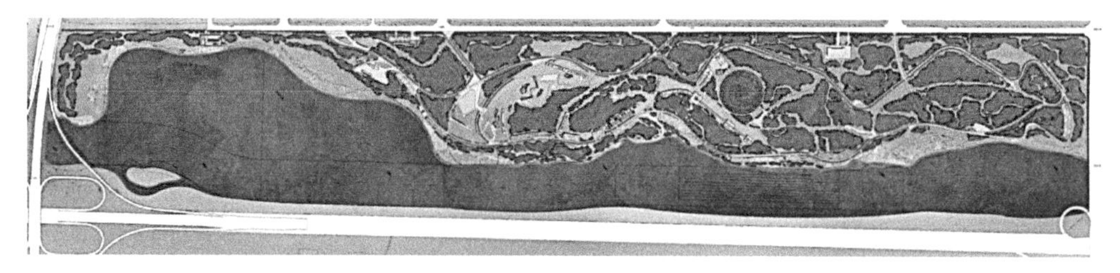

图9-19　道路及广场铺装总平面图

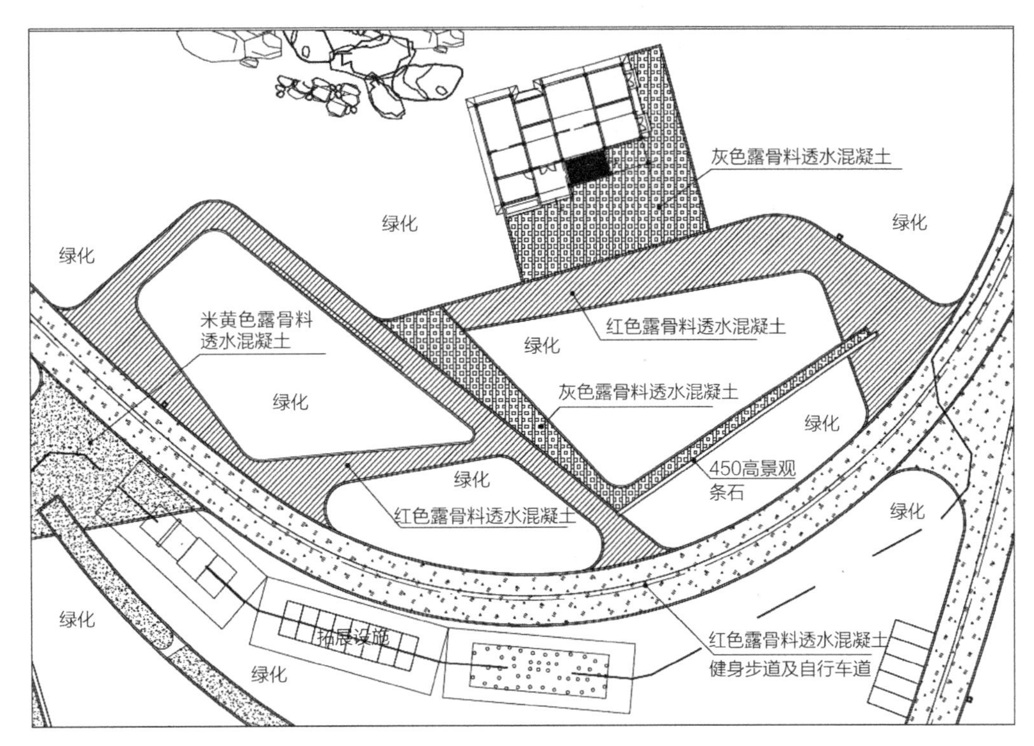

图9-20　节点铺装平面图

体现出水流湍急的形态，衬托拓展设施的主题和氛围。

3. 景观构筑物

景观构筑物的设置，既可以为游人提供不同的休憩观景功能，又可以作为点景和景观标志物，提升园区景观品质，烘托设计主题。本项目景观构筑物主要包括台阶、挡墙、花坛、坐凳等。

（1）设计特色

在设计中结合总体设计构思，因地制宜地设置不同的景观构筑物。如在现状地形高低起伏区域，为了解决现状标高和微地形的塑造需求，设置了台阶和挡墙；在局部节点和对景点设置花坛，满足种植和景观造型的要求；根据游人活动的路径，设置了坐凳，以满足游人休憩的需求。

（2）材料特色

景观构筑物的材料和造型与园区整体设计风格一致，材质自然朴实，色彩协调淡雅，起到点景、烘托主题的作用，并提升了园区的景观品质。如项目中所采用的石笼小挡墙，在不锈钢钢管和不锈钢钢丝网片焊接而成钢网笼子内，放置木纹砂岩球而形成具有挡土功能的景观墙，木纹砂岩球的颜色质感极具自然气息，而且纹理精美，具有艺术美感，是大自然鬼斧神工的产物，用在本项目，不但契合生态设计的理念，而且提升了景观品质和艺术品位。石笼这种形式，是目前较为新颖，又是与生态自然特点非常贴切的一种形式。在造型样式上，石笼挡墙与项目的整体风格一致，并根据地形和道路广场的线性进行设计，呈自然流线型。

图9-21　石笼挡墙坐凳效果示意图

项目中采用的挡墙坐凳组合（图9-21），将坐凳巧妙地与挡墙相结合，不但满足了功能上的需求，而且达到了良好的景观艺术效果。挡墙立面装饰采用20厚黄木纹板岩矩形组合拼贴，具有一种自然生态粗犷的特性，与项目的特点完美的统一，挡墙墙面为仰斜式，与凳面形成的夹角适合游人倚靠，符合人体工程力学，提升了坐凳的舒适性，并且在视觉上达到了良好的景观效果。

4. 临水设施

对于张圩港河临水区域，根据总体设计构思，考虑安全性并与景观功能性相结合，在临水区域设置了驳岸、亲水平台及栈道等，在满足水利院防洪设计的基础上进行景观艺术化处理，既保证安全防护，又可使游人亲水玩水，还能满足拓展设施的功能需求。

（1）驳岸设计

驳岸分为两种形式，一种是自然草坡入水驳岸，另一种是石笼驳岸。驳岸在样式设计上紧扣自然生态的整体风格，打造清新怡人的亲水环境。

自然草坡入水驳岸根据水利院河道处理的方案，分为两种情况，一种是在水利院设计的直立驳岸的基础上，设置自然草坡和自然置石，隐藏和弱化直立驳岸的生硬，达到自然生态美观的艺术化效果，如图9-22所示；另一种是在坡度较缓处，没有直立硬质驳岸，直接采用自然草坡入水的形式，如图9-23所示。

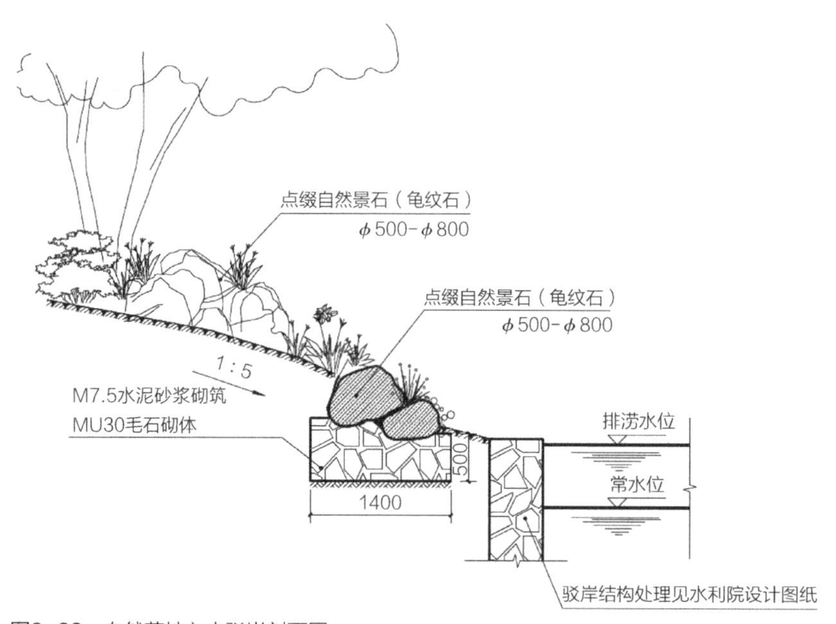

图9-22　自然草坡入水驳岸剖面图一

石笼驳岸是在水利院设计的直立驳岸的基础上，在坡度较陡处，用石笼挡墙的形式消化高差，再进行自然草坡处理。这样，既在使用功能上解决了工程实际问题，又可在平面构图上采用自然流畅的线形，用石笼这种体现生态的材质，营造出自然生态的、亲水怡人的景观，如图9-24所示。

（2）亲水平台及栈道

根据方案总体规划的要求，亲水平台和亲水栈道的设置在满足游人赏景亲水的同时，还应便于拓展设施水上项目的组织和开展。在设计中，如图9-25所示，栏杆高度1.1m，符

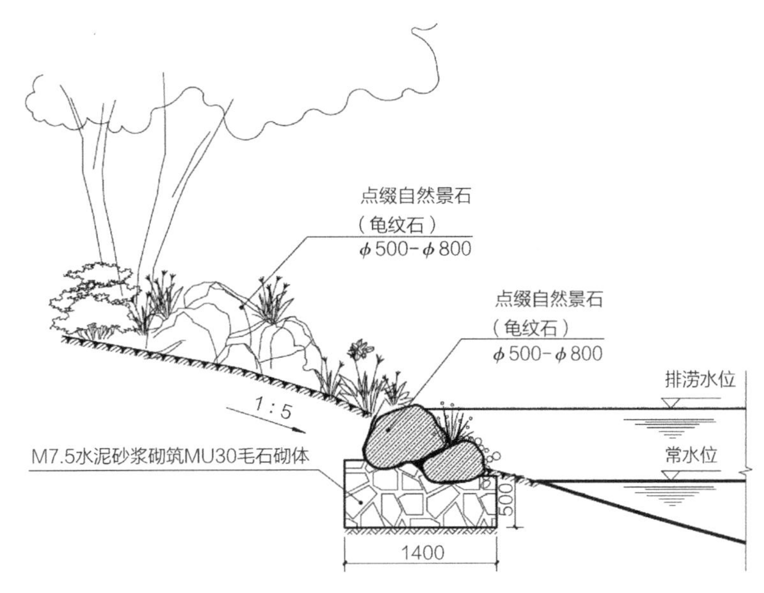

图9-23　自然草坡入水驳岸剖面图二

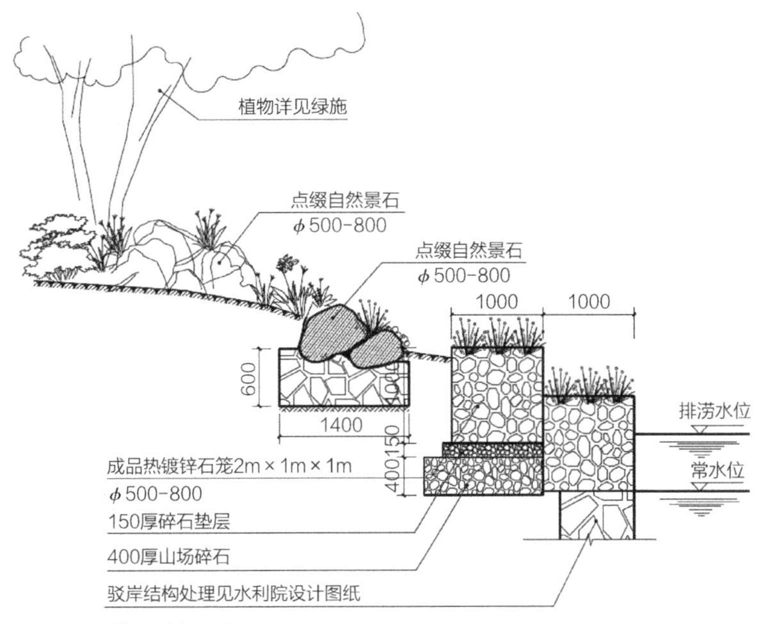

图9-24　石笼驳岸剖面图

合规范中栏杆安全防护高度的要求，采用304不锈钢材质栏杆与整石底座结合的形式，向内倾斜做防攀爬设计，并根据水上项目的功能需求，在栏杆上开口，设计成不锈钢链活扣加锁的形式，方便管理和使用。以上的设计考虑，既保证安全防护性，又强调景观艺术性。

5. 瞭望塔

在张圩港河生态拓展公园中，在绿篱迷宫中心位置，设置了一座双层瞭望塔，满足游人通过迷宫后的休憩观景需求。作为迷宫中心的标志性建筑物，瞭望塔总高7m，平面为八边形，直径6.8m，双层塔式结构，尺度上与迷宫的规模相匹配，达到了良好的视觉效果。瞭望塔通体采用金属材质制作，轻盈不失大气，飘逸不失稳重。

图9-25 栏杆效果图

瞭望塔的设置，不仅具有景观性、功能性，而且与拓展设施的主题内涵很好地融合起来，升华了主题，成为全园的点睛之笔。园区拓展设施以“重走长征路”为主题，围绕这一主题设计拓展设施活动的主要内容，做到寓教于乐，把红色文化，爱国主义教育贯彻其中，提升了整个园区的建设品质和精神内涵。而绿篱迷宫设置在“重走长征路”的终点，是作为一种收尾、点景、升华主题的作用，景观设计的主题内涵与拓展设施完美融合，绿篱迷宫的路线，代表中国革命在中国共产党的带领下不断进取求索的曲折道路，迷宫中心设置的瞭望塔，代表中国革命的目标，也可以理解为中国梦、中华民族的伟大复兴。在绿篱迷宫中设置瞭望塔体现出“道路是曲折的，目标是明确的”的精神内涵，并且瞭望塔设计成八角形，寓意“不忘初心、牢记使命”——当年毛主席在井冈山八角楼上绘制了中国革命的蓝图，指引着中国革命前进的方向。如此使景观设计与拓展设施的主题融为一体，并且起到了点题、升华主题的作用。瞭望塔设计如图9-26所示。

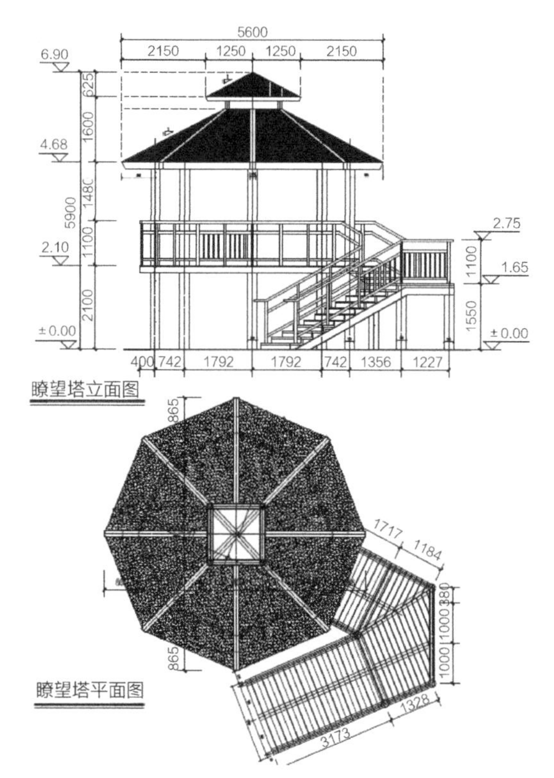

图9-26 瞭望塔平、立面图

9.5 拓展训练基地

9.5.1 拓展训练基地设计构想

拓展训练基地选址在生态公园绿地的中间地带，考虑到此处场地比较平坦，对于训练过程的安全性保障程度较高，同时能够提高训练的质量。在总体布局中，拓展训练基地与生态公园的广场草地相结合，沿公园内道路两侧布置，使拓展设施既不占用公园主要功能，又充分利用公园原有道路交通设计，为公园增添景致，达到相互借势效果。拓展基地与生态绿地互相交错，交融与共，连为一体，也为训练提供了一个极佳的环境。

拓展训练基地的设计将教学、体验与实操三体相融合，兼具安全教育功能，具有科技性、教学性、娱乐性、可实操性，是拓展训练整体范畴中的一大亮点。其整体设计中体现军体训练、团队建设、竞技体育等元素，同时具备国际化、标准化、竞技性、趣味性等特点。

拓展训练基地共设置五项活动项目，当前共包括“重走长征路”、攀岩、挑战塔、植物迷宫、水上项目（龙舟、皮划艇）五个主要项目。

9.5.2 重走长征路

“重走长征路”是拓展训练基地的五项主要活动项目设施之一，该项内容选取自红军长征路上所经历的十个典型真实历史事件，将其设计为十个子项目，分别是“突破封锁线”“强渡乌江”“四渡赤水”“巧夺金沙江”“飞夺泸定桥”“强渡大渡河”“爬雪山”“过草地”“突破腊子口”“胜利大会师”（图9-27）。通过巧妙的设计将拓展训练元素与中国红军

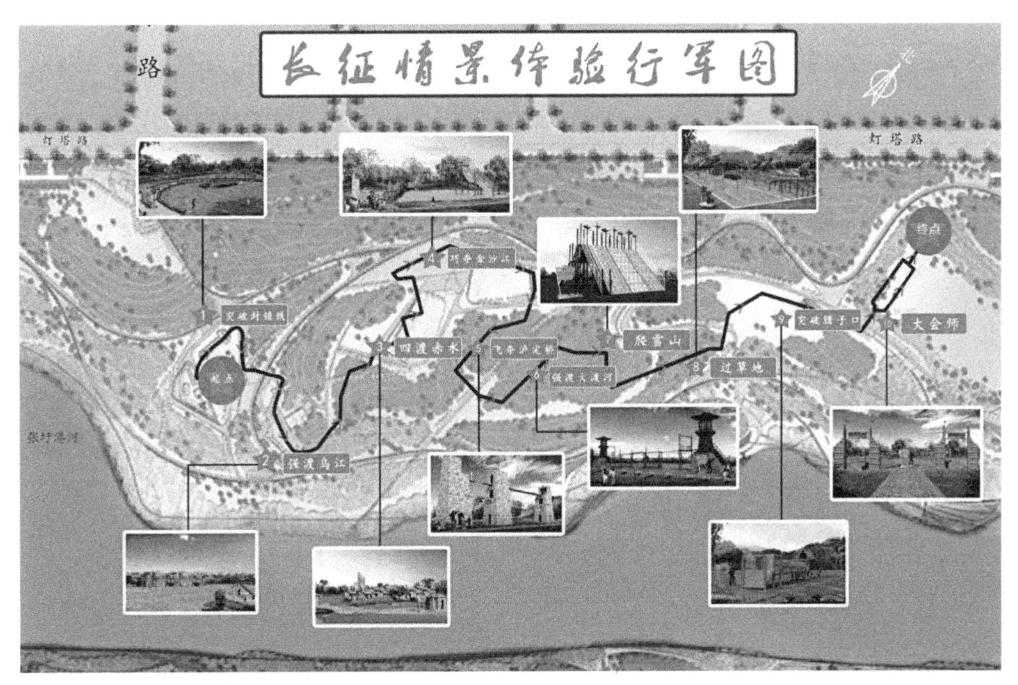

图9-27　重走长征路总平面图

长征主题相结合，让体验者既收获到拓展训练的效果，又体验了一次震撼心灵的红色之旅。每一个子项目都通过专门设计的钢网构架，再现当年红军长征路途中遇到的艰难险阻，也使训练者从中体会到红军当年通过此项关口时的惊险与难度。

“重走长征路”项目在拓展训练项目中属于高危操作项目，因而在工程设计和建造过程中，各环节都采用高标准来完成。各方面细节部位及钢结构整体稳定性、焊接缝合牢固性均按高标准设计及施工。

“重走长征路”项目总体采用钢框架结构，其钢框架抗震等级为四级，建筑结构安全等级达到二级，其结构按照使用寿命50年的年限进行设计，整体地震烈度的标准为抗震设防烈度7度，属于抗震等级中的第三组强度。

1.“突破封锁线”子项目

“突破封锁线”子项目的历史背景为：1934年10月上旬，中央红军主力从江西瑞金离开，经浴血奋战，相继突破国民党军第一、二、三、四道封锁线，于同年12月1日渡过湘江。

该子项目设置了突破封锁、拱桥、障碍墙、钻网路、翻山越岭、穿越迷宫等环节，“突破封锁线”的总长度为110m，宽为8m，总面积达880m^2，钢结构器材总高为9m，分为四个部分，整体要求各个部分的地面平整，各环节之间可存在起伏，但要求坡度平缓，整体落差不超过0.5m。该子项目的地面整体为沙土结构，深0.3m，路线的两侧方位设置成水泥仿真树桩造型，其外观造型高低起伏错落有致，树桩直径为0.5m，单个树桩最高不超过0.6m，主要起到点缀子项目周边外观的观赏作用。其建成效果如图9-28所示。

2.“强渡乌江”子项目

“强渡乌江”子项目的历史背景为：在经历湘江之战的惨重损失及短暂的休整后，1935年1月，大部队急速向遵义进发，但是被“乌江天险”拦住去路，红军克服种种困难，从浮桥上迅速渡过了乌江。强渡乌江“天险”一战，也成为长征途中常常被人称赞的经典战例之一。

该子项目内设置断桥及缅甸桥，占地总长80m，宽8m，总面积达640m^2，器材总高为

图9-28 “突破封锁线”子项目

9m。该子项共有3个部分，在设计与建造过程中，对于第1部分至第2部分的地面平整，保持一致，第3部分的前后两部分之间可有相对起伏坡度，整体之间落差不超过0.5m。第2部分与第3部分下方设置沙地，面积为400m^2，深度为0.3m，沿边自然土坡，其他地面铺设草坪。其建成效果如图9-29所示。

3.“四渡赤水”子项目

“四渡赤水”子项目的历史背景为：在四渡赤水战役中，中央红军在毛泽东等人的正确指挥下，将运动战的特长发挥得淋漓尽致，红军在5天之内取桐梓、夺取娄山关、重新占领遵义城，共歼敌20个团，取得了红军长征以来的最大一次胜利，极大地鼓舞了红军队伍的士气。该子项目中设置有荡木桥、栈道桥、丛林朝阳、四平八稳等相关关卡设施，占地总长为132m，宽8m，总面积达900m^2，器材总高3.5m，共分为四个环节，每个环节两端的地面平整、保持一致，总体落差小于0.5m，方形门厅规格为5m×5m×4.5m。

其中间部分为模拟河道，进行了沙地填充，中间可下沉部分不超过0.9m，坡度为自然坡度，模拟河道部分占地面积为600m^2，深0.3m，沿边为自然土坡，门厅的四周是自然地面。其建成效果如图9-30所示。

图9-29 “强渡乌江”子项目

图9-30 “四渡赤水”子项目

4. “巧夺金沙江”子项目

“巧夺金沙江”子项目的历史背景为：1935年5月为调动敌人，寻找战机，在毛泽东的指挥下，红军乘虚进军云南，随后巧夺金沙江，摆脱了几十万敌军的围追堵截。该子项目中设置了迷你版勇者之路、翻越高山、飞跃天堑、猛虎下山等关卡，项目占地总长140m，宽8m，总占地面积达1120m^2，器材总高9m，共分为两个组合，在建造过程中保证两个组合之间的地面平整一致，但这两个组合之间可有一定的平缓坡度，且落差不超过0.3m。该子项目的整体地面为普通土质，地面平整，无异常凸起起伏，地面上铺设草皮进行美观修饰。其建成效果如图9-31所示。

5. “飞夺泸定桥”子项目

“飞夺泸定桥”子项目的历史背景：飞夺泸定桥是红军长征中的著名战例，1935年5月29日，敌人在桥头燃起大火，但也未能阻止红军。我突击队员穿过熊熊烈火，迅速消灭了守桥之敌，并支援后续部队攻占了泸定城，飞夺泸定桥的成功又一次使红军转危为安，摆脱了敌人的追击。

以此为背景，该子项目中模拟当时的情境，设置了五步桩、乘风破浪、穿越丛林、穿越沼泽、断桥，泸定桥主桥等分段设施。

“飞夺泸定桥”子项目总长42m，宽10m，总占地面积为420m^2，器材总高为10m，共分2个组合环节、6个独立操作项目，各组合环节之间保持整体地面平整，无异常凸起部分，土楼四周的地面为普通土质地面，结构平整，在各组合间的地面部分铺设草坪，既美观，在安全角度又可起到缓冲保护的作用。链接点之间通过钢索进行衔接，极大地保障了操作的安全性。其建成效果如图9-32所示。

6. “强渡大渡河”子项目

“强渡大渡河”子项目的历史背景：大渡河是岷江最大的支流，两岸峭壁林立，水流湍急，能否渡过大渡河，关系到数万红军将士的生命，英勇的战士们冒着枪林弹雨，在惊涛骇浪中向对岸冲去，终于打开了“天险”大渡河的一个缺口。

该子项目主要设置有空中平衡木和空中断桥；占地总长度为60m，宽10m，总面积达600m2，器材总高11m，共分为3个组合环节，各环节之间保持地面平整；设置土楼，土

图9-31 “巧夺金沙江”子项目

图9-32 “飞夺泸定桥”子项目

图9-33 “强渡大渡河”子项目

楼四周地面为普通土质，整体地面平整且四周铺设草皮进行外观点缀修饰。其建成效果如图9-33所示。

7.“爬雪山”子项目

“爬雪山”子项目的历史背景：爬雪山是红军长征中最艰苦的行军之一。红军翻越的雪山，大都海拔4000m以上，空气稀薄，人迹罕至，白雪皑皑，山高谷深，气候变幻无常。尽管雪山草地的行军比平常的行军要克服更多艰难困苦，但是，英勇的红军将士们并没有被大自然的困难所压倒，相反，他们坚定的信念和顽强的革命意志在困境中大放异彩，成为造就长征精神的重要历程。

该子项目主要设置的关卡模式为攀爬塔，占地总长度为80m，宽度17m，总面积为510m^2，器材总高11m，共分为六道攀爬路线，器材四周皆为普通土质，在保持整体地面平整的前提下，对于周边及拦网及路面进行草坪铺设，在保障其安全性能的前提下，又增加了美观性。其建成效果如图9-34所示。

8.“过草地”子项目

“过草地”子项目的历史背景：1935年8月21日，红军开始过草地，红军将士以藐视一切困难的革命精神，历尽艰辛，克服了常人难以想象的困难。行军队伍分为左右两路，同时平行前进。右路军由毛泽东、周恩来、徐向前等率领，自四川毛儿盖出发，进入草地。经过

图9-34 “爬雪山”子项目

7天的艰苦努力，右路军到达草地尽头的班佑地区。

该子项目中设置有跳跃轮胎、梅花桩、沼泽跳跃、独木桥、军体训练障碍等关卡，并根据当年的历史情境，分为A和B共2条线路。

A线路为百米障碍赛2道，占地总长度为100m，宽度10m，总占地面积达1000m²，器材总高2m，共分为8个组合环节，各个组合环节之间的地面保持平整一致，地面素土夯实夯平，区域边缘铺设道牙，其宽度大于5cm。

B线路为特警五项双道，占地总长度为120m，宽度8m，总占地面积为960m²，器材总高7.5m，共分为8个组合环节，且各个组合环节之间的地面保持平整一致，地面素土夯实夯平，区域边缘铺设道牙，其宽度大于5cm。

A、B两条线路间隔大于4m。该子项目整体铺设草坪，一方面保证了整体外观的美观大方，贴合军事训练实战情景，另一方面保障其在后续使用过程当中人员的安全保护。其建成效果如图9-35所示。

9.“突破腊子口”子项目

“突破腊子口”子项目的历史背景：腊子口位于我国甘肃省境内，是四川通往甘肃岷县的必经之路。腊子口战役是红军进入甘南的关键一战，北上的通道由此打开。

该子项目设置有冲锋坡、摆渡桥、“腊子口”，占地总长为60m，宽度8m，总占地面积为480m²，器材总高7.5m；共分成2个组成部分，各组成部分之间的地面整齐一致；项目地面为普通土质地面，整体平整，无异常凸起，并进行草坪铺设。其建成效果如图9-36所示。

10.“胜利大会师”子项目

“胜利大会师”子项目的历史背景：1936年10月，红军三大主力在甘肃会宁胜利会师，从而结束了具有伟大历史意义的长征，这是中国革命史上的伟大创举，也是中国革命由挫折走向胜利的伟大转折。

项目内设有秋千桥、勇士穿越、攀网过河、沼泽跳跃、会师台；总体长度达600m，宽25m，器材总高8m；共分为2条线路，多个组合部分，各个组合部分之间的地面保持相对平整，地面上铺设草坪。其建成效果如图9-37所示。

图9-35 “过草地”子项目

图9-36 “突破腊子口”子项目

图9-37 “胜利大会师”子项目

9.5.3 攀岩

攀岩的造型为三个向上举起的拳头，表达了东中西区域间紧密合作、凝心聚力（基地服务中西部，面向东北亚）、强强联合之意，并在加强区域合作与交流的同时，带领东中西区共同发展。紧密结合的三个拳头象征着相互信任、相互支持、相互关爱、相互学习的关系，还象征着徐圩新区拓展训练基地在国内具有竞争力之意。如图9-38所示。

攀岩是拓展训练基地的5项主要活动项目设施之一，它的主结构为钢结构，采用框架结构的形式，整体结构高度为20m，最大平面尺寸为26.8mx32.9m，基础为桩筏基础，柱脚则采用了外包式刚性柱脚（图9-39）。

该项目所处主要地质条件的抗震设防烈度为7度，属于第三组，场地类别属Ⅳ类，基本风压值为0.55kN/m^2，基本雪压值为0.4kN/m^2。在攀岩项目的整体建设过程中，涉及结构设计所考虑的荷载主要为三种荷载，分别是装饰恒荷载1.0kN/m^2，屋面恒荷载2.0kN/m^2，通过PKPM软件中的“自重程序自动计算”得出，该建筑钢结构屋面活荷载值为3.5kN/m^2。

在结构计算方面，为较为准确地分析不同荷载工况作用下结构的受力状态及变形情况，采用了国际上通用的有限元分析程序，按现行国家标准《钢结构设计标准》GB 50017进行设计计算，对结构进行了整体的建模分析。

运用大型有限元程序对整体结构进行了静力线性分析、模态分析。通过数据分析得出结构在各种荷载组合情况下的变形、杆件内力、应力比，对相应的计算结果进行了分析，并与相关规范要求进行对比，结果表明本工程所采用的结构形式以及相关构件规格满足规范要求的结构强度、刚度和稳定性。

在设计中，对结构承载力进行详细验算，达到了承载力规范要求，符合结构承载力标准。对钢结构杆件及杆件应力比进行计算，计算结果显示最大应力比为0.921，满足规范要求。

9.5.4 植物迷宫

植物迷宫是5项主要活动项目设施之一，它位于拓展训练基地中心平台地段。迷宫以植物绿篱做遮挡墙，既是拓展训练设施，同时也具备绿化功能，是生态绿地与拓展基地相结合

图9-38 攀岩

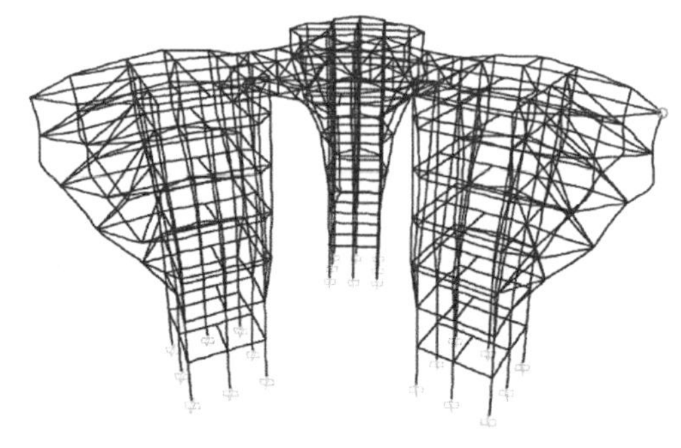

图9-39 攀岩结构整体框架模型

的完美体现。

植物迷宫周边场地空旷宽敞，迷宫总体呈现圆形图案结构，其直径长达142m，总占地面积达1.58万m^2。设计路线宽度为2m，铺地材料选用透水混凝土或透水砖铺地；植物绿篱宽2m，高1.3～1.8m。

植物迷宫为圆形，内分三种不同路线，分别为路线一（337m）、路线二（341m）、路线三（485m），增加了迷宫的挑战性与趣味性（图9-40）。以植物作为屏障，清新、自然、宁静、和谐，给人以曲径通幽与神秘莫测之感。当碰到迷点与障碍时，可感受“迷途与迷茫”的滋味；当返身前行时，又可领悟“迷途知返”的内涵；当穿越迷宫成功抵达终点时，可体验“柳暗花明、豁然开朗”的快乐。

设计从景观角度、心理角度、安全角度和趣味性角度综合考虑，在植物上，选用蜀桧、珊瑚树及红叶石楠，并修剪成绿篱；采用定位仪或声光控制的技术增加游览的安全性和高科技感，中途可运用栈桥实现快速通过；同时在迷宫中心位置设置1处瞭望塔以便安全考虑。迷宫中心的瞭望塔采用钢木结构的二层观景平台，以轻盈、开敞为特点。植物迷宫的中心区增加科技参与感，后期可实现二维码扫描环节。

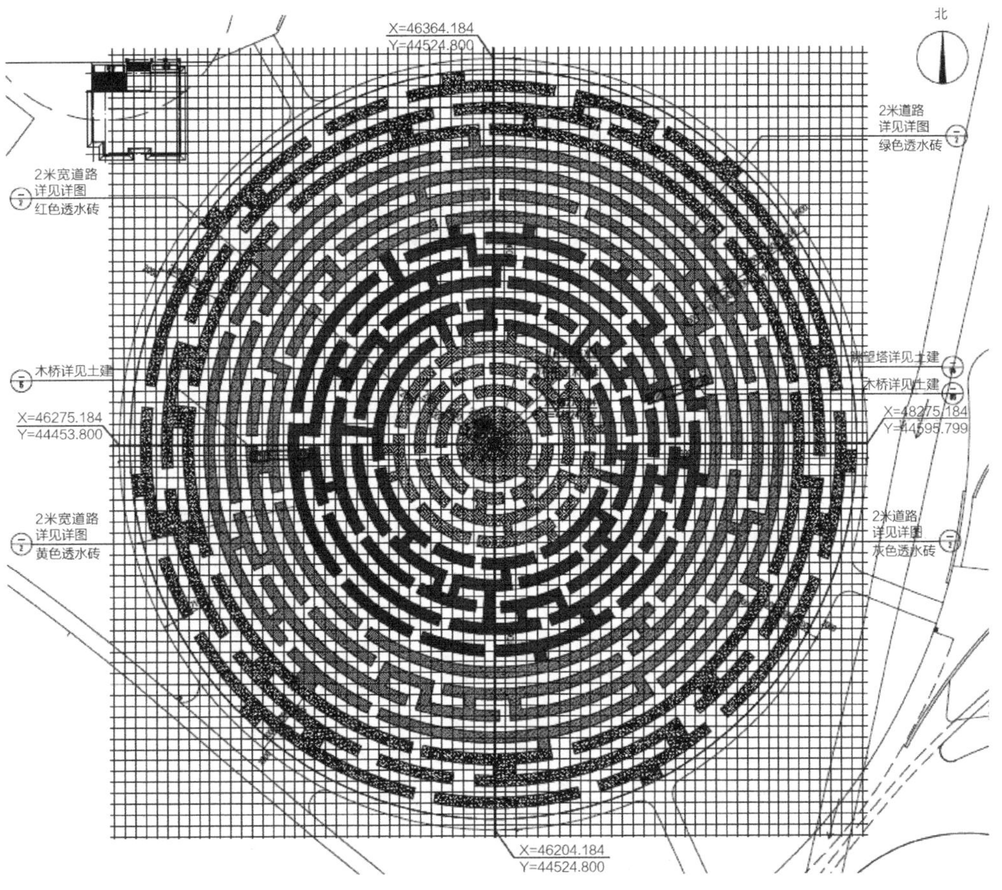

图9-40　植物迷宫平面设计图

9.5.5 水上项目

皮划艇、水上龙舟是5项室外项目中唯一的水上项目，依托于张圩港河，水上项目工程具备得天独厚的自然地理优势。水上项目主要是由看台、检录广场与登舟平台、500m终点塔、艇库、1000m终点塔等多个子项目共同构成（图9-41）。

水上项目设计有龙舟、皮划艇专业赛道，既能满足传统拓展训练需要，又兼具龙舟、皮划艇专业比赛需要，一条赛道，多种用途，是水上项目设计的主要特点。

检录广场占地面积为1300m^2，张拉膜基本覆盖全广场，码头可停放约14艘舟艇，码头面积为912m^2，登舟平台主要结构为不锈钢骨架，上铺设防腐木，如图9-42所示。

观众看台布置在张圩港河南岸，主席台整体规划面积为720m^2，底层功能区可用于通

图9-41　水上项目俯视效果图

图9-42　水上项目检录广场及登舟平台效果图

信、网络、办公、配电室、男女卫生间、记者休息室、新闻媒体室等。上部台面为主席台、新闻转播、新闻媒体平台。主席台所配备的张拉膜为V字形连续式钢结构及膜顶。看台效果如图9-43所示。

图9-43　水上项目看台效果图

500米终点塔占地面积为200m²，共有3层，一层为赛事编排室，二层用于仲裁计时区，三层为摄像机位，主体采用钢结构（图9-44）。

图9-44　水上项目五百米终点塔效果图

远期规划的1000m终点塔可支持1000m龙舟、赛艇比赛使用。设计为1座三层终点塔，整体占地面积为198m²，一层用于赛事编排，二层用于仲裁计时，三层为摄像机位，功能与500m终点塔大致相同。

艇库子项目位于张圩港河生态廊道，主要用于水上项目舟艇的存放与日常管理，建筑占地面积为992m²，建筑层数共一层，总高度为4.2m，结构类型为框架结构，建筑设计等级为二级。其抗震等级为丙类，防震烈度7度，耐火等级为二级。

9.5.6　挑战塔

挑战塔的设计融入了不断挑战自我的设计理念，极限运动素有融入自然（自然、环境、生态、健康）、挑战自我（积极、勇敢、愉悦、刺激）的“天人合一”的特性，除了追求竞技体育“更高、更快、更强”的精神外，更强调参与、娱乐和勇敢精神，追求在跨越心理障碍时所获得的愉悦感和成就感。项目总高36m，为国内设计最高拓展类挑战塔，溜索+高空连续拓展+垂直极限的项目设置，填补园区高空极限类项目空缺，作为园区标志性项目，站在塔顶可以俯视整个园区、遥望大海。

挑战塔位于拓展训练基地东段、“重走长征路”项目的东南侧。挑战塔主体结构为钢结构，共分为4个主要塔区。其中塔区1、2、3的建造要求地面平整，而且这三个塔区相互间的地面落差不能超过1m；塔区4的建造允许地面有起伏，但坡度要相对平缓，整体之间的落差不能超过0.3m。挑战塔四个塔区尺寸如表9-3所示。

挑战塔四个塔区尺寸表　　表9-3

塔区名称	占地长度（m）	占地宽度（m）	器材总高（m）
塔区 1	30	30	36
塔区 2	20	20	12
塔区 3	30	20	6
塔区 4	104	10	9

图9-45 挑战塔项目整体效果图

挑战塔主体结构为钢结构，采用框架结构形式，基础为桩筏基础，柱脚采用外包式刚性柱脚。攀登是人类与生俱来的天赋，成人也会把攀登当作闲暇之余发泄自己情绪的一种方式。通常，供少年儿童攀登的活动设施不宜太高，3～4m即可，成人则没有限制。一般室内的攀岩馆的攀登高度在8～10m，经常进行攀登运动的人员来说，这个高度已经没有挑战性，没有刺激感了。

高度在24m左右的攀登项目，一般出现在部队以及对身体素质有更高要求的专业场馆，本项目采用的主结构高度为24m，最大平面尺寸为10m×10m。挑战塔整体效果如图9-45所示。

结构设计过程中考虑了多种荷载因素，分别是装饰恒荷载为1.0kN/m^2，屋面恒荷载为2.0kN/m^2，通过PKPM软件中的“自重程序自动计算”得出，该建筑钢结构屋面活荷载值为3.5 kN/m^2。

挑战塔项目运用大型有限元程序SAP2000对整体结构进行了静力线性分析、模态分析。通过分析得出结构在各种荷载组合情况下的变形、杆件内力、应力比，对相应的计算结果进行了分析，并与相关规范要求进行对比，分析表明本工程所采用的结构形式以及相关构件规格满足规范要求的结构强度、刚度和稳定性。

9.5.7 拓展训练中心

拓展训练中心为一座4层建筑，训练设施全部为室内项目，拓展训练中心室内设施与五项室外设施共同组成拓展训练基地。

拓展训练中心的设立，是为了弥补室外拓展训练基地的不足，为阴雨天气或其他恶劣天气状况下，开展室内拓展训练活动提供了必要的场所。拓展训练中心项目将教学、体验与实操三体相融合，兼具安全教育功能，在整体设计上兼有科技性、教学性、娱乐性、可实操性，是拓展训练基地中的一大亮点。

拓展训练中心为多功能拓展训练综合区，以多样化的高科技类体验项目为主，配合徐圩新区拓展训练基地，室内项目更增添了整体拓展训练的趣味性、教学性和高度参与性，不仅将高科技融入室内拓展体验中，还兼具安全教育意义。

拓展训练中心一层包括拓展训练展厅、员工餐厅以及接待大厅。拓展训练展厅面积为232m^2、员工餐厅积为77m^2、接待大厅面积为246m^2。

拓展训练中心二层主要以办公区、档案室及接待室为主，使用面积为290m^2。接待室使用面积为77m^2，用于外宾接待与商务洽谈。

拓展训练中心三层为多功能拓展训练综合区，使用面积为513m^2。其中配置有5D影院、VR逃生培训馆、醉驾模拟体验馆、拓展培训沙盘模型教室、烟雾逃生、巴士逃生、拓展训练应急培训室等多样化、多功能项目。

拓展训练中心四层主要为拳击馆及设备间，使用面积为585m^2。其地面铺设木质地板，周边墙体进行隔音化处理，可用于专业比赛及团队训练，还可用于训练前开场破冰、室内拓展训练项目、大型总结等。

9.6 低影响开发

9.6.1 现状分析

1. 降雨特征

本项目处于北半球的中纬度，属暖温带南缘湿润性季风气候，兼有暖温带和北亚热带气候特征，夏热多雨，冬寒干燥，春旱多风，秋旱少雨。多年平均降雨量900.9mm，且70%以上集中于6～9月份。

2. 场地排水特征

场地地势较为平坦，总体呈南高北低、西高东低的走势，沿河向河道倾斜。现场雨水为自由散排，雨水沿地势经地表径流排入张圩港河，无法对降雨形成有效的径流控制。

3. 下垫面水文特征

场地地貌类型为滩涂和荒地，偶有块状水塘分布。现状土质较差，少数区域表层为黏土，其下为较厚的淤泥层；多数区域表层为回填淤泥，下垫面透水性较差。

4. 地下水特征

地下水类型主要为松散岩类孔隙潜水及承压水。潜水主要赋存于①层素填土中，该含水层贮水量较小，主要受大气降水补给，排泄以自然蒸发为主。承压水主要赋存于下部④层粉砂中，富水性较好，水量较大，补给和排泄均以侧向径流为主。本次勘察期间实测潜水水位埋深0.10～0.15m，平均0.13m；标高2.79～3.04m，平均2.92m；水位变动幅度在1.0～1.5m左右；承压水水位埋深1.50m，标高1.44m。

9.6.2 设计目标与思路

调蓄雨峰，增强区域内综合雨水滞留消纳能力，年径流总量控制率90%，面源污染消减率为50%。

将地面径流雨水及隔盐碱下渗雨水统一整合，设置了一套既兼顾地表径流及地下渗流的排水系统，极大地增加了对面污染源的削减程度，并针对现场地形积水点位置分析的情况，因地制宜地设置了下凹式绿地或湿塘，既满足了对径流总量的控制，又减少了工程开挖回填的投资，使绿地增强雨水渗透、水源涵养的功能。在完善绿地对雨水的吸纳、蓄渗和缓释功能的同时，修复了城市生态水岸线，提高了规划区块的园林品质。

9.6.3 低影响开发设计方案

1. 低影响开发措施选择

经现状分析可知，本项目整体透水性一般，规划中应优先采用“蓄、滞”，合理采用“渗、排”；面污染源产生量较少，可适当设置生物滞留设施。

根据分析，选取雨水花园、下凹式绿地、植草沟、植被缓冲带作为场地主要的低影响开发措施，透水铺装作为辅助手段，提高道路与铺装的渗透性能。另外，由于项目场地土壤渗透性较差、含盐碱较高，因此在选择低影响开发措施时，应注重排盐洗盐措施的选用，以及耐盐碱植物的选配。

在整理区域内地形时，首先要实施排盐碱措施，然后回填种植土方进行地形塑造。通过竖向引导，疏导降雨后雨水的径流方向，雨水通过植草沟（下设盲管与排盐管共用）、植被缓冲带后净化下渗，转输后进入雨水花园（生物滞留设施），超标雨水汇入湿塘或河道水系（图9-46、图9-47）。

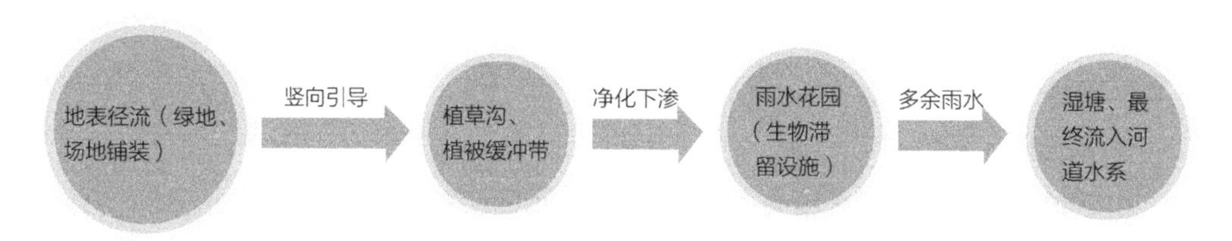

图9-46　径流组织策略示意图

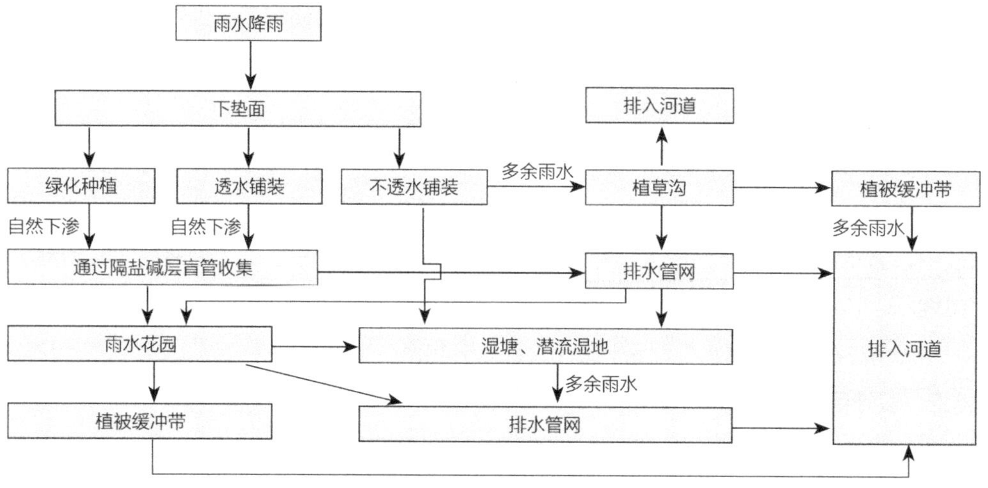

图9-47　雨水利用流程图

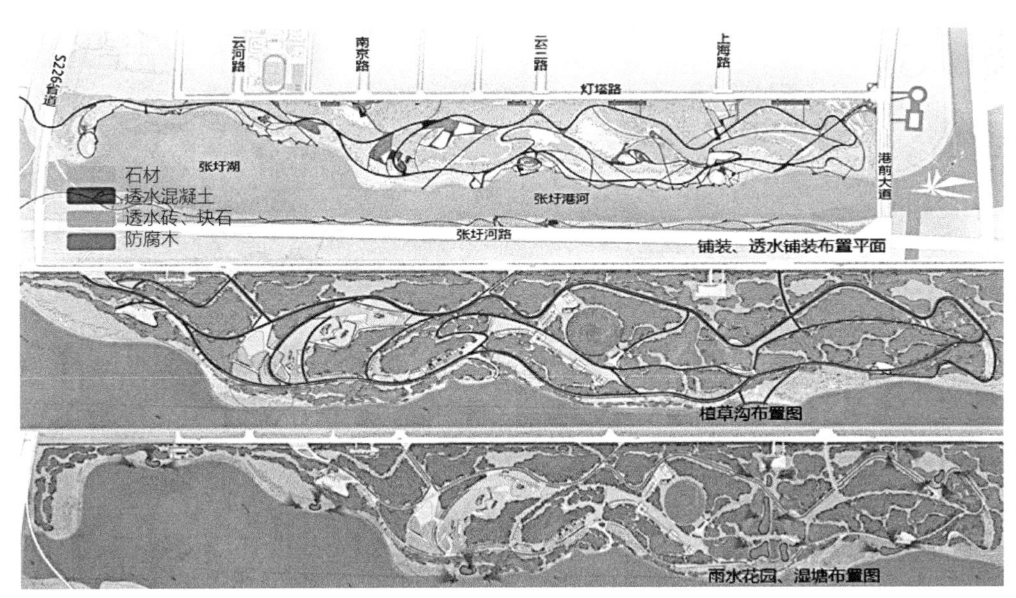

图9-48　设施总体布局

低影响开发设施总体布局如图9-48所示。

2. 低影响开发设施设计

（1）透水道路和铺装

采用生态透水混凝土及透水砖，能够使雨水迅速渗入地表，有效地补充地下水。另外，由于透水地面孔隙多，地表面积大，对粉尘有较强的吸附力，可减少扬尘污染，也可降低噪声。其具体构造做法如下。

1）透水铺装地面铺设在土基上时，自上而下设置透水面层、透水找平层、透水基层和透水底基层；当透水铺装设置在地下室顶板上时，其敷土厚度不应小于600mm，并应增设排水层。

2）透水面层需满足以下要求：渗透系数应大于1×10^{-4}m/s，可采用透水面砖、透水混凝土、草坪砖等，当采用可种植植物的面层时，宜在下面垫层中混合一定比例的营养土；透水面砖的有效孔隙率应不小于8%，透水混凝土的有效孔隙率不小于10%；当面层采用透水面砖时，其抗压强度、抗折强度等应符合相关规范要求。

3）透水找平层应满足以下要求：渗透系数不小于面层，宜采用细石透水混凝土、干砂、碎石或石屑等；有效孔隙率应不小于面层；厚度宜为20～50mm。

4）透水基层和透水底基层应满足以下要求：渗透系数应大于面层，底基层宜采用级配碎石，中、粗砂或天然级配砂砾料等，基层宜采用级配碎石或者透水混凝土；透水混凝土的有效孔隙率应大于10%，砂砾料和砾石的有效孔隙率应大于20%；垫层的厚度不宜小于150mm。

透水铺装构造做法示例如图9-49所示。

（2）植草沟结合隔盐碱

植草沟可收集、输送和排放径流雨水，具有一定的雨水净化作用，深度一般为

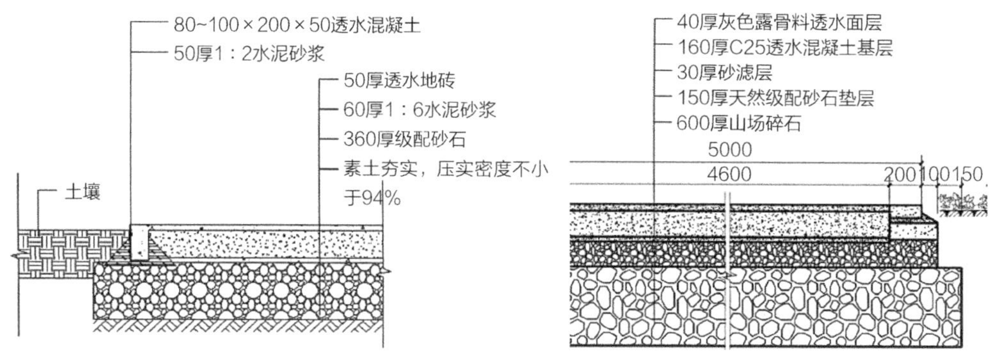

图9-49　透水铺装构造做法图

100～200mm；设置溢流口（如雨水口），保证暴雨时径流的溢流排放，溢流口顶部标高一般应高于植草沟底部50～100mm。

植草沟基层构造自下而上分别为：素土夯实，压实密度不小于94%；100mm砂土层，250mm厚沙砾滤料层（粒径2～4cm）；400mm厚种植土；50mm厚蓄水层；粒径250～400mm河滩石散置。具体如图9-50所示。

（3）雨水花园（生物滞留设施）

蓄水层深度应根据植物耐淹性能和土壤渗透性能来确定，一般为200～300mm，并应设100mm 的超高预留；换土层的介质类型及深度应满足出水水质要求，还应符合植物种植及园林绿化养护管理技术的要求；为防止换土层介质流失，换土层底部一般设置透水土工布隔离层，也可采用厚度不小于100mm的砂层（细砂和粗砂）代替；砾石层起到排水作用，厚度一般为250～300mm，可在其底部埋置管径为100～150mm 的穿孔排水管，砾石应洗净且粒径不小于穿孔管的开孔孔径；为提高生物滞留设施的调蓄作用，在穿孔管底部可增设一定厚度的砾石调蓄层。其构造做法如图9-51所示。

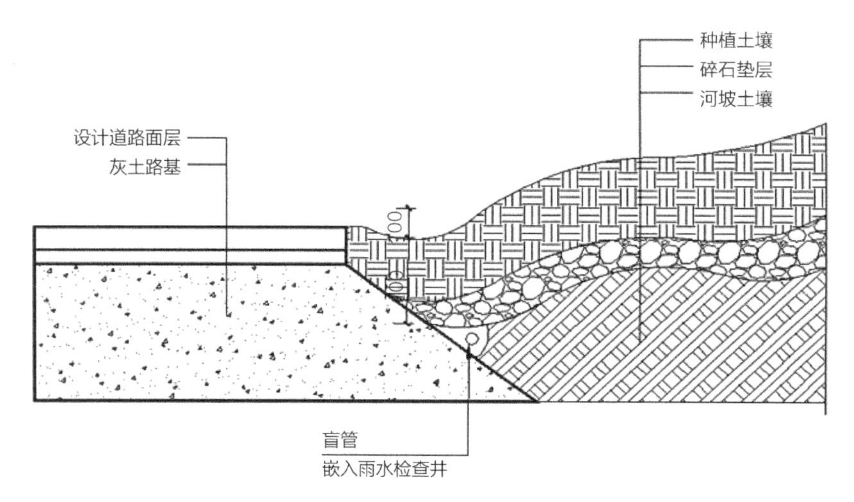

图9-50　植草沟结合排盐碱构造做法详图

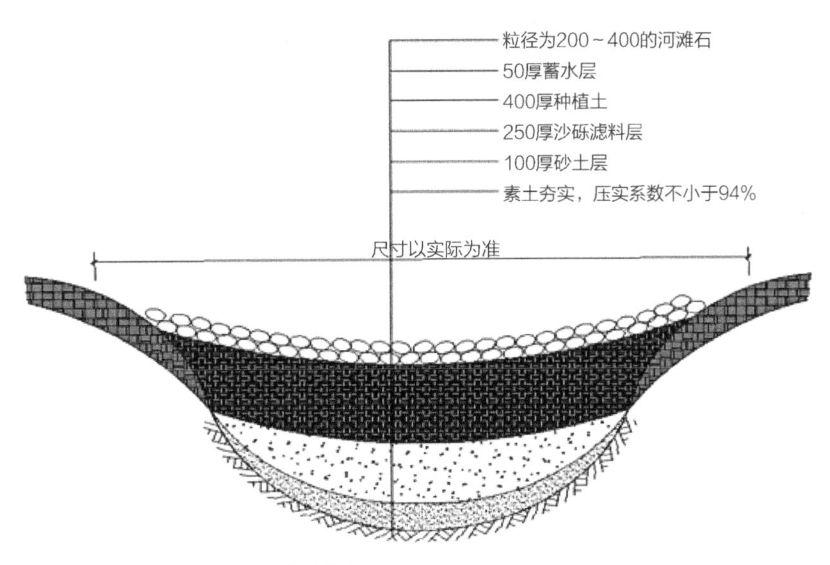

图9-51　雨水花园基层回填构造做法图

（4）湿塘

湿塘指具有雨水调蓄和净化功能的景观水体，雨水同时作为其主要的补水水源。湿塘有时可结合绿地、开放空间等场地设计为多功能调蓄水体，即平时发挥正常的景观及休闲、娱乐功能，暴雨发生时发挥调蓄功能，实现土地资源的多功能利用。湿塘由进水口、前置塘、主塘、溢流出水口、护坡及驳岸、维护通道等构成。具体构造做法如下（图9-52）。

1）进水口和溢流出水口处设置碎石、消能坎等消能设施，防止水流冲刷和侵蚀。

2）前置塘为湿塘的预处理设施，起到沉淀径流中大颗粒污染物的作用；池底一般为混凝土或块石结构，便于清淤；前置塘应设置清淤通道及防护设施，驳岸形式为生态软驳岸，边坡坡度为1：2～1：8。

3）主塘包括常水位以下的永久容积和储存容积，永久容积水深为0.8～2.5m，具有峰值流量削减功能的湿塘还包括调节容积，调节容积要求在24～48h内排空；主塘驳岸宜为生态软驳岸，边坡坡度不大于1：6。

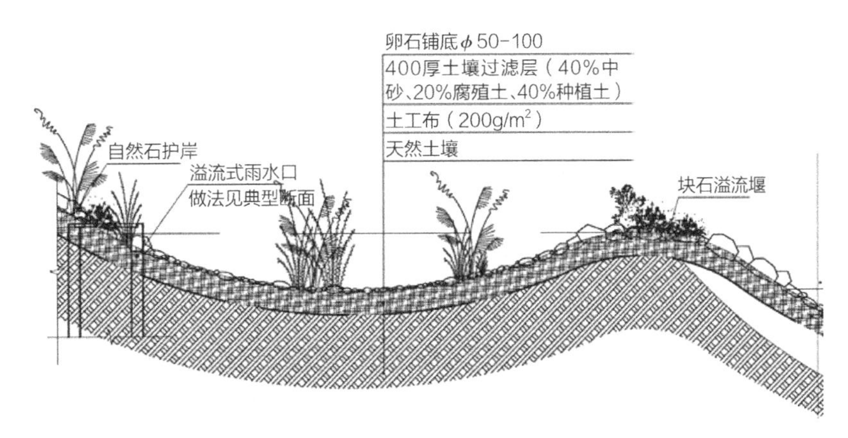

图9-52　湿塘构造做法示意图

第10章 云湖水利风景区

云湖水利风景区工程位于徐圩新区核心区，占地总面积78.4万m^2，经江苏省水利厅水利风景区建设与管理领导小组审定，获批成为2013年度第一批“省级水利风景区”。由于工程建设在临海场地，其土质水质条件较差，在景区建设中采取了调水排盐、土壤改良、生态系统重构等措施。目前景区生态系统恢复良好，绿植茂盛，环境优美，已成为徐圩新区一道亮丽的风景线。

10.1 工程建设概况

云湖水利风景区是一处以滩涂风光、淮盐文化、盐碱地生态修复为特色，集生态、观光、休闲、科普于一体的综合性开放式水利风景区。项目坐落于典型的滨海滩涂地之上，其土壤含盐量高达3%，生态环境较为恶劣，对于景区建设来说难度较大。因此建设单位在对滨海盐渍滩涂地生态研究的基础上，结合云湖核心景观区的具体情况，决定将生态建设与景观设计统筹考虑，经过三年的精心打造，采取洗盐排盐、土质改良等技术措施，将云湖建设成了一个集防洪排涝、景观绿化、休闲娱乐于一体的水利风景区（图10-1）。

云湖水利风景区工程占地总面积78.4万m^2，其中水域面积50.7万m^2，绿地面积20.1万m^2，广场道路面积7.6万m^2，建设内容包括湖体开挖、绿化、园路、广场、小品、管理用房、餐厅、茶社、售票亭、喷泉、张拉膜、木栈道、驳岸、游艇码头、景观桥等，项目总投资约2.61亿元。风景区的建成增强了区域防洪排涝能力，其库容200万m^3，调蓄能力80万m^3，达到20年一遇的防洪排涝标准。

云湖水利风景区于2013年入选江苏省省级水利风景区，并获得2014年中国风景园林学会“优秀园林绿化工程奖”银奖、2017年度连云港市“玉女峰杯”优质工程奖和2017年度江苏省“扬子杯”优质工程奖。

图10-1 云湖水利风景区整体鸟瞰效果图

10.2 风景区整体设计

10.2.1 场地条件分析

本工程区属暖温带与北亚热带的过渡地区，兼有暖温带和北亚热带的气候特征。四季分明，气候温和，光照充足，雨量适中；夏热多雨、冬寒干燥，春旱多风、秋旱少雨；多年平均气温14℃，多年平均降雨量900.9mm，且70%以上集中于6～9月；多年平均年蒸发量为855.1mm，蒸发量的年内分配不均，5～9月蒸发量占全年蒸发量的59.0% 。连云港市沿海潮型属非正规半日潮型。根据燕尾港潮水位站资料，历史最高潮位为3.91m，历史最低潮位为-2.76m，多年平均高潮位为3.32m，50年一遇高潮位为4.04m，百年一遇高潮位为4.15m。

项目用地与黄海仅有一堤之隔，场地地势平坦，现以盐田和水塘为主，场地平均标高约黄海高程1.9m。场地地层地质成因为海相～泻湖相沉积类型，属海积平原地貌单元。徐圩地区在历史上为产盐重镇，隶属于中国古老四大盐场之一的淮北盐场。由于长期的海水制盐，导致土壤盐碱度高，土壤含盐量在1%～3%之间，新区初期建设的现场随处可以见到白茫茫的盐渍。再加之淡水资源匮乏以及海风、盐雾等因素的影响，整个场地范围内仅存芦苇、碱蓬、盐角草、海蓬子等盐生植物，为典型的滨海盐渍滩涂地。

10.2.2 整体设计

云湖水利风景区主要由合作智慧区、艺术体验区、科技展示区、休闲漫步区四大景区及合作智慧岛、中央喷泉、友谊广场、踏浪欢歌、舞榭歌台、扬帆远航、平湖泛舟、童趣天地八大景点组成（图10-2）。

合作智慧区位于湖区中部，开挖形成中心岛，成为湖区中最具活力的核心点。作为云湖的水上中心，合作智慧岛以开展商务论坛为主要活动，为东、中、西部合作提供良好的交流场所。在景观设计中，围绕大陆桥合作主题会馆这一标识性建筑，布置伸向水面的环形栈道，并增设水上喷泉，水上舞台等聚焦点，使中心岛更具向心性和可识别性。合作智慧区友谊广场如图10-3所示。

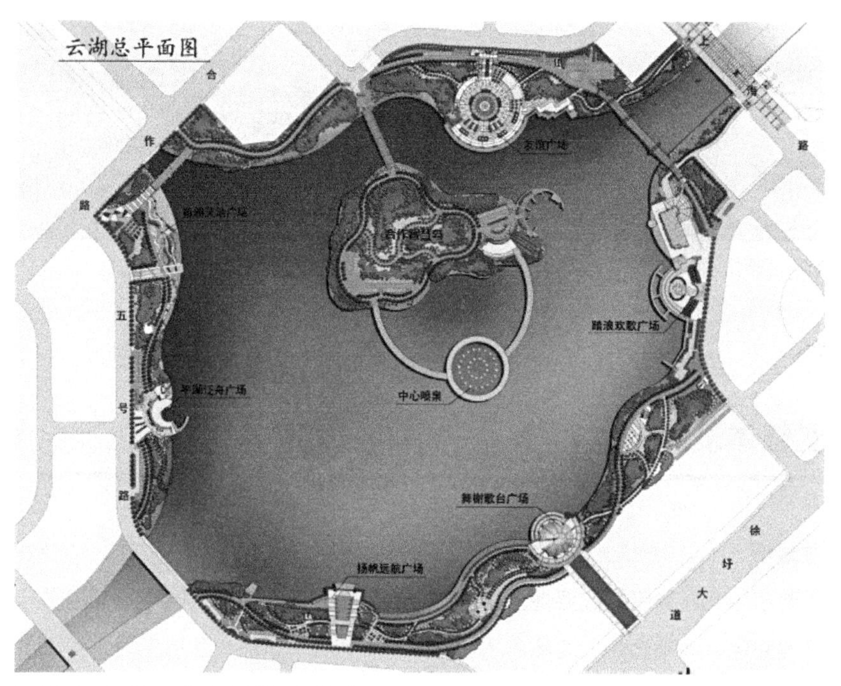

图10-2　云湖水利风景区整体方案设计

图10-3　友谊广场效果图

艺术体验区由游艇码头广场（平湖泛舟图10-4）、童趣天地及艺术花田组成，构图简洁现代，充满艺术气息。

科技展示区以扬帆远航为景观核心，该景区以反映高科技的声、光、电技术为特色，将时尚与动感融入到环境之中，成为积聚人气的活力中心，如图10-5所示。

休闲漫步区以踏浪欢歌、水榭歌台为主要景观，体现滨水休闲游憩为特色，提供各式现代交流工具和茶吧等舒适的休闲空间。在此，人们可以亲切的交谈、沟通，也可随时观赏小型的艺术演出，还可沿水边散步、运动，放松身心，如图10-6、图10-7所示。

图10-4 平湖泛舟效果图

图10-5 扬帆远航效果图

图10-6　踏浪欢歌效果图

图10-7　云湖餐厅效果图

10.2.3　景观绿化设计

1. 生态体系框架构建

水系—绿地紧密相连，共同构成了云湖水利风景区的生态网络基础框架。一方面，云湖的生态建设要在徐圩新区区域生态建设思路的指导下进行，整个新区中的河湖水系及滨水绿地应当相互串联，共同构成蓝绿交织的滨水公园体系；另一方面，作为开发建设的先导区，云湖的景观营造又要在生态重建方面取得突破性进展，为新区后续建设起到积极的示范和指导作用。

在设计中利用原有水网肌理，将新开挖的云湖与原有周边河流水系，如复堆河、篙东河、烧香支河、驳盐支河、张圩港河等水系相互贯通，形成连续、完整的水系网络，贯穿整个新区。在水系网络成形后，既可以将原淡水河水源引入其中，又可以采取雨水收集等方式将大量的淡水资源汇入水网，为水面的形成及日后的排盐压碱、改良土质打下良好基础。

2. 竖向设计

由于原地形比较平坦，不宜创造丰富的竖向景观，为增加景观的层次感同时平衡开挖湖面所挖出来的土方，对云湖周边绿地进行微地形塑造，等高距为0.5m，最高点控制在6.5m以内，形成山峦起伏，水波荡漾的湖光山色景观，同时利于场地排水及排盐碱的处理。设计常水位1.771m，设计排涝水位2.771m，设计低水位1.571m。

3. 种植设计

绿化种植设计遵循以下原则：①景观舒适性原则，兼顾近期和远期效果；②经济实用性原则，突出地方特色；③因地制宜、适地适树的原则；④三季有花，四季常绿的原则。

考虑到当地盐碱性土质的特殊性，本项目采用客土回填的方式，并进行排盐碱处理，大大提高了植物品种的选择范围。除了活动场地部分为硬质驳岸，其余部分均为自然草坡入水（图10-8～图10-11），由于云湖设计常水位为1.771m，而排盐碱处理的顶标高为2.9m，而植物生长需要一定的土壤厚度，因而在等高线3.0m以下的范围不具备排盐碱处理的条件，只能采用耐盐碱植物进行绿化；在等高线3.0m以上的范围可选用非耐盐碱植物进行绿化。

根据各个景点、区块所处位置及功能要求的不同，有针对性地选择不同的植物品种：片林区种植注重生态效益，大量选用乡土树种及在连云港近海地区引种成功的品种；景观节点/活动区域选用色叶及观花、观果等观赏性好的品种，通过形态、色彩及层次上的搭配展现植物丰富多彩的景观效果。

图10-8　云湖岸边绿植实景

图10-9　云湖岸边实景

图10-10　云湖岸边实景

图10-11　湖边绿植与景观

4. 道路铺装设计

园区道路分为三级，一级主园路贯穿整个园区，可作为电瓶车道，铺装材料为彩色压膜地坪；二级次园路为人行游览主路，时而紧贴水边，时而穿行于林间，满足人们对滨水景观不同的体验需求，提高滨水区域的可达性，铺装材料以彩色透水砖为主，适当结合花岗岩石材，通过艺术性的手法进行拼合，增强地面铺装的艺术效果；三级道路设计了多种形式以供不同地形使用，铺装材料比较丰富，通过透水砖、青石板、鹅卵石等营造温馨舒适的小空间环境。湖边步道铺装如图10-12所示。

广场铺装则以石材为主，间杂广场砖，精致砖等材料。以几何化图案为特色，色彩鲜明，图案符合视觉尺度，使广场景观生动丰富，富有情趣。

木栈台（道）铺装以防腐木材为主，体现原生态特色如图10-13所示。

5. 景观小品设计

景观小品是城市基础设施的重要组成部分，其设计与选择要遵循功能与形式相结合的原则。在尊重连云港当地的文脉特征，并结合云湖核心区景观所具有的生态、休闲、游憩、运

图10-12　湖边步道铺装实景

图10-13　湖边木栈道

动等功能的前提下，景观小品的选材、用色、造型上要力求做到现代、简约、具有鲜明的主题特色，同时与周边建筑与环境相融合（图10-14）。

图10-14　湖边景观小品

6. 景观照明设计

云湖景观照明分为广场照明、道路照明、绿地照明及水岸照明4种形式。广场照明选用景观灯柱，同时考虑泛光景灯，灯具造型华丽、美观，除了照明功能外，本身也可作为广场的一大景观；主园路采用庭院灯，灯具造型优雅，具有现代气息，产生统一韵律感；绿地内设置草坪灯，在景点处可采用泛光照明、射灯等；水岸及水景处考虑泛光照明、射灯、光纤照明带、彩色水下灯、音乐照明等，突出雕塑、湖岸的空间效果及水面的光影效果，使夜间的云湖别有一番迷人景色。

7. 给水排水设计

采用自动喷灌与人工喷灌相结合的方式，在面积较大的绿地内设置自动喷灌系统，由电磁阀自动控制；小面积绿地每隔50m左右设一洒水栓，供人工浇灌使用。

沿湖周边的雨水排入人工湖，其他部分的绿地雨水以自然渗透为主，硬化地面采取有组织排水，由管网接至雨水系统。

8. 公共服务设施设计

公共服务设施是室外活动空间的重要组成部分，在设计及建设中体现“以人为本”，同时考虑其功能性、先进性及艺术性，突出云湖自身特色，使公共服务设施成为环境设计的一大亮点。

休息椅：根据环境、场地，按不同情况设置，在安静休息区适当加大密度，造型同环境融合，自然协调，同时考虑其舒适性及室外环境的特殊性。休息椅以木制条板为主，同时考虑石材制品，如图10-15所示。

图10-15　湖边公共设施休息椅

图10-16　云湖景区内的垃圾箱和指示牌

垃圾箱：结合环境及人流情况设置，造型优美，使用方便，拟定全部袋装化，选择易于清理的统一形式和垃圾分类处理方式（图10-16）。

指示牌：结合路口、入口等地设置指示牌、标志牌等，方便市民与游客，增加新区的文明程度（图10-16）。

10.3　主要技术措施

10.3.1　排盐措施

云湖核心景观区生态重建的首要任务是改造环境条件以适应植物生存。其中最重要的部分是改变土壤性质，改土脱盐。本工程采用调水排盐和阻隔防盐相结合的排盐措施。

根据“盐随水来，盐随水去”的运动规律，通过围堰将云湖附近区域内的水系与外部隔断，同时还需保障区域内各河道之间连通。利用海水退潮时段，关闭张圩港河进水闸，通过张圩港泵闸将区域内所有河水排入海中。待区域内河水排尽后，关闭张圩港泵闸，同时根据上游水量开启张圩港河进水闸，通过张圩港河为区域内河道补充淡水（所需淡水总量约676万m^3），待河道补满水后，关闭善后新闸和张圩港河进水闸。在复堆河（纵五路—中通道段）、张圩港河、方洋河、中心河每条河道设置监测点，定期监测两次河水氯离子含量，待区域内河水中氯离子浓度达到5000mg/L时，开启张圩港泵闸进行排水，待水排尽后重新补入淡水，周而复始，从而达到不断洗盐排碱的目的。补水管道布置见图10-17。

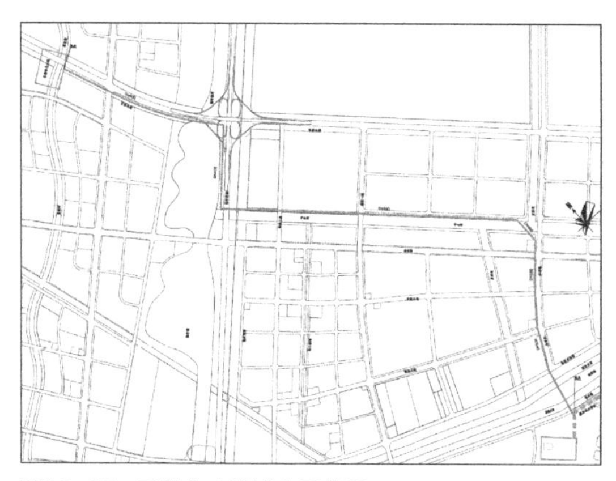

图10-17　云湖补水管道布置总图

阻隔防盐措施则采用地下滤水管网排盐、隔离层防盐、隔盐壁防盐的方式对土壤实施排盐措施。首先敷设地下排水管网，降低地下水位，减少土壤含盐量；待盐碱随水排走后，还需在地下水位线之上铺设粗、中粒径石子或炉渣，另覆盖土工布，从而形成纵向上的防盐隔离层，阻断土壤的毛细作用，以防地下水上返再次污染种植土；为达到良好的处理效果，本次施工过程中，还在绿地边界设置了防渗土工膜作为隔盐壁，隔绝绿地与外界盐碱水分的横向联系，有效防止次生盐渍化的发生。

10.3.2 土质改良

采取排盐碱措施后，下一步需对土质进行改良，为日后的植被栽植提供必要的基础条件。本项目中，为最大限度节约土壤资源，除采取客土填垫的方式外，还选取湖中心合作智慧岛作为原土改良试点。

1. 客土填垫法

客土填垫法是在排盐碱措施实施完成后，从外界运输不含盐碱的种植土填垫于隔离层之上。在云湖核心景观区客土填垫实施过程中，除草坪、地被、草花种植区整体回填50cm外，灌木、乔木均采用局部树穴回填等体积种植土的方式，以节约换填种植土的用量。

2. 原土改良法

原土改良即为不换种植土，而对原有盐渍土进行就地改造与回填利用，通过物理、化学、生物等措施，使其变得适于植物生长。在合作智慧岛的试点中，将开挖出的原土加入稻壳、秸秆等有机物料并结合专用的土壤调理剂，在机械充分掺拌均匀后进行回填。回填后，再施入盐碱改良肥及有机肥料，以提高土壤肥力，降低土壤pH值，改良土壤结构，最终将原土改造成为可以保障植物正常生长的良好基质。

10.3.3 地形塑造

地形的塑造既可以形成起伏不断的景观竖向变化，又可以适当抬高地面，令地下水位相应降低，使树木根系摆脱高矿化地下水的侵害，为树木生长创造有利条件。采取土壤改良并抬高地面的方式进行树种栽植，可极大提高绿化成活率。

地形塑造后还需进行整平，以便雨水能及时排出，均匀下渗，提高降雨淋溶洗盐的效果，达到土壤脱盐一致，防止土地斑块状盐渍化发生。

10.3.4 绿地建植

1. 植物品种选择

为保证苗木成活率，在云湖栽植设计中，引入种植分期设计的理念。初期的植物多选择抗盐碱性强、具抗倒伏能力、生长势旺盛的盐碱地区本土植物，并以草本及灌木为主。乔木的规格也多选用9～10cm的中苗，该类苗木适应能力强，消耗少，可保证较高的成活率。

因前期排盐碱措施较为成功，已发挥出应有的功效，在初期苗木定植1年后，其成活率可达90%以上。在此情况下，后期扩大了苗木选择的范围，普遍取得了良好的效果。

2. 栽植模式

根据云湖绿地具体形式，选择不同的栽植模式，分别为组团式栽植、疏林式栽植、孤景树栽植、精细景观栽植四种形式。

图10-18 湖边景观绿植

组团式栽植：如在友谊广场两侧的开阔绿地，采取模拟自然群落的组团式搭配模式。以朴树、绒毛白蜡作为骨干树种密植，中景搭配雪松、大叶女贞，前景依次为开花亚乔木及花灌木，树下完全以各类地被植物代替草坪，减少养护量。整个群落形成高、中、低3个景观层次。

疏林式栽植：如在陆桥合作主题区流线型的带状绿地内，以适当密度种植枫杨、旱柳、枫香、合欢作为背景大乔木层，林下及林前丛植花石榴、夹竹桃、红瑞木、金丝桃、丁香等灌木，丰富视觉效果，灌木前以木本或宿根花带地被式种植方式为主，而最前方留较大面积草坪，形成视线通透开阔的效果。

孤景树栽植：在扬帆远航等重要广场周边，留出相对开敞的草地，其上孤植形态优美的特选大乔木如榉树、五角枫、朴树、广玉兰等，适当点缀整形球类植物及景石，形成开敞空间中的视觉焦点。

精细景观栽植：于建筑周边、道路转角、广场入口等重要节点处，以极为精致的栽植方式来表现细节，如五针松、紫薇桩景搭配景石；红枫、南天竹搭配花境；对节白蜡搭配整形球类等形式。

湖边的绿化景观如图10-18所示。

10.4 项目主要成效

10.4.1 经济效益

1. 降低内涝和洪灾造成的损失

云湖水利风景区的建成增强了区域防洪排涝能力，其库容200万m^3，调蓄能力80万m^3，达到20年一遇的防洪排涝标准，在一定程度上减低了城市积涝程度，减少了内涝造成的经济损失。

2. 促进经济良性循环

云湖水利风景区是徐圩新区推进海绵城市建设的重要举措，是解决快速城市化导致城市内涝灾害、生态环境恶化、水资源稀缺等环境问题的重要手段。在经济新常态下，连云港将抓住这一个发展机遇，推动本地海绵城市产业链的培育和发展，增加就业机会，促进经济和生态的良性循环。

3. 提升土地开发价值

通过海绵城市低影响开发项目的实施，有助于盘活徐圩新区的土地资源，改善城区生活空间质量，提升城市环境品质，提高土地商业开发价值，促进绿色GDP增长。

10.4.2 生态效益

城市景观绿化状况与城市的命运兴衰休戚与共、息息相关。城市景观绿化建设对于尽快改善城市的生态环境，具有多方面的特殊重要作用。它可以有效地防风防尘、降低噪声、净化空气，可以削减城市自身排放的污染，减少甚至避免对周边生态环境造成危害，还可以涵养水源、调节气候、净化环境，实现生态系统的良性循环，促进城市的可持续发展。

1. 净化空气，维持碳氧平衡

绿地和绿树好比城市之“肺”，它可以吸收大量二氧化碳，放出氧气。据统计，地球上60%的氧气是由森林提供的，每公顷园林绿地每天能吸近900kg的二氧化碳，产生600kg的氧气。可见绿地对于维持清新的空气起到了重要的不可替代的作用。

同时城市绿地还能阻挡飞扬的灰尘，吸收各种有害的气体，从而起到过滤、净化空气的作用，所以绿色的园林植物被称为“空气过滤器”。

2. 吸收有害气体

绿地植物可以吸收空气中的二氧化硫、氯气等有毒气体，并且做到彻底的无害处理。每公顷绿地每年吸收二氧化硫171kg，吸收氯气34kg，园林植物对于维持洁净的生存环境具有重要的作用。

3. 调节和改善小气候

绿地植物具有很好的吸热、遮阴和蒸腾水分的作用。通过其叶片大量蒸腾水分而消耗城市中的辐射热和来自路面、墙面和相邻物体的反射而产生的降温增温效益，缓解了城市的热岛效应。绿地能降低环境的温度，是因为绿地中园林植物的树冠可以反射掉约20%~50%的太阳辐射热，更主要的是绿地中的园林植物能通过蒸腾作用（植物可吸收辐射的35%~75%）吸收环境中的大量热量，降低环境的温度，同时释放大量的水分，增加环境中空气的湿度（18% ~25%）。

4. 吸滞烟尘和粉尘

绿地植物具有粗糙的叶片和小枝，这些叶片和小枝具有巨大的表面积，一般要比植物的占地面积大20~30倍，许多植物的叶表面还有绒毛或黏液，能吸附和滞留大量的粉尘颗粒，降低空气的含尘量。当遇到降雨的时候，吸附在叶片上的粉尘被雨水冲刷掉，从而使植物重新恢复滞尘能力。

5. 减菌、杀菌作用

绿地植被对细菌有抑制和杀灭的作用。有很多植物能分泌出具有挥发性的植物杀菌素，如丁香酚、松脂、核桃醌等，所以绿地空气中的细菌含量明显低于非绿地，可为城市空气消毒，在减少空气中作为细菌载体的尘埃数量的同时，又减少了空气中的细菌数量，净化了城市空气。因此绿地的这种减菌效益，对于维持洁净卫生的城市空气，具有积极的意义。据南京植物研究所测定，绿化差的公共场所空气中的含菌量比植物园的高20多倍。可见绿化好坏对环境质量具有重要作用，所以把园林绿化称为城市的“净化器”。

6. 降低噪声

噪声也是一种环境污染，对人体同样产生伤害，茂密的绿植能有效地降低噪声，起到良好的隔声或消声作用，从而减轻噪声对人们的干扰和避免听力的损害。据研究，没有树木的高层建筑街道的噪声，要比有树木的人行道高5倍，可见绿色植物的作用之大。

10.4.3 社会效益

城市景观绿地不仅带来了生态效益，还带来了不可估量的社会效益。城市景观绿地不但可以创造城市景观，提供休闲、保健场所，促进社会主义精神文明建设，还能防灾避难，具有明显的社会效益。

1. 提供休闲娱乐的场所

随着经济的不断发展，城区越来越多的建筑形成了轮廓挺直的城市立面形象，而园林景观则为柔和的软质景观。将两者巧妙结合，能丰富街景，成为美丽的风景线。云湖风景区即衬托了周围的建筑，又增加了城市的艺术效果，也为城市居民带来了欣赏及休憩的空间。

2. 促进精神文明建设

社会交往是园林景观绿地的重要功能之一，而公共开放性园林景观绿地空间是人们进行各种社会交往活动的理想场所。同时城市园林景观绿地也是文化教育的园地，是向人们进行文化宣传、科普教育的主要场所，让人们在休憩游玩中增长知识，提高自身的文化修养。在城市开放性空间系统中，园林景观绿地作为人类文化、文明物质空间构成上的投影，是反映现代文明，城市历史、传统和发展成就与特征的载体。

3. 具有保护、避难、减灾作用

城市景观绿地不仅为人们提供了休闲娱乐场所，也具有保护、避难、减灾的作用，绿地中的植物能防止水土流失，还可以防风固沙。据测定，城郊防风林冬季可降低风速20%，夏季可降低风速50%～80%。城市园林中的绿色植物还含有大量水分，从而能阻止火灾的发生，对城市安全而言具有重大作用。

第11章 工业废水处理工程

工业废水处理工程承担了整个徐圩新区石化产业生产废水、污水的处理工作，为生态环境部环境综合治理托管服务模式试点项目。该工程主要包括第三方治理工程、再生水处理工程及高盐废水处理工程三项内容。工业废水采用集中处理的形式并引入第三方治理，极大地提高了处理效率且实现了资源的节约。工业废水经过处理后部分可直接进行深海排放，不仅提升了徐圩新区城市生态环境，更为新区实现可持续发展提供了保障。

11.1 建设概况

11.1.1 建设背景

连云港徐圩新区石化产业基地是国家重点发展的七大石化产业基地之一，目前建成投产的项目有江苏斯尔邦石化醇基多联产项目、盛虹石化PTA项目等，在建的有盛虹炼化（连云港）有限公司炼化一体化项目、连云港石化有限公司烯烃综合利用示范产业区项目、中化国际新材料产业区等。上述石化产业项目的快速推进对新区污水预处理及再生回用能力提出了新的要求。

徐圩新区于2019年12月获批成为生态环境部环境综合治理托管服务模式试点，为此新区积极推进落实试点工作，确定建设五大项目，分别为污水处理项目、固废处理项目、废弃处理项目、环境监测项目和智慧园区项目，目前大部分项目已完成。其中污水处理项目已建成工业废水综合治理中心。

为了提升工业废水综合治理中心的运作效率，徐圩新区制定了污水处理服务收费标准，开展石化基地全水系统规划修编、石化基地环境管理指导手册制定工作，启动环境治理服务监督平台建设，建立按效付费、第三方治理、政府监管、社会监督的园区污染治理长效监管机制，促进污水治理的“市场化、专业化、产业化”，整体提升园区污染治理水平和污染物排放管控水平，塑造政府、企业、环境治理服务商三元共治新格局。

11.1.2 建设内容

工业废水综合治理中心包括连云港石化基地工业废水第三方治理工程、徐圩新区再生水厂工程、徐圩新区高盐废水处理工程、东港污水处理厂达标尾水净化工程、徐圩新区达标尾水排海工程等一批重大工程项目，形成目前全国单体规模最大的工业污水集中再生回用中心。工业废水综合治理中心项目组成如表11-1所示。

工业废水综合治理中心项目汇总表　　表11-1

序号	项目名称	设计规模（万 m^3/d）	处理对象	建设内容
1	东港污水处理厂一期工程	5.0	石化产业园区各企业废水	污水处理系统、污泥处理系统及其他配套工程等
2	连云港石化基地工业废水第三方治理一期工程	1.3	连云港石化有限公司320万t/a轻烃综合加工利用项目废水	污水处理系统、集水泵房及其他配套公辅工程等
3	连云港石化基地工业废水第三方治理二期工程	0.04	江苏瑞恒新材料科技有限公司配套公辅工程项目	污水处理系统、集水泵房及其他配套公辅工程等
4	徐圩新区再生水厂工程	10.0	循环冷却水排污水及污水厂尾水	循环冷却水排污水回用单元及污水厂尾水回用单元
5	徐圩新区高盐废水处理工程	3.8	徐圩新区再生水厂RO浓水以及其他项目高盐废水	污水处理系统、集水泵房及相应配套公辅工程等
6	东港污水处理厂达标尾水净化工程	5.0	徐圩新区高盐废水处理工程尾水及初期雨水	潜流、表面流湿地、前处理泵站、自动检测系统等
7	徐圩新区达标尾水排海工程	11.8	高盐废水处理工程及达标尾水净化工程出水	调压泵站、陆域及海域排放管道

工业废水处理工程主要包括第三方治理工程、再生水处理工程和高盐废水处理工程，三项工程呈递进关系，其逻辑关系如图11-1所示。工业废水分为2类，即生产污水和生产废水，生产污水主要包括工艺废水等，生产废水主要包括循环冷却水、排污水等。

生产污水处理流程：先进入第三方治理工程和东港污水厂集中处理，形成的达标尾水进入再生水厂进行处理；再生水厂形成的浓水再进入高盐废水处理工程，形成的尾水经过人工生态湿地净化后排入深海。

生产废水处理流程：直接进入再生水厂处理，随后形成的浓水进入高盐废水处理工程，最后进行深海排放。

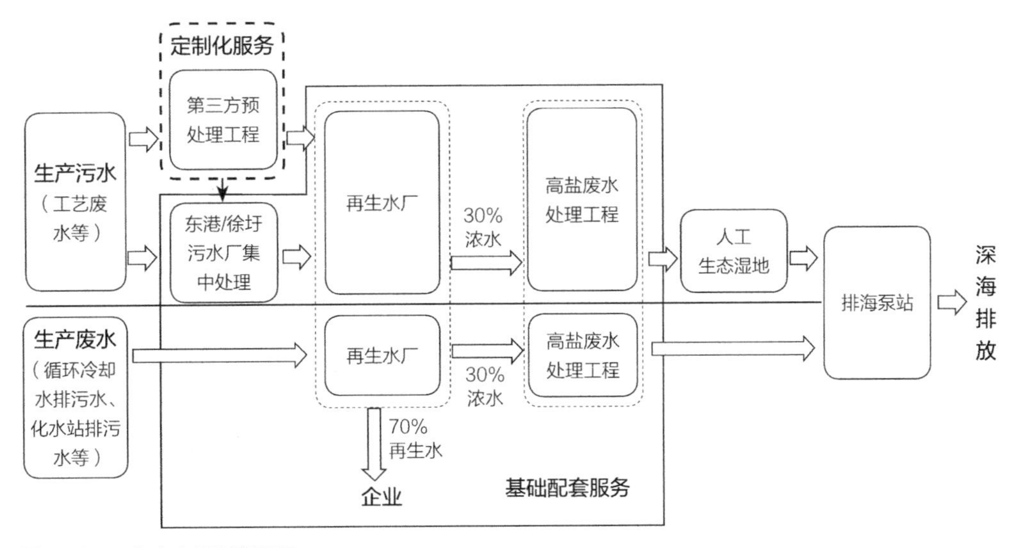

图11-1　工业废水处理流程图

11.1.3　建设规模

工业废水处理三项工程建设规模如下：

1. 第三方治理工程

处理规模1.3万t/d（一期工程），主要处理连云港石化有限公司的石化废水，项目总投资1.8亿元，占地面积约32066m^2。

2. 再生水处理工程

处理规模10万t/d，包括5万t/d生产污水再生系统，主要是第三方治理工程达标尾水和东港污水处理厂达标尾水；5万t/d生产废水再生系统，主要是连云港石化有限公司等公司的循环水排污水再生处理及回用。项目总投资2.8亿元，占地面积约29333m^2。

3. 高盐废水处理工程

处理规模3.75万t/d，包括1.5万t/d生产污水RO浓水处理系统和2.25万t/d生产废水RO浓水处理系统。项目总投资2.8亿元，占地面积约38400m^2。

工业废水处理厂效果如图11-2所示。

11.1.4　工艺技术概况

1. 第三方治理工程

第三方治理工程总体工艺技术方案为：废水调节+换热降温+气浮除油+A/O生化+高效沉淀池+“臭氧—BAF”。

污泥处理处置工艺为：离心脱水+蒸汽复合带式干化。污泥处置范围包括第三方治理工程、再生水处理工程和高盐废水处理工程所产生的全部污泥。

2. 再生水处理工程

循环排污水再生处理工程总体工艺技术方案为：废水调节+“机械加速澄清—快滤”+“臭氧—BAC”+“UF—RO”。

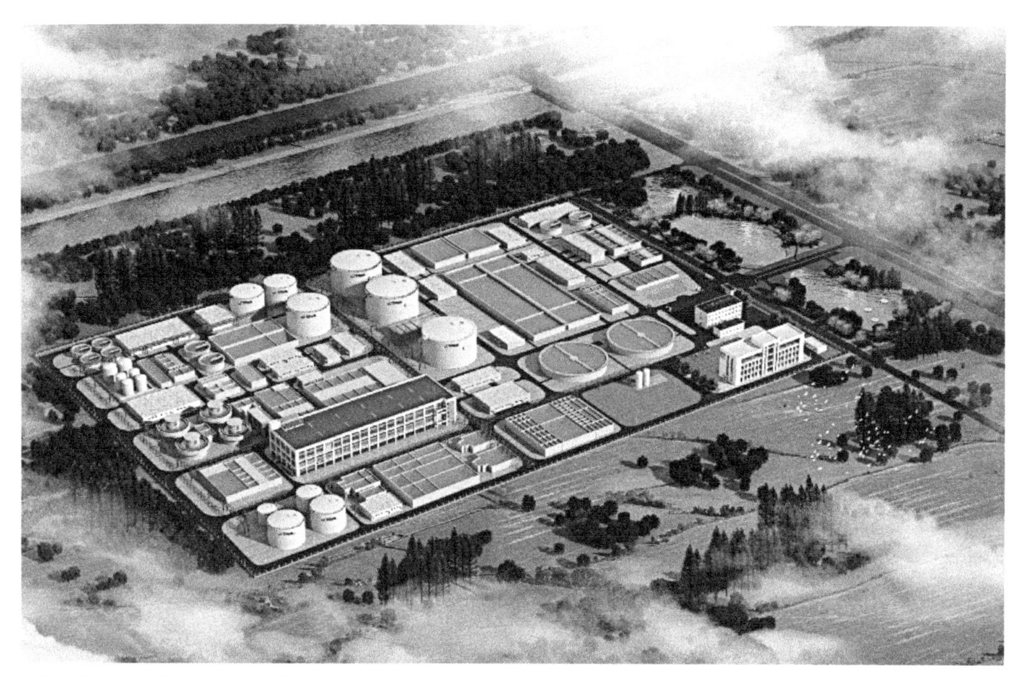

图11-2 工业废水处理厂鸟瞰图

生产污水再生处理工程技术方案为："快滤+UF-RO"工艺。本工程产生的所有污泥委托第三方治理工程进行处理。

3. 高盐废水处理工程

生产废水RO浓水处理工程总体技术方案为：废水调节+反硝化膜池+好氧膜池+高效沉淀+"臭氧氧化—后置生化"+"臭氧—BAC"。

生产污水RO浓水处理工程方案为：废水调节+化学除硬+反硝化膜池+好氧膜池+高效沉淀+"臭氧氧化—后置生化"+"臭氧—BAC"。

本工程产生的所有污泥委托第三方治理工程进行处理。

11.2 第三方治理工程

11.2.1 工程建设意义

第三方治理工程的建设体现了定制化污水处理服务理念，推动了接水模式由原来的统一接管标准向协商接管标准发展。徐圩新区原有的污水处理模式为行业通行模式，即"产业项目污水预处理达统一接管标准，排入园区集中污水厂处理达标排放水体"。此种模式针对性不强，且因产业项目和集中式污水处理厂生化系统重复建设，增加建设投资的同时也导致了双方运行成本的增加。另外，由于沟通不畅，上下游联动性差，增加了污水处理的难度及污水应急处理时间。

2014—2017年，国务院、国家相关部委推行环境污染第三方治理模式，各省市积极研究对策，江苏省、连云港市均提出了化工园区水污染治理的相关要求。徐圩新区在环保方面紧跟政策要求，推行污水第三方治理，通过协商接管标准，采用上下游一体化的污水处理模式，即由产业预处理+园区污水厂集中式处理的分段处理变为污水厂一体化全流程处理。

工业废水采用一体化全流程处理的模式，可以根据污水的产品类型、废水水量水质、排放规律对废水水量水质进行合理的分类分质和调配处理，充分发挥各个污水处理功能单元的效用。从园区层面进行废水分质分类，分类后的废水进行集中处理具有规模经济优势，能够从建设初期按照高起点、高标准的要求，配置高端的污水处理设施、污水监管措施、高端技术人才和高端运营管理团队，最大程度保障化工园区废水处理的效果、效率和稳定达标程度。其建设意义体现在如下几个方面。

1. 提高污水分类收集精细化程度，提高分质处理针对性

以园区企业化工产品生产装置为单位对废水进行分类分质收集，根据水质情况进行废水收集的精细化程度不断提高，为选择适宜的处理方法和处理工艺奠定基础。工业废水集中处理设施采用功能化布局和处理工艺模块化组合相结合的方式。预处理设施内有多个独立运行的污水处理工艺流程单元，且每个工艺流程单元有多个平行系列。多个平行系列的存在提高了工艺系统的抗冲击能力和灵活运行能力，从而可以避免某股进水冲击导致整个污水处理厂出现崩溃的情况。

2. 统一建设和运营标准，提高污水处理设施运营专业化

化工园区不同企业水质特点相近的污水可分类分质收集，并采用同样的污水处理工艺流程处理，提高了污水处理的针对性，又进一步提高了污水集中处理的规模效应。石化产业基地污水处理设施可配备充足数量的专业技术、检测、运营与管理人员，最大限度发挥不同污水处理功能单元的运营效率和效果，保证污水处理高效、稳定、达标。

3. 转变政府环境监管职能，提高园区环境监管水平

化工园区企业污水预处理设施可委托第三方专业单位进行运营。第三方单位对园区污水处理效果和效率负责，并负责对各企业的排水水量、水质情况进行监管。正常情况下，各级环境监管机构仅需对第三方运营单位的工作情况进行监督、检查和管理，就能够掌握工业企业的污水处理和污水处理设施运营情况。园区监管机构通过第三方运营单位统计的各企业水量水质排放规律，可进一步对企业的生产情况进行监管，及时发现企业的不正常生产行为。当污水处理出现异常情况时，各级环境监管机构通过污水集中处理设施收集和保存的各种监测数据，便可从源头查找污水处理厂运行异常的根源，并保留相关证据。总体而言，工业污水第三方预处理，有利于提高环境监管质量、提高环境监管效率、降低园区环境监管工作量。

4. 工业废水第三方治理工程建设的必要性

工业废水集中处理是工业园区企业废水处理的基本要求。化工行业废水水量水质排放的特点决定了废水处理在整个废水工艺流程中的重要位置。化工废水现有的“分散预处理+集中处理”模式，废水预处理的重任由企业自行承担，企业没有精力去完成这个任务，也不够专业，往往存在企业废水预处理设施不配套、废水预处理不到位、处理成本高等问题。化工行业废水采用第三方治理的方式，是专业的事让专业的人做，有助于集中力量解决精细化工废水预处理存在的大部分问题，符合国家污水处理新模式的推行方向。环境保护部《关于推进环境污染第三方治理的实施意见》（环规财函〔2017〕172号）中第十条提到“以工业园区等工业集聚区为突破口，鼓励引入第三方治理单位，对区内企业污水、固体废弃物等进行一体化集中治理”的要求。

11.2.2 工程建设规模

第三方治理工程涉及废水主要来自320万t/a轻烃综合加工利用项目。根据项目总体规划，本工程规模为1.3万m^3/d，分为（0.65万m^3/d）×2两个系列进行设计（图11-3）。处理出水主要指标参考执行《石油炼制工业污染物排放标准》GB 31570—2015直接排放水污染物特别限值标准、《石油化学工业污染物排放标准》GB 31571—2015直接排放水污染物特别限值标准及《城镇污水处理厂污染物排放标准》GB 18918—2002，其中COD_{cr}≤50mg/L、NH_3-N≤1.0mg/L、TN≤5.0mg/L、TP≤0.1mg/L、石油类≤1.0mg/L，水温20～39℃。工业废水处理达标经监测合格后排入徐圩新区再生水厂工程。

11.2.3 工程建设特点

第三方治理工程不仅对工业废水进行预处理，还负责处理整个工业废水处理流程中产生的污泥及废气。其中废水处理方案为：废水调节+换热降温+气浮除油+A/O生化+高效沉淀池+臭氧-BAF；污泥处理方案为：离心脱水+低温带式干化；废气处理方案为：生物除臭+紫外催化氧化。因此第三方治理工程涉及面广，工艺复杂，建设难度较大，其具有以下几个特点。

1. 地质差，地下水位高，地基承载力比较差，地基处理费用高

该项目工程场地属海积平原地貌单元，广泛分布厚层淤泥及淤泥质土。场地微地貌原以

图11-3 第三方治理工程实景

盐田及养殖塘为主。建设初虽已采用黏性土回填，但回填时间较短，天然地基承载力较低。因此在建设中首选桩基础的形式，对于荷重较小的建筑物，可以采用浅基础的形式，由于下伏厚度较大的海相淤泥层具有高含水率、高压缩性、触变性和流变性等特点，采用浅基础时依据规范进行地基变形验算及下伏软弱土层的强度验算，并加强上部结构及基础的刚度，必要时可进行地基处理。

2. 水质、水量波动大

石油化工是以石油为原料，以裂解、精炼、分馏、重整和合成等工艺为主的一系列有机物加工过程。石油化工产品生产过程长、生产装置多、产生的污水水量大，典型的石油化工污水中含有石油类、COD_{Cr}、氨氮、硫、酚、氰化物等常规污染物。同时，不同的企业因产品不同，所产生的污水中还含有多种与其有机化学产品相关的特征污染物，如多环芳烃化合物、芳香胺类化合物、杂环化合物等，从而造成污水不仅水质复杂，而且有毒物质多。此外，企业的开停车、检修、原料来源的改变等生产上的波动都会引起污水水量以及污染物的含量和性质的变化，增加了污水处理设施的冲击负荷。

针对上述问题，采取了相应的应对措施：调节罐预留足够的有效容量，适当增加有效停留时间，匀质匀量后再进入处理系统，降低来水的冲击负荷；同时设置事故罐，水质差或波动大的，先排入事故罐暂存，待处理水质稳定后再由泵定量排入处理系统。

3. 温度高、石油类污染超标

石油化工企业因生产的产品不同或生产工艺的不同，将会产生高温高油污废水，温度可达45℃以上，石油类可达50mg/L以上，对微生物有抑制作用。

采取的应对措施包括：调节罐出水增加水质监测仪表，进一步核实进水的温度及石油类等指标；设置冷却降温装置，使水温降至35～38℃，然后再进入后续工段进行处理；设置气浮除油装置，严格控制石油类污染物后再进入后续处理工段。

4. 碱度高，硬度大，传统的曝气系统容易堵塞

由于徐圩新区的地理位置问题，水质碱度高硬度大，因此选用旋流式曝气器。旋流曝气器由进气管、调节风门、射流管、渐扩管、压缩结、旋流翅、切割片、微泡器、混流器等组成。空气、水和活性污泥在曝气器中历经多次“混合、压缩、切割、扩散、微泡”的过程。水中活性污泥颗粒和吸入的空气被切割分成无数细小的气泡和微粒，并高度分散在污水中，形成强烈紊动的混合液体，极大地增加了空气和水的界面传质面积，提高了“氧利用率”。曝气器能使泥水与空气在曝气器内产生较高的负压和强烈的搅拌、紊动、混合，气泡直径减小，气泡数增多，空气的比表面积很大，同时也使气泡膜变薄。射流在高速前进过程中，在旋流器内高速旋转的甩拽下，具有较高的角速度，使射流的液体具有较强的穿透力，可使微小气泡在水中行程远，增强搅拌、推流与增氧能力，从而提高了生化池或气浮池的处理能力，保障处理水质达标。旋流曝气器的性能特点如下。

（1）运行稳定、性能可靠

由于其高速的射流混合、压缩渐扩和切割微泡作用，气液混合充分，氧化率高，运行费

用低。设备质量精良，大孔不堵塞，运行稳定。

（2）混合均匀，溶氧率高

高速旋转的气、水、污泥混合物穿透力强，使氧在水中转移效率高，同时达到良好的搅拌效果，可保证活性污泥混合均匀，保持活性污泥呈悬浮状态。同时，由于搅拌混合推流作用强烈，提高了曝气池的容积利用率。独特的旋流切割微泡设计，使吸入的空气与泥水混合均匀，产生的气泡细小且数量多，溶氧率高。“氧利用率”高达24%，比传统的曝气器节能30%。

（3）安装简单、维护方便

该设备可根据曝气池结构特点、处理水量、水质指标等调节空气量，灵活选择安装位置。尤其在工程检修过程中，旋流曝气器可以不停水安装调试。

（4）设备投资省，运行费用低

由于旋流曝气器更适用于水深7m以上的曝气池，比传统曝气池处理效率高2～3倍，曝气时间明显缩短，减少了设备占地面积，节约工程投资。

（5）综合性能更高

旋流曝气器具有耗能低、氧利用率高、服务面积大、可不停水安装、免维护运行、使用寿命长（10～15年）等优点。

旋流曝气器在已有曝气器的基础上融入了先进的射流溶气、旋流混合和切割微泡技术，增强曝气效果，提高溶解氧含量，为微生物代谢和污染物氧化提供所需的氧气。旋流曝气器具有效率高、寿命长、不污堵、易安装、免维护的特点。同时还能搅拌混合水质，使污泥维持悬浮状态并均匀分布，不会沉淀太多污泥。旋流曝气器高效节能（节电25%以上），单台曝气面积达6～14m^2。根据流体力学原理，旋流曝气器在释放气体的过程中，通过气体和泥水的激烈接触与碰撞，在产生强有力的曝气旋流的同时，实现自清洗，从而不易堵塞，可常年保持恒定氧转换率。

5. 污泥处置难度大，工艺复杂，需分别计量，独立核算

由于石油化工行业的特殊性，不同的企业因产品不同，所产生污水中还含有多种与其有机化学产品相关的特征污染物，如多环芳烃化合物、芳香胺类化合物、杂环化合物等，从而造成污水不仅水质复杂，而且有毒物质多。

污水处理系统产生的物化污泥和生化污泥，均为危险固体废物。危废污泥须进行干化，干化后含水率≤20%。

污泥来自第三方治理工程、再生水厂工程、高盐废水治理工程，三个工程产生的污泥性质各不相同。

针对上述问题采取以下几个措施加以应对：

（1）第三方治理工程的物化污泥和生化污泥经浓缩后，采用离心脱水将污泥含水率降至 80%左右，再通过以蒸汽为热源的复合带式干化将污泥含水率进一步降至20%，泥饼外运处置。

（2）再生水厂工程产生的一般污泥和危废污泥分别排入一般污泥浓缩池和危废污泥浓缩池；一般污泥经离心脱水至含水率80%外运处置；危废污泥经离心脱水后再通过复合带式干化机将含水率将至20%，泥饼作为危废外运处置。

（3）高盐废水治理工程产生的一般污泥和危废污泥分别排入一般污泥浓缩池和危废污泥浓缩池；一般污泥经离心脱水至含水率80%外运处置；危废污泥经离心脱水后再通过复合带式干化机将含水率将至20%，泥饼作为危废外运处置。该项目污泥性质比较特殊，主要表现为盐分高，腐蚀性强，设备选型采用耐腐蚀的材料。

11.2.4　工艺技术流程

1. 废水处理流程、方法和工艺路线

废水处理主要采用的技术路线为：废水调节+换热降温+气浮除油+A/MBBR/O生化+高效沉淀池+臭氧—BAF，其工艺流程如图11–4所示。

（1）正常工况下的废水首先进入废水调节罐进行水量的调节和水质的均和，非正常工

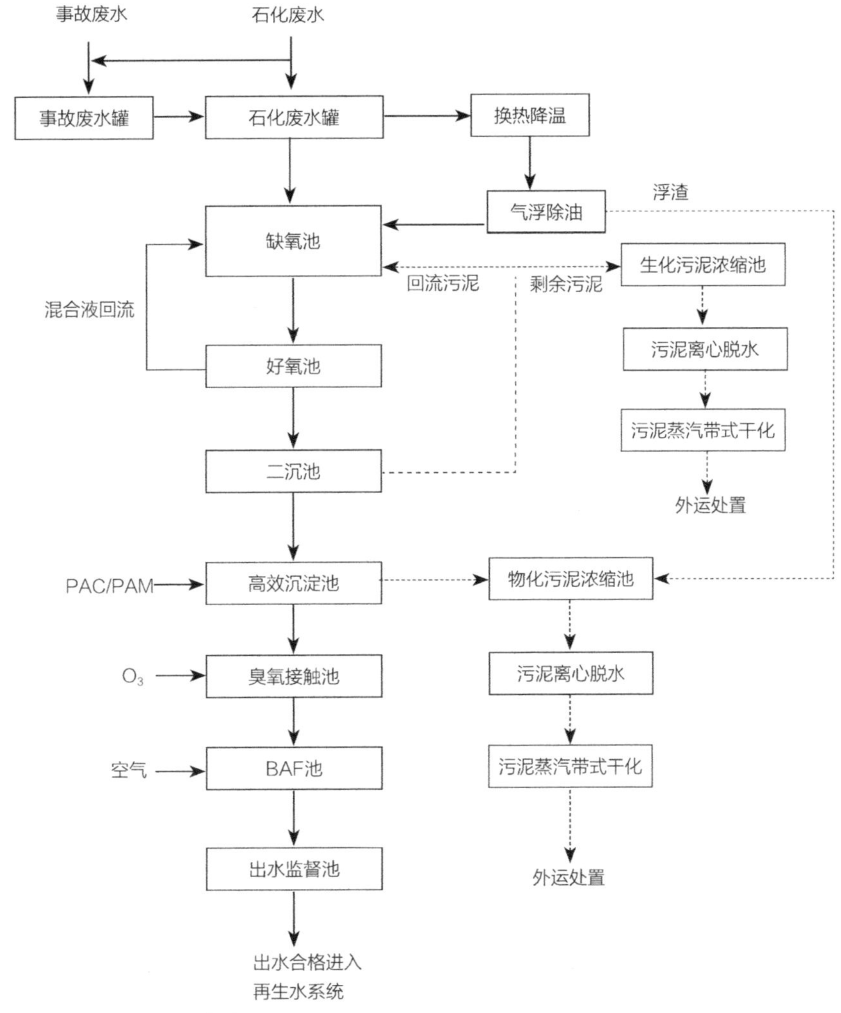

图11–4　废水处理工艺流程图

况下废水切入事故罐进行临时储存；废水由调节罐提升至换热降温装置进行降温处理后，当石油类污染物浓度较高时则自流进入气浮池加混凝剂、絮凝剂破乳进行除油预处理，当石油类污染物浓度较低时直接进入缺氧池进行生化处理，不需要再进入气浮池。

（2）缺氧池内，在缺氧环境下将从好氧池回流回来的混合液中大部分硝酸盐氮还原成氮气；缺氧池的出水进入好氧池，好氧池内设鼓风曝气，在好氧的环境下去除大部分有机污染物，并将水中的大部分氨氮转化成硝酸盐氮，好氧池的末端设置泥水混合液回流系统，将消化液送回缺氧池进行反硝化；而后好氧池的出水进入二沉池进行固液分离，部分污泥通过泵提升回流至前端缺氧池，其余剩余污泥排至污泥浓缩池。

（3）二沉池的出水自流进入深度处理系统，首先进入高效沉淀池，在投加絮凝剂和助凝剂的作用下进一步去除废水中SS、胶体和COD；出水自流进入臭氧接触池，在臭氧接触池内通入臭氧对废水中残留的有机物进行强氧化，进一步改善废水的可生化性；再进入曝气生物滤池（BAF池），曝气生物滤池内装填高比表面积的陶粒填料，以提高微生物膜生长的载体，污水自下向上流过滤料层，在滤料层下部鼓风曝气，空气与污水接触，使污水中的有机物与填料表面生物膜通过生化反应得到降解，填料同时起到物理过滤作用，也可实现硝化脱氮、除磷以及有机物质的去除。曝气生物滤池自流入出水监督池，达标水提升至徐圩新区再生水厂工程，不达标水提升至第三方治理事故罐。

2. 污泥处理流程、方法和工艺路线

在污泥处理中，一般固废污泥主要采用的技术路线为：污泥浓缩+离心脱水；废物污泥主要采用的技术路线为：污泥浓缩+离心脱水+低温带式干化。其工艺流程如图11-5所示。

（1）一般固废污泥：再生水工程、高盐水工程一般固废污泥排放的危废污泥，分别排入一般固废污泥浓缩池浓缩后，污泥含水率降至98%，采用离心脱水将污泥含水率降至80%，泥饼外运处置。

（2）危废污泥：第三方治理工程、再生水工程、高盐水工程废物污泥排放的危废污泥，分别排入危废污泥浓缩池浓缩后，污泥含水率降至98%，采用离心脱水将污泥含水率降至80%左右，再通过以蒸汽为热源的复合低温带式干化将污泥含水率进一步降至20%，泥饼外运处置。

3. 废气处理流程、方法和工艺路线

废气处理主要采用的技术路线为：生物预洗+生物滤池+纳米孔光催化氧化+引风机+高空排放，其工艺流程如图11-6所示。

废气经各收集系统收集后进入生物预洗池，可去除废气中的粉尘和部分可溶性废气成分，一定程度上减轻致臭成分突变造成的冲击负荷，保证后续生物处理的稳定性；再进入生物滤池，利用微生物的生长代谢作用对硫化氢、氨、甲硫醇、甲硫醚、乙硫醚、二甲二硫、二硫化碳等硫系恶臭物质进行处理；而后进入光催化氧化装置，利用纳米催化剂技术与紫外光技术的完美结合，对废气中有机污染物彻底降解，最终产物为二氧化碳和水，不产生二次污染；最后，达标的清洁气体高空排入大气。

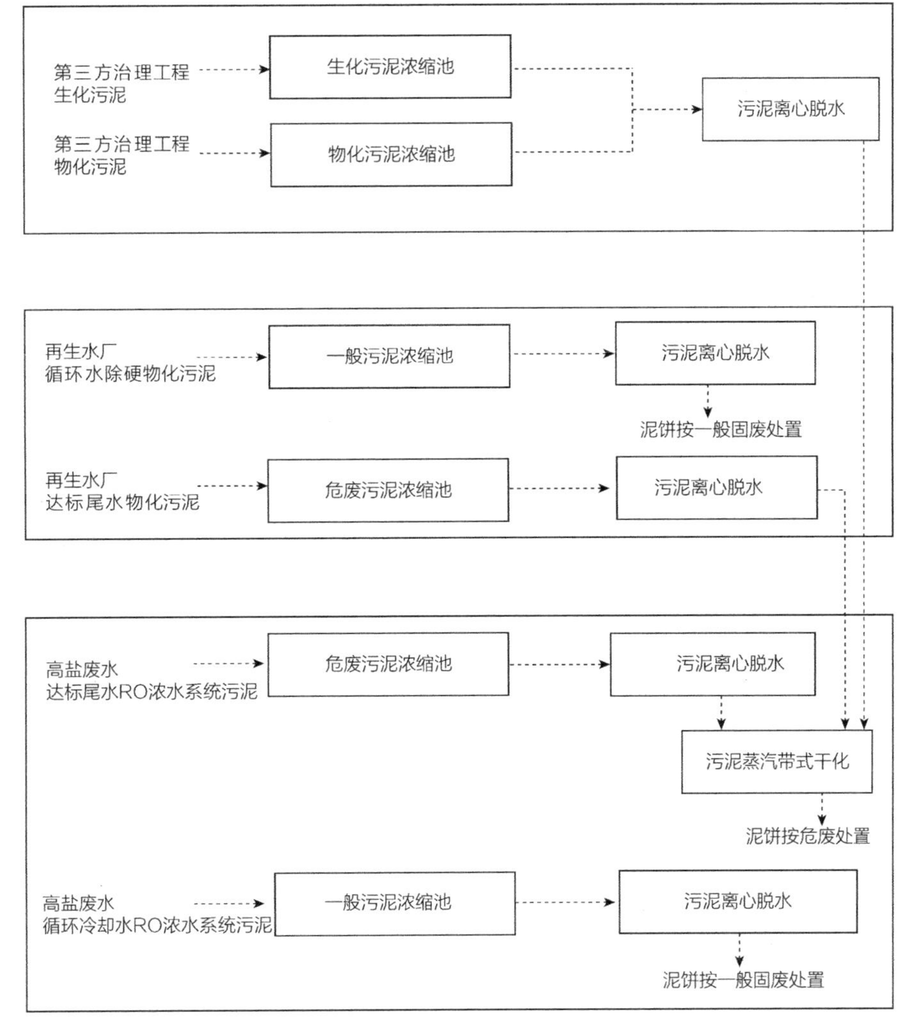

图11-5　污泥处理工艺流程图

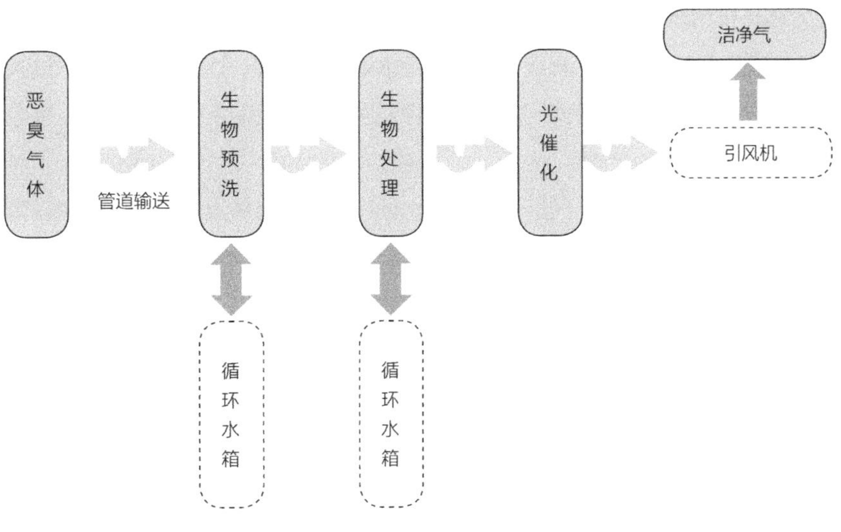

图11-6　废气处理工艺流程图

11.3 再生水处理工程

11.3.1 工程建设意义

为了打造世界一流的石化产业基地，推进徐圩新区生态示范园区的建设，保障园区集中污水处理厂（东港污水处理厂）及污水第三方治理等工程的稳定达标运行，满足达标尾水深海排放规划要求，有效减少污染物排放量从而防止环境污染，徐圩新区再生水处理工程应运而生，并于2019年被列为连云港市重点项目。

再生水处理工程收水服务对象主要为连云港石化有限公司320万t/a轻烃综合加工利用项目及连云港石化产业园有限公司公用工程岛项目循环冷却水排污水、东港污水处理厂一期工程尾水及石化基地工业废水第三方治理工程尾水。设计废水再生处理总规模为10万m^3/d（5万m^3/d循环冷却水排污水处理单元+5万m^3/d污水厂尾水及其他污水尾水处理单元）；回用水产水总规模为7万m^3/d，全部回用于区域回用水受水对象企业作为循环冷却水补充用水水源，RO浓水产量为3万m^3/d，送入徐圩新区高盐废水处理工程进行处理。

再生水处理工程的建设意义主要体现在以下几个方面。

1. 优化污水排放方案是建设国家生态工业示范园区的必要措施

连云港石化产业基地在开发建设过程中，秉承了环保先行原则，提出了建设国家生态工业示范园区的目标，再生水回用是石化产业基地加快建设的现实需求。石化产业基地内企业分布多，排水量大，各企业使用再生水的潜力大。

根据环境保护部《关于〈连云港石化产业基地总体发展规划环境影响报告书〉的审查意见》（环审〔2016〕166号）第五条和第七条内容，明确要求石化基地进一步优化污水排放方案，最大限度减少石化基地污水排放量，并加快建设石化基地集中污水处理厂、污水管网和中水回用系统；另根据《连云港石化产业基地总体发展规划》要求，基地企业排放的含盐废水（主要为循环排污水）优先由企业自行处理后回用，符合排放标准的含盐废水集中排海，禁止随意散排，同时基地将污水统一收集至污水处理厂处理，达标后作为原水进入再生水厂净化，最后通过基地再生水管网回用，通过企业回用及基地污水处理厂回用，基地整体污水回用率不低于70%。

扣除企业内部的部分回用外，园区对东港污水处理厂仍然有较高的回用率要求。再生水替代自来水用于工业，在技术上和工程上都易于实现，在规模上又足以缓解城市供水紧张状况，尤其适合徐圩新区这类工业企业较为密集的工业园区。当前石化基地已建成集中污水处理厂——东港污水处理厂，基地将污水统一收集至东港污水处理厂处理，达标后作为原水进入再生水厂净化，最后通过基地再生水管网回用，对于优化污水排放方案、最大限度减少石化基地污水排放量具有重要作用。

2. 满足徐圩新区达标尾水排海工程的要求

目前，连云港石化产业基地内工业废水通过东港污水处理厂集中处理后于复堆河临时排污口排放，然后由埒子口海域排入黄海。徐圩新区达标尾水排海工程设计规模为11.83万m^3/d，达标尾水全部通过深海排放管道排入黄海。根据徐圩新区的总体规划，到2030年，石化产业基地污水排放量约为17万m^3/d，循环冷却水排污水等含盐废水量约为17万m^3/d，总量约为34万m^3/d，远大于徐圩新区达标尾水排海工程设计规模。因此，需要对石化产业基地工业废水再生处理后进行回用，回用产水总需求量（2030年）约为22.2万m^3/d，基地污水整体回用率须达到70%。

本项目为再生水回用先期项目，服务范围内相关石化企业循环冷却水排污水、东港污水处理厂工程尾水、石化基地工业废水第三方治理工程尾水等经本项目再生处理后，实现70%回用，30%浓水经徐圩新区高盐废水处理工程处理后深海排放，可满足徐圩新区达标尾水排海工程要求。

3. 园区废水集中处理回用的必要性

（1）废水分散处理回用存在的问题

化工园区废水回用采用“分散回用+集中再处理”模式，在企业分散再生水厂建设、运营和监管，园区集中再处理设计、运营和监控等方面存在诸多问题，导致企业废水回用站回用后，浓水交给园区处理费用高或难以处理。循环冷却水排污水和污水厂尾水及其他污水尾水集中处理后回用可以有效降低企业负担，同时由园区集中统筹规划，降低浓水再处理的风险，提高废水回用的经济和社会效益。

（2）废水集中回用的意义

发挥污水处理规模效应，降低污水处理投资和运行成本。根据化工产品生产过程中不同工艺段废水的水量水质特征，对不同COD、不同盐度、不同毒性的废水进行分类收集，能够分别建设不同的再生处理单元和处理措施，工业企业不必建设或仅需少量建设中水回用设施。在园区废水处理总量相同情况下，建设较大规模的再生水厂比建设多个小规模中水回用设施费用低。对于废水排放企业，既能够减少环保设施投入、缩短项目周期，又可减少环保方面的管理人员和操作人员，集中精力抓业务生产，促进企业清洁生产水平。此外，通过统一建设和运营标准，提高污水再生设施运营专业化。化工园区不同企业水质特点相近的污水可分类分质收集，并采用同样的污水再生处理工艺处理，提高了处理的针对性，又进一步发挥了集中处理的规模效应，最大限度提高不同废水再生处理功能单元的运营效率和效果，保证废水再生高效、稳定、达标。

综上，本工程的建设对于落实区域规划要求、提高徐圩新区石化产业基地基础设施服务水平、提升园区整体形象与招商环境、建设国家生态工业示范园区等都是非常必要和迫切的。徐圩新区高盐废水处理工程与本项目同步规划建设，该项目接收并处理本项目的RO浓水，尾水最终依托徐圩新区达标尾水排海工程送入深海排放。

11.3.2 工程建设规模

1. 再生水处理规模

目前已经确定循环水排水包括连云港石化有限公司320万t/a轻烃综合加工利用项

目的3.20万m^3/d和连云港石化产业园有限公司公用工程岛项目的0.74万m^3/d，处理量已达到3.94万m^3/d，考虑到后期一定的扩建规模，确定循环冷却水排污水处理规模为5万m^3/d。

目前东港污水处理厂现有处理规模为2.5万m^3/d，后续盛虹炼化（连云港）有限公司炼化一体化项目0.8万m^3/d污水将纳入东港污水处理厂处理，连云港石化基地工业废水第三方治理工程（一期）项目尾水接入规模为1.3万m^3/d，因此已经确定的污水接入规模达到了4.6万m^3/d。考虑到后期一定的扩建规模，确定污水厂尾水及其他污水尾水处理规模为5万m^3/d。

综上所述，本项目设计总处理规模为10万m^3/d，其中循环冷却水排污水处理规模为5万m^3/d，污水厂尾水及其他污水尾水处理规模为5万m^3/d。项目设计处理规模满足规划要求，可解决近期石化产业基地收水范围工业废水再生回用需求。

2. 设计产水能力

设计回用水产水能力为处理能力的70%，即回用水总产水能力为7万m^3/d，其中循环冷却水排污水处理后回用水产水能力为3.5万m^3/d，污水厂尾水及其他污水尾水处理后回用水产水能力为3.5万m^3/d。

3. 工程建设内容

建设再生水厂1座，设计废水再生处理总规模为10万m^3/d，分为循环冷却水排污水处理单元和污水厂尾水及其他污水尾水处理单元，设计废水处理规模均为5万m^3/d，产水规模均为3.5万m^3/d，回用水产水总规模为7万m^3/d，如图11-7所示。

本项目主要建设内容包括污水处理系统、集水泵房、工艺控制系统、供电系统及相应配套公用工程、安全卫生设施等，不包含生活设施及厂区外配套管网建设；包含厂区红线范围内管道工程，修建地面管廊，在管廊上架设明管，进出水均通过空中明管输送，不含厂区红线范围外管网工程。

再生水厂工程进水由东港污水处理厂及石化基地工业废水第三方治理工程尾水经由管廊架设明管方式输送至集水池，再生水厂工程产生的RO浓水通过管廊架设明管送至高盐废水处理工程调节池。

图11-7 再生水处理工程实景

11.3.3 主要工艺方案

1. 除硬度工艺选择

除硬度（或悬浮物）一般采用混凝沉淀/澄清、过滤、膜滤等工艺，各种工艺比较如表11-2所示。综合考虑投资、运行成本和处理效果，本项目选择采用机械加速澄清池作为除硬度和悬浮物的预处理工艺。同时为提高后续处理效率，采用快滤池作为机加池后续处理设施，既大大降低了水质悬浮物浓度，又避免了进水浊度过高而影响滤池运行。

除硬度工艺对比分析表　　表11-2

内容	工艺				
	高密澄清池	混凝沉淀	机械加速澄清池	滤池	活性炭滤池
工程投资	高	低	中	高	高
运行成本	低	低	低	低	高
处理效果	出水浊度可达到3NTU	出水浊度可达到10NTU	出水浊度可达到3NTU	出水浊度可达到1NTU	出水浊度可达到0.5NTU
占地面积	小	大	中	大	大
进水要求	进水浊度小于5000NTU	无要求	进水浊度小于5000NTU	小于20NTU	小于10NTU
出水悬浮物粒径	≤30	≤50	≤20	≤15	≤10
污泥状况	含固率高，污泥量小	含固率低，污泥量大	含固率高，污泥量小	有反洗水	有反洗水
运行管理	装有填料，检修复杂	运行简单，检修方便	运行简单，检修方便	需反冲洗，检修方便	需反冲洗，检修方便
适应规模	任何规模	任何规模	任何规模	任何规模	任何规模
主要优点	占地面积小、处理效果好、反应沉淀一体、处理负荷高	管理简单、适应性强	处理效果好、反应沉淀一体	出水效果好、运行管理简单	出水效果好、运行管理简单
主要缺点	需投加絮凝/助凝剂、需另建反应及污泥回流设施、对水量控制要求高	占地面积大、污泥量大、需要投加大量絮凝剂	适应性强、负荷低、占地面积大	进水要求高、常用于除浊度的后续处理	进水要求高、常用于除浊度的深度处理、运行成本高

机械加速澄清池将混合、絮凝反应及沉淀工艺综合在一个池内，在澄清池入口管添加混凝剂，在反应中心筒内添加NaOH、Na_2CO_3和助凝剂，NaOH、Na_2CO_3与水中的Ca^{2+}、Mg^{2+}在澄清池的给定区域内发生化学反应，生成难溶性的沉淀物，与絮凝团一起沉入澄清池污泥区，上清液溢流至过滤系统，进行下一工序处理。

机械加速澄清池由第一反应室、第二反应室、分离室、集水槽、驱动装置、搅拌机、刮泥机、支撑机械装置的钢结构、泥渣浓缩斗和排泥装置、本体管道等组成。

（1）反应聚合

进水管在池的中部以切线方向直接进入第一反应室内，在高流速下与药剂迅速混合，激烈的搅拌可以提高碰撞率和溶解率，微粒经凝聚达到失稳效果，并开始聚合，聚合产物在此长大逐渐结合为不同类型的初期絮团，未能凝聚的残余微粒也可能被絮团捕捉。

（2）分流

第二反应室内水流折返向上时分流，一部分向外进入澄清区，折返的作用力使已经反应变大的颗粒向下沉淀，原水得到第一次澄清；另一部分水流向内回流，在搅拌器的作用下提升再次进入第一反应室，与进水混合，未分离的颗粒再次反应并可以起核心作用。

（3）后期反应

进入澄清区的水中带有初凝絮团和残余未凝微粒，逐渐形成一定厚度的悬浮泥渣层，此阶段是提高出水水质的重要阶段。

（4）澄清

澄清水最后通过清水区，它可以起到进一步净化水质或异常情况下的缓冲作用。

（5）出水

水流经两级环形出水槽中间的小孔溢流进入槽内，保持水平度可以有效保证澄清池的效率（容积系数），环形槽的高度可以调节。

（6）排泥

位于池底的刮泥机为全程刮泥，防止产生死泥、气体和有机物繁殖，干扰澄清环境。泥斗内的浓缩泥渣因搅动而不会凝固堵塞，并定期通过排污口排放。

2. 有机物去除工艺选择

本项目循环排污水中的有机物浓度相对较低，且生化性极差，采用常规的处理工艺难度较大，故对于该类废水常采取化学氧化+生化的组合处理工艺。通过氧化将有机物去除，并破坏其分子结构，从而提高生化性，通过后续生化进一步处理有机物，使其达到处理要求。对于难生化废水的氧化，常用的处理工艺主要有臭氧氧化及芬顿氧化等，不同氧化处理工艺的比选结果如表11-3所示。

基于臭氧氧化工艺具有管理简单、二次污染少，既能满足有机物氧化需要提高废水的可生化性，同时又可避免引入影响脱盐装置运行的金属离子等优点。经综合考虑，本项目选择臭氧氧化作为生化处理的预处理工艺。

氧化处理工艺对比分析表　　表11-3

内容	工艺	
	芬顿氧化	臭氧氧化
工程投资	低	大
运行成本	低	中
处理效果	较好	较好

续表

内容	工艺	
	芬顿氧化	臭氧氧化
占地面积	小	大
二次污染	物化污泥	未反应臭氧
运行管理	相对简单	简单
对脱盐装置影响	引入铁离子，影响脱盐装置的运行和寿命	无
主要优点	占地面积小、处理效果好、运行管理简单	处理效果好，对脱盐装置无不良影响
主要缺点	污泥产生量大，增加水中铁离子浓度，影响脱盐装置运行	占地面积大，运行成本高，投资大

对于污染物浓度较低、生化性较差的废水一般采用生物膜工艺，常用的生物膜工艺有接触氧化、MBR、生物滤池（BAC池）等工艺。结合本项目处理对象中有机物浓度和组成特点，不同处理工艺的比选结果如表11-4所示。

生化处理工艺对比分析表　　表11-4

内容	工艺		
	生物滤池（BAC）	接触氧化	MBR
工程投资	中	低	高
运行成本	中	低	高
处理效果	去除COD、悬浮物效果好、运行稳定	需要另外建设悬浮物处理设施，出水悬浮物高	具有生化和膜过滤双重功能，出水水质优良
占地面积	中	大	小
生产管理	方便	方便	复杂
适用范围	轻度污染废水	适用范围广	有机负荷不能过低
优点	能够控制出水COD和悬浮物，水质优良，运行管理简单	投资少，运行成本低	出水有机物和悬浮物浓度低
缺点	占地面积大，需配套反洗装置	出水效果差，需配套悬浮物处理装置	进水浓度不可过低，运行管理复杂，投资高

综合考虑投资、运行成本和生产管理的便利性，本项目选择生物滤池（BAC）作为有机物的生化处理工艺。综上，本项目针对废水中有机物的去除选择臭氧氧化+活性炭生物滤池的组合工艺。

3. 脱盐工艺选择

无机盐脱除工艺主要采用膜分离和离子交换等技术，其不同工艺的选择多受产品水、原水水质及规模所限。本项目处理后的产品水，全部作为循环水使用。不同脱盐工艺的比选情况如表11-5所示。

脱盐工艺对比分析表 表11-5

内容	工艺	
	离子交换	膜分离技术
工程投资	低	高
运行成本	高	较低
处理效果	稳定，出水水质好	稳定，出水水质好
占地面积	大	小
进水要求	进水盐浓度要求高	进水盐浓度要求低
生产管理	需要酸碱再生，复杂	方便

离子交换需要消耗大量的酸碱再生，相当于向介质中加入了额外的固溶物，同时当原水盐浓度较高时，大大增加再生次数和药剂投加量，从而增加了运行成本，且大大增加后续浓盐水处理成本，因此本项目选择膜分离技术进行脱盐，其中分离膜采用超滤膜和反渗透膜。

（1）超滤

超滤膜采用外压式，具有如下特点：①滤膜内孔为产水侧，适用于SS含量高的原水；②可以进行空气擦洗、水气联合反洗等高强度的再生过程，使反洗效果更加出众；③膜材料采用PVDF，抗氧化能力极强，这样可以保证预处理过程中充分的杀菌而不损害膜元件，从而保证系统免受生物污染；④多孔均相支撑层与皮层形成一体化的结构，机械强度极好，能耐受很高的应力和进水压力，这一点尤其适合用于进水水质恶劣的水源；⑤可以获得较高的回收率。

每套超滤装置保证进水压力稳定并维持超滤恒流出水，故考虑如下具体措施：

1）在每套超滤装置的进口设置一调节阀，根据超滤出水的流量来调节阀门的开度。同时，为达到每套超滤装置内每支膜组件的布水均匀，在设计时采用增加进出水母管的流通面积（降低母管介质的行程压降），支管尽量缩小，这样可以使水流在母管中流速放慢，进入单支膜组件流速提高。从而保证每支超滤膜组件在运行和反洗时布水的均匀性。

2）超滤装置在运行一段时间后，由于水中无机物、有机物及微生物的污染，超滤的透膜压差（TMP）会上升。透膜压差（TMP）是衡量超滤膜性能的一个重要指标，它是指中空丝内侧平均给水压力与渗透液压力之间的差值，它能够反映膜表面的污染程度。一个新组件在20℃开始运行时，其温度修正透膜压差为3～6psi，但是当系统经过初期调试后，透膜压差反而会降至1～3psi，这种现象是正常的，与组件的完整性无关。随着污染物在膜表面的积累，透膜压差随之增大。这时就需要对超滤膜进行反洗，反洗能使透膜压差降低，但是反洗不能达到100%的恢复效果。

3）超滤装置在运行中，固体颗粒物在膜表面积累，通过正常的反洗不能彻底恢复超滤膜组件的性能，需要对超滤膜进行化学增强反洗（CEB）。

4）在偶尔的情况下，超滤膜组件中空丝会发生破裂，破坏了其完整性。破裂的中空丝会使透过的颗粒物增加。超滤膜组件利用打压/气泡方法确认并寻找断丝的方法。该测试中的打压部分，其操作可以自动完成，无须操作员参与；如果打压测试有问题，则需要操作员做气泡观察试验。完整性测试利用0.1MPa的空气检测膜丝有无破裂，当无油空气压入破裂的组件时，空气会从破裂的中空丝中漏出，漏气泡的组件会被发现。使用这个办法，可以用肉眼辨认出断丝的组件，不必用阀门对每个组件进行隔离。

5）若发现破裂的纤维，可以在中空丝端部插入针栓，使其与系统永久隔离。

（2）反渗透

反渗透是利用溶剂渗透膜（半透膜）选择性地透过溶剂（通常是水）而截流溶质的分离过程。反渗透同样是以膜两侧的压力差为驱动力，以反渗透膜为过滤介质，将进料中的水（溶剂）和离子（或小分子）分离，从而达到纯化和浓缩的目的。渗透膜的选择透过性与组分在膜中的溶解、吸附和扩散等因素有关，因此反渗透除与膜孔的大小、结构有关外，还与膜的化学、物理性质有密切关系，即与组分和膜之间的相互作用密切相关。一般来说，反渗透过程中化学因素（膜及其表面特性）起主导作用。目前，反渗透已用于电子、电力、医药、化工、食品饮料及环保废水处理等领域。

当纯水和盐水被理想半透膜隔开时，理想半透膜只允许水通过而阻止盐通过，此时膜纯水侧的水会自发地通过半透膜流入盐水一侧，这种现象称为渗透，若在膜的盐水侧施加压力，那么水的自发流动将受到抑制而减慢，当施加的压力达到某一数值时，水通过膜的净流量等于零，这个压力称为渗透压力，当施加在膜盐水侧的压力大于渗透压力时，水的流向就会逆转，此时，盐水中的水将流入纯水侧，上述现象就是水的反渗透（RO）处理的基本原理。

反渗透装置前要设置保安过滤器，防止前道工序处理效果不佳以及水质变化大时对反渗透装置的冲击，以此可以有效延长RO的使用寿命。

反渗透装置在启动前、停运后或短期保养时，通常采用淡水将反渗透系统浓水侧内的高浓度盐冲洗干净，这样做不仅可以将反渗透膜元件浓水侧的高含盐量的离子置换掉，而且可以防止系统中微生物的滋生。

反渗透装置运行一段时间后，由于水中无机物、有机物及微生物的污染，反渗透的压差会增加，表现为产水量的下降，操作压力提高等现象。为恢复反渗透膜的性能，此时就需要对其进行化学清洗。清洗的配方应根据不同污染物的情况，采取不同的措施，我司在此方面积累了丰富的工程经验。有必要说明的是，用户应做好平常的运行记录，以便得出最佳的诊断方案。

11.3.4 工艺技术流程

1. 达标尾水处理工艺流程

本工程达标尾水处理工艺收水范围为东港污水处理厂一期工程尾水、石化基地工业废水第三方治理工程尾水达标尾水，其处理工艺流程如图11-8所示。

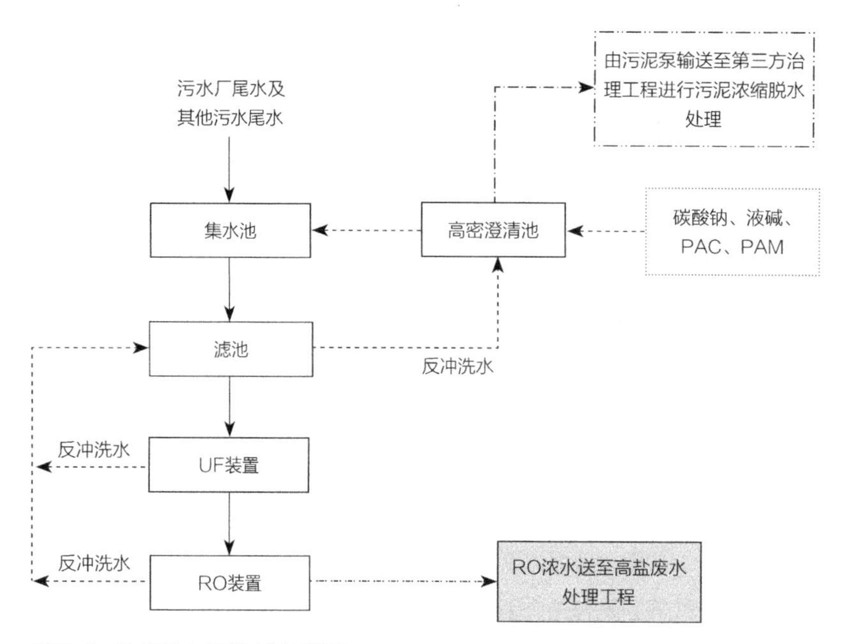

图11-8　达标尾水处理工艺流程图

达标尾水接入再生水厂后先进入集水池，经过水质调节后，由提升泵输送至滤池过滤，进一步去除浊度和细小的悬浮物，出水进入滤池产水池。

滤池反冲洗水收集至滤池污水池，进入高密澄清池去除悬浮物和硬度后返回系统，污泥排入石化基地工业废水第三方治理工程污泥处理系统，经脱水后委托有资质单位定期外运处置。

滤池产水经过提升泵进入超滤装置（UF装置），进一步去除水体中的胶体物质并降低水的浊度和SDI值，出水浊度一般在0.5NTU以下，可以有效降低后续RO膜的污染度。

超滤产水进入反渗透装置，进一步脱盐处理，最终再生回用水水质达到设计出水水质标准，作为服务范围内工业企业的循环冷却水和一级脱除盐水的补充用水。

RO浓水排入徐圩新区高盐废水处理工程进行处理，膜装置反冲洗水收集后至滤池返回处理系统。RO（反渗透）装置产生的RO浓水，同样接入高盐废水处理工程处理。

污水厂尾水及其他污水尾水再生处理系统各池体产生少量无组织废气，主要产生源为高密池，废气进入第三方治理工程进行处理。高密池还产生含水率为99%的污泥，在排泥泵的作用下，污泥通过管道输送至第三方治理工程处理。

2. 循环水排污水处理工艺流程

循环冷却水排污水处理工艺流程如图11-9所示。

循环冷却水排污水经压力管道输送至调节池，经过水质水量调节后，由提升泵输送至机械加速澄清池。机械加速澄清池内投加两碱（氢氧化钠和碳酸钠）、混凝剂和助凝剂等，两碱投加主要利用氢氧根和碳酸根生成碳酸钙和氢氧化镁沉淀，从而将废水中硬度去除。澄清池通过污泥回流作为凝结核，增大絮凝反应的矾花颗粒，在机械加速澄清池泥水分离，清水

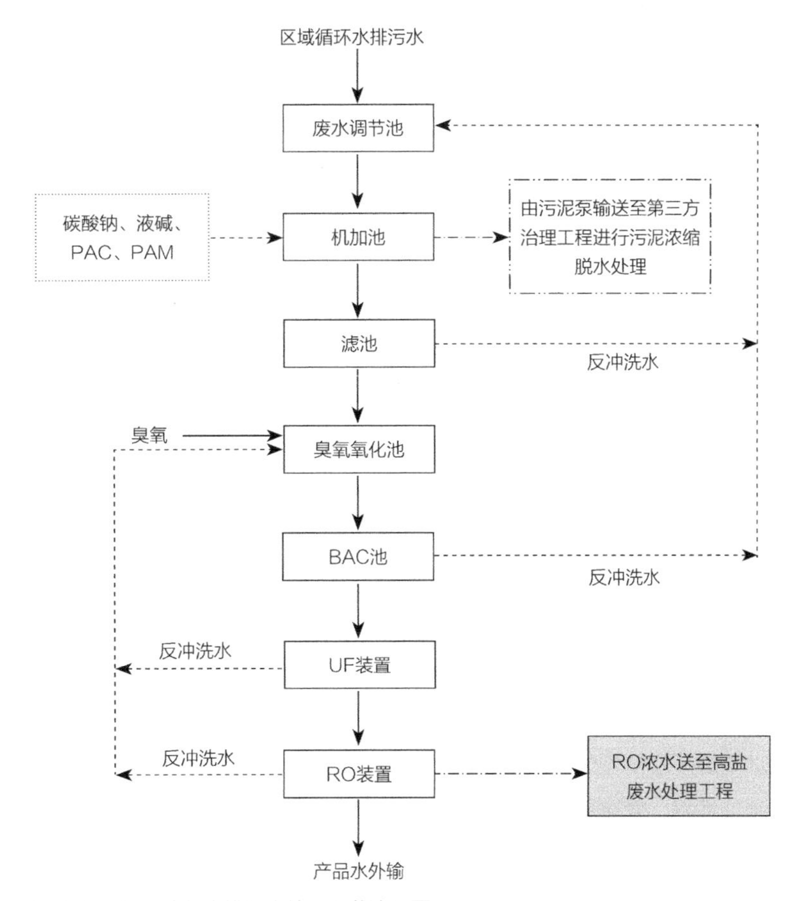

图11-9 循环冷却水排污水处理工艺流程图

通过溢流堰收集后排出池体，污泥则沉淀到池底。污泥经污泥泵输送至第三方治理工程，通过污泥处理设施进行浓缩脱水处理。

机械加速澄清池出水自流进入滤池过滤，进一步去除浊度和细小的悬浮物，出水经pH调节后进入滤池产水池。

滤池产水经过水泵提升至臭氧接触池，在接触池内投加臭氧，通过氧化分解废水中的有机物成分，同时提高废水的可生化性。臭氧氧化池出水进入生物滤池（BAC池），在生物滤池过滤和吸附的双重作用下进一步去除有机污染物。

生物滤池产水经过提升泵进入超滤装置，进一步去除水体中的胶体物质并降低水的浊度和SDI值，出水浊度一般在0.5NTU以下，可以有效降低后续RO膜的污染度。超滤产水去反渗透装置，进一步脱盐处理，最终再生回用水水质达到设计出水水质标准，作为服务范围内工业企业的循环冷却水和一级脱除盐水的补充用水。RO装置产生的浓水利用设备自身压力直接输送至徐圩新区高盐废水处理工程进行处理。

快滤池、生物滤池的反冲洗水收集至滤池污水池，通过污水增压泵提升至经过高密沉淀池处理后返回快滤池；超滤装置及RO反渗透装置反冲洗水收集至废水池，通过污水增压泵提升至臭氧氧化池返回处理系统处理。

循环冷却水排污水再生处理系统各处理单元产生少量无组织废气，主要产生源为机械加速澄清池，废气接入第三方治理工程处理。RO（反渗透）装置产生的RO浓水，接入高盐废水处理工程处理。机械加速澄清池产生含水率为99%的污泥，在排泥泵的作用下，污泥通过管道输送至石化基地工业废水第三方治理工程处理。

11.4　高盐废水处理工程

11.4.1　工程建设意义

徐圩新区化工企业众多，如果高盐废水由各企业分散治理，规模较小，极不经济，必将造成土地、能源、人力和财力的浪费，监督管理也较为烦琐。而投资建设一个集中的高盐废水处理工程，具有一定规模效益，与分散治理相比有较低的处理成本和较大的优越性，为进园企业提供良好服务，也会有良好的经济回报。同时集中的高盐废水站也有利于监管。

水环境保护是城市环境保护的重要组成部分，高盐废水经过处理达标后可进行深海排放，因此高盐废水处理工程的建设对于保障徐圩新区的水环境，提升城市整体形象，为新区实现可持续发展，营造良好的投资环境提供了基础保障。

11.4.2　工程建设规模

高盐废水处理工程总投资3.36亿元，占地面积57.6亩（图11-10）。工程服务对象为徐圩新区再生水厂浓排水，根据徐圩新区再生水厂建设规划，近期设计生产污水进水量为5.0万m^3/d，经再生水厂处理后3.5万m^3/d的再生水进行回用，剩余30%的生产污水再生废水送入本项目进行处理。近期生产废水进水量为5.0万m^3/d，经再生水厂处理后3.5万m^3/d的再生水送入相关企业进行回用，剩余30%生产废水再生废水1.5万m^3/d送入本项目进行处理。

与徐圩新区再生水厂工程处理尾水相配套，高盐废水处理工程设计进水水量为：1.5万m^3/d生产污水RO浓水+1.5万m^3/d循环冷却水RO浓水，可满足徐圩新区再生水厂RO浓水的处

图11-10　高盐废水处理工程实景

理能力要求。此外，项目预留的0.75万m^3/d循环冷却水也送入本项目进行处理。故本项目待处理废水为：1.5万m^3/d生产污水RO浓水+2.25万m^3/d生产废水RO浓水处理规模。

11.4.3 主要工艺方案

高盐废水处理的污水为RO浓水，其污染物成分复杂，难降解，具有如下特性：存在高浓度的无机盐和阻垢剂等化学物质；前端再生水厂对各类微量有机物的去除效率微乎其微，经浓缩后进入到RO浓水中；由于水源水质、操作系统参数和回收率的差异，导致RO浓水水质变化较大。

由于本工程的出水水质要求较高，如表11-6所示。根据类似污水厂运行管理经验，二级生化处理工艺可以使出水水质满足目前拟定的BOD、TN、NH_3-N、SS等出水指标，但是各有机类特征因子、COD和F^-难以达到排放要求，需要做进一步深度处理，故本项目高盐废水处理站工艺采用物化预处理+二级生化处理+三级深度处理。

高盐废水处理站排水水质　　表11-6

序号	项目	单位	生产污水 RO 浓水	生产废水 RO 浓水
1	pH	无量纲	6 ~ 9	6 ~ 9
2	COD	mg/L	50	30
3	NH_3-N	mg/L	5	5
4	TN	mg/L	15	15
5	TP	mg/L	0.5	0.5
6	石油类	mg/L	1	1
7	SS	mg/L	10	10
8	F^-	mg/L	8	8

1. 物化预处理单元主要工艺选择

物化预处理段主要去除来水中的硬度，目前主要的除硬方法有化学沉淀、膜处理和离子交换法。

（1）化学沉淀法

化学沉淀是根据溶度积原理，通过向RO浓水中加入适量的CO_3^{2-}、OH^-，使RO浓水中溶解的Ca^{2+}、Mg^{2+}生成难溶物而去除，但生成的难溶物颗粒微小，一般沉淀法难以去除，可采用高效沉淀池。高效沉淀池工艺是依托混凝、循环、斜管分离及浓缩等多种理论，通过合理的水力和结构设计，开发出的集泥水分离与污泥浓缩功能于一体的新一代沉淀工艺。该工艺特殊的反应区与澄清区设计尤其适用于去除水中的硬度离子。

（2）膜处理法

减压膜蒸馏法用于除盐、溶液浓缩等方面已有多年，该方法由于能有效处理RO浓水而被认为弥补了RO的不足。膜蒸馏是近年来出现的一种新的膜分离工艺。它是使用疏水的微孔膜对含非挥发溶质的水溶液进行分离的一种膜技术。由于水的表面张力作用，常压下液态水不能透过膜的微孔，而水蒸气则可以。当膜两侧存在一定的温差时，由于蒸汽压的不同，水蒸气分子透过微孔则在另一侧冷凝下来，使溶液逐步浓缩。

但该方法也有明显的缺点：①对膜过程的理论认识还较欠缺；②运行过程中膜的污染不仅导致膜的通量下降，更为严重的是加速了膜的润湿，使盐渗漏进入淡水侧，从而使淡水品质下降；③实用性膜的产水通量较低；④迄今还没有开发出较成熟的膜蒸馏用膜的生产技术；⑤缺乏有效的热量的回收手段；⑥没有长期的运行经验。

（3）离子交换法

离子交换法是利用离子交换剂中的可交换基团与溶液中各种离子间的离子交换能力的不同来进行分离的一种方法。以两个钠离子交换一个钙离子或镁离子的方式可用来软化水质。该法能比较彻底地去除水中的钙镁离子，但会产生大量的再生废液，同时离子交换树脂容易被污染，其再生过程较麻烦。

根据以上分析，物化预处理单元选择高效沉淀池作为除硬工艺。

2. 二级生化处理工艺选择

针对本项目进水水质特点，废水主体生化处理的主要目的均为脱氮和脱碳。目前污水处理工程化应用较多的主流脱氮工艺包括氧化沟工艺、A/O工艺，另有近年正在大力发展的新型脱氮工艺包括厌氧氨氧化、短程硝化反硝化工艺，但此类生物脱氮工艺仍不成熟，很难工程化应用。故本项目的主体生化处理工艺考虑对传统主流脱氮工艺进行比选。

（1）A/O脱氮工艺

A/O工艺是改进的活性污泥法，它将前段缺氧段（即A段）和后段好氧段（即O段）串联在一起，A段DO不大于0.2mg/L，O段DO=2～4mg/L。原废水先进A段，再进O段，O段的混合液和沉淀池的污泥同时回流到A段。设置内循环系统，向前置的反硝化池回流硝化液是本工艺系统的主要特征。废水直接进入A段，保证了A段具备丰富的碳源，反硝化速率大幅提高；O段在后，使反硝化残留的有机污染物得以进一步去除，提高了处理水水质。

A/O生物脱氮流程具有以下优点：技术成熟，是高效的去除有机污染物及脱氮工艺；流程简单，省去了中间沉淀池，构筑物少，大大减少了基建费用，占地面积少；能最大限度地利用污水中的碳源有机物，减少外加碳源量，反硝化反应产生的碱度可以补偿好氧池中进行硝化反应对碱度的需求，节约运行成本，运行费用低；好氧池在缺氧池之后，可进一步去除反硝化残留的有机污染物，确保出水水质达标；低负荷、长泥龄下运行，易于控制污泥膨胀，剩余污泥量少；耐负荷冲击能力强，当进水水质波动较大或污染物浓度较高时，本工艺均能维持正常运行，故操作管理也很简单；对各类废水适应性强，易模块化拓展，可作为园区污水处理厂的主体工艺。

（2）氧化沟工艺

氧化沟是活性污泥工艺中的一大类型，它的基本特点是污水在一个首尾相接的闭合沟道中循环流动，沟内设有曝气和推动水流的装置，污水在流动过程中得到净化。该工艺最初于

20世纪50年代出现于荷兰，因其池型呈封闭循环流沟渠而得名，其沟内循环水量往往是进水量的几十倍甚至上百倍，所以氧化沟兼有推流型和完全混合型曝气池的特点，具有较强的抗冲击负荷的能力。

氧化沟工艺发展速度较快，种类也较多。目前国内外应用较多的氧化沟主要有卡鲁塞尔（Carrousel）氧化沟、奥贝尔（Orbal）氧化沟、双沟式氧化沟、三沟式氧化沟和一体化氧化沟等。各种氧化沟的主要区别在于沟形和曝气方式的不同，一般情况下，氧化沟都采用表面机械曝气，如转刷、转碟等。其中奥贝尔氧化沟应用较多，这种氧化沟由三个椭圆形沟道组成，污水与回流污泥混合后，首先进入外沟道，然后进入到中沟道和内沟道，最后经中心岛的出水堰排至二沉池。外沟道也叫工作沟道，是发挥主要作用的沟道，大多数BOD在此去除，并同时进行硝化、反硝化作用，反硝化几乎全部在此进行。但它与其他工艺的缺氧区不曝气并尽量避免带入DO有所不同，它既要缺氧进行反硝化，又需要充氧降解BOD和硝化氨氮，因此，它始终是在亏氧条件下运行，宏观上保持缺氧工况。当系统只要求脱氮不要求除磷时，相当于A/O脱氮工艺，这时供氧的分配是外沟50%。沟道起调节缓冲作用，当外沟处理效率不够理想时，中沟可以近似按外沟工况运行，调低DO，补充外沟的不足，当外沟处理效果很好，需要加强后续好氧工况时，中沟可按内沟状态运行，调高DO，使整个系统具有很大的调节缓冲能力。内沟道起精制作用，使出水水质更好，沟中DO不小于2mg/L，有利于聚磷菌“超量吸磷”，并确保二沉池中不会出现缺氧反硝化和磷的回溶。氧化沟具有出水水质好、处理效率稳定、操作管理方便等优点，同时，也能满足生物脱氮除磷要求。但是由于受到沟深的限制，相同容积下占地面积较大，同时，其充氧能耗往往高于鼓风曝气的能耗，导致运转费用相对较高。

（3）反硝化膜池+好氧生物膜池工艺

反硝化膜池+复合生物膜池，即在普通A/O工艺的反硝化池和好氧污泥池中投加载体，使得整个池内同时具有悬浮活性污泥和固定生物膜污泥的效果，是活性污泥与生物膜相结合的一体化工艺，兼有活性污泥法工艺和生物膜法工艺两者的优点。其中活性污泥泥龄短、活性高，主要承担BOD的去除；而生物膜主要承担氨氮硝化和较难降解有机物（COD）的去除。该工艺最大限度地利用了活性污泥工艺及生物膜工艺相结合的优点，同时又克服了普通生物膜工艺（流动床或固定填料生物膜）的缺点。

好氧生物膜工艺的关键是基于对生物膜法原理的深刻理解而研究开发的具有独特结构的空心载体。生物膜几乎全部生长在受保护的载体的内部表面，该生物膜几乎不受外界条件的干扰、不易脱落、运行稳定。克服了无论是实心载体还是固定填料外表面不易挂膜及容易脱落的缺陷。该载体由高密度聚烯烃改性制造，比重为0.96～0.98（长生物膜后很接近于水），在轻微搅拌下在水中易于流态化。当曝气充氧时，空气泡的上升浮力推动填料和周围的水体流动起来，填料及生物膜体被充分地搅拌混合。当气流穿过水流和填料的空隙时又被填料阻滞，并不断地被分割成小气泡，从而增加生物膜与氧气的接触和氧的转移效率。在厌氧或缺氧条件下，可设置潜水搅拌器，使生物载体充分流动起来，达到载体生物膜和污水中的污染物充分接触进而生物分解的目的。生物载体内部有效比表面积大、适合微生物吸附生长，并且填料的结构以具有受保护的可供微生物生长的内表面积为特征。好氧生物膜工艺突破了传统生物膜法的缺陷（如固定填料生物膜工艺的堵塞、配水不均、生物膜易脱落以及传统实心好氧生物膜工艺的流化及生物膜易脱落），为生物膜法更广泛地应用于污水的生物处理奠定了良好的基础。由于大量微生物的繁殖及生物膜的发展，生化系统中将截留大量不同种类的微生物，它们不仅能够去除容易降解的有机物，也能够去除难降解的有机物。因此，该系统具有良好的去除效果。

上述三种处理工艺的比较如表11-7所示。通过对常见的三种主流生物脱氮工艺的特点及优缺点的分析可以看出，三种工艺都是成熟工艺，在去除含碳有机物方面均能达到预期的处理效果。但是，A/O工艺和“反硝化膜池+复合生物膜池”工艺设置有单独的缺氧区，硝化和反硝化在不同区域进行，相互不存在干扰，工况比较稳定，反硝化速率高，脱氮效果好。同时，反硝化膜池+复合生物膜池负荷更高、占地面积更小、耐冲击性能更好。

因此，根据厂区实际情况，通过研究讨论，采用“反硝化膜池+复合生物膜池”工艺，使得高盐废水处理站具有较强的灵活性、适应性，较强的耐冲击能力，并留有较大的发展余地。

三种生化处理工艺参数比较表　　表11-7

	氧化沟	A/O	反硝化膜池 +复合生物膜池
工艺特点	连续进出水； 负荷较低； 池深中等； 设备复杂，有转刷曝气等特殊设备； 有机物去除效果好； 脱氮除磷处理效果一般； 耐冲击性一般	连续进出水； 负荷较低； 池深中等； 设备维护简单； 有机物去除效果好； 脱氮除磷处理效果较好； 耐冲击性能较好	连续进出水； 负荷高； 池深灵活，占地紧张时可采用较大池深； 设备维护简单； 有机物去除效果好； 脱氮除磷处理效果好； 耐冲击性能好
技术可靠性	一般	稳定可靠	稳定可靠
投资	较高	适中	适中
构筑物占地	大	较大	小
运行成本	一般	较低	低
运行管理要求	运行管理较简便，但设备维护强度大	运行管理简便，设备维护简单	运行管理简便，设备维护简单
综合测评	一般	较好	好

3. 三级深度处理工艺选择

根据国内已建类似污水厂实际运行经验，在正常运转情况下，二沉池出水SS、TP一般能达到《城镇污水处理厂污染物排放标准》GB 18918—2002一级B标准限值，为确保出水水质达到该标准一级A标准（TP≤0.5mg/L），本项目通过深度处理工程措施进一步去除TP、SS指标。

（1）化学除磷工艺

除磷工艺一般采用化学沉淀法，可选方案有活性砂滤池及高效沉淀池。

1）活性砂滤池

活性砂滤池是一种集混凝、澄清、过滤为一体的混凝土池子、导砂斗、内部过滤单元、进水管道、滤液出水管道、冲洗水出水管、内部过滤单元与相应管道间的弹性连接、空压机和控制系统等组成。内部过滤单元包括进出水管、布水器、洗砂器、冲洗水出水管和空气提升泵套管等。进出水管和冲洗水出水管都位于过滤单元的上部。

活性砂滤池不需停机反冲洗；采用单级滤料，无需级配，没有水力分布不均和初滤液等问题；不需要反冲洗水泵及其停机切换用电动、气动阀门；无需单设澄清池，占地面积紧凑，运行经济。

原水通过进水管进入过滤器内部，并经布水器均匀分配后向上逆流通过滤料层并外排。在此过程中，原水被过滤，水中的污染物含量降低；同时石英砂滤料中污染物的含量增加，并且下层滤料层的污染物含量高于上层滤料层。位于过滤器中央的空气提升泵在空压机的作用下将底层的石英砂滤料提升至过滤器顶部的洗沙器中清洗。砂粒清洗后返回滤床，同时将清洗所产生的污染物外排。

由于石英砂滤料在过滤器中呈自上而下的运动状态，对原水起搅拌作用，因此搅拌絮凝作用可在过滤器内完成。过滤器内滤料清洁及时，可承受较高的进水污染物浓度。连续流砂过滤器特殊的内部结构及其自身特点，使得混凝、澄清、过滤在同一个池体内全部完成。

混凝剂的选择及其加注量，对污水处理工艺的有效运行，污泥产量的减少及运行成本的降低起到了重要的作用。对于本工程，絮凝剂的选择主要是为去除磷为主的污染物（也存在BOD_5、COD_{Cr}及SS），从有关文献可知，典型的金属盐（如铁、钙、铝）投加量的变化范围是1.0～2.0mol金属盐/（mol磷）去除，同时使用助凝剂PAM后产生的污泥比单独采用混凝剂生成的污泥结构更紧密，沉降性能更好，同时可减少混凝剂的投加量。通过对絮凝剂所做的大量工作和试验表明，铝盐与PAM复配使用最为高效，铁盐较为经济。但在实际运用中，还需对药剂做进一步选择，可通过招标方式选择价廉、效果好的混凝剂。

2）高效沉淀池

高效混凝沉淀池由三个主要部分组成：反应池＋预沉池－浓缩池＋斜管分离池。在整个反应池内可获得大量高密度、均质矾花。为避免损坏矾花或产生旋涡，矾花慢速地从较大的预沉区进入澄清区，确保使大量的悬浮固体颗粒在该区均匀沉积，矾花在澄清池下部汇集成污泥并浓缩，澄清水由集水槽系统回收。絮凝物堆积在澄清池的下部，形成的污泥也在这部分区域浓缩，通过刮泥机将污泥收集起来，循环至反应池入口处，将剩余污泥排放。

高效混凝沉淀池生产能力高，处理效果好，可去除二级处理出水中剩余的胶体、悬浮颗粒、COD_{cr}等污染物，降低水中溶解性磷酸盐、钙、镁离子和某些重金属浓度。

上述两种除磷工艺的参数比较如表11-8所示。

两种化学除磷工艺比较 表11-8

参数	工艺	
	活性砂滤池	高效沉淀池
处理效果	投加药剂，效果较好	投加药剂，效果较好
系统概况	连续进水，连续出水，需设冲洗水系统	连续进水，连续出水，高效沉淀池设泥水分离和污泥回流系统；无需冲洗水系统
运行状态	稳定	稳定
设备维护	由于单格处理能力小，需要60套，设备管理难度大	设备数量少，管理相对简单
工艺评价	工艺成熟，抗冲击负荷较好，可满足出水要求	工艺成熟，冲击负荷较好，可满足出水要求
能耗	较少	较少
占地面积	占地面积小	占地面积较大

由于高效沉淀池具有投药量少、有机物去除效率高、出水水质稳定等特点，再加上相对管理简单、运行可靠、对废水性质更具针对性等优点，本工程深度处理采用高效沉淀池工艺。

（2）高级氧化工艺选择

本工程处理对象为RO浓水，由于RO浓水在二级生化处理工艺条件下不易达到出水效果，为了保证出水稳定达标，需对二级生化处理出水进行进一步的高级氧化处理。

根据类似进出水水质工业污水厂运行经验，高级氧化目前主要有芬顿高级氧化法、臭氧高级氧化法、耦合臭氧生物膜法。

1）芬顿高级氧化法

芬顿高级氧化法是在酸性条件下，H_2O_2在铁离子（Fe^{2+}）存在下生成强氧化能力的羟基自由基（·OH），并引发更多的其他活性氧，以实现对有机物的降解，其氧化过程为链式反应。其中以（·OH）产生为链的开始，而其他活性氧和反应中间体构成了链的节点，各活性氧被消耗，反应链终止。其反应机理较为复杂，这些活性氧仅供有机分子并使其矿化为CO_2和H_2O等无机物。从而使芬顿氧化法成为重要的高级氧化技术之一。

芬顿试剂的氧化性较强，对于有机物的去除效果较好。但由于反应需要在酸性条件下进行，需要投加大量的酸、碱，同时反应产生大量的含铁污泥，带来了新的污染。

2）臭氧高级氧化法

臭氧高级氧化法主要通过直接反应和间接反应两种途径得以实现。其中直接反应是指臭氧与有机物直接发生反应，这种方式具有较强的选择性，一般是进攻具有双键的有机物，通常对不饱和脂肪烃和芳香烃类化合物较有效；间接反应是指臭氧分解产生·OH，通过·OH与有机物进行氧化反应，这种方式不具有选择性。

臭氧的氧化能力强，同时臭氧氧化后，不带来新的污染。但由于臭氧产生过程消耗的能源较大，运行费用较为昂贵。

3）耦合臭氧生物膜法

该工艺为臭氧氧化与好氧生物膜反应器相结合的工艺。首先利用臭氧预氧化作用，初步氧化分解水中有机物及其他还原性物质，降低后续生物池的有机负荷；同时臭氧氧化能使水中难以生物降解的有机物断链、开环，转化成简单的脂肪烃，改变其生化特性；然后再进入好氧生物膜反应器，进一步去除有机物。

该工艺同时利用了臭氧的强氧化直接去除有机物的效果，也利用了臭氧破坏难降解有机物、提高可生化性的特点，后续进一步利用纯膜法的CBR工艺（生物粉碳循环废水处理工艺），对改性后的有机物进一步去除，大大降低了运行成本。

三种高级氧化工艺的比较分析如表11-9所示。经过综合论证分析，选择耦合臭氧生物膜作为高级氧化工艺。为保证出水水质稳定达标排放，生化出水进入活性炭滤床进行有机物质和COD的去除，确保出水达标排放。

三种高级氧化工艺参数比较表　　表11-9

参数	工艺		
	芬顿高级氧化	臭氧高级氧化	耦合臭氧生物膜
工艺特点	采用芬顿试剂，在酸性条件下投加 H_2O_2 及 $FeSO_4$	采用臭氧发生器产生臭氧，通入水中直接氧化	通过臭氧去除部分 COD 并改善可生化性，后续使用纯膜 CBR 继续去除
处理效果	较好	较好	较好
可靠性	高	高	高
构筑物占地	较大	小	中等
运行成本	药剂及污泥处置费用高	电耗及氧消耗高	电耗及氧气消耗中等
运行管理	运行管理较复杂，设备维护强度大	运行管理较简便，设备维护强度中等	运行管理简便，设备维护强度中等
综合测评	一般	较好	好

11.4.4 工艺技术流程

1. 生产污水处理工艺流程

高盐废水处理工程15000m³/d生产污水再生废水处理单元采用“调节池+除硬沉淀池+中和池+反硝化膜池+好氧生物膜池+高效澄清池+耦合臭氧生物池+活性炭滤床”的组合工艺，具体工艺流程如图11-11所示。

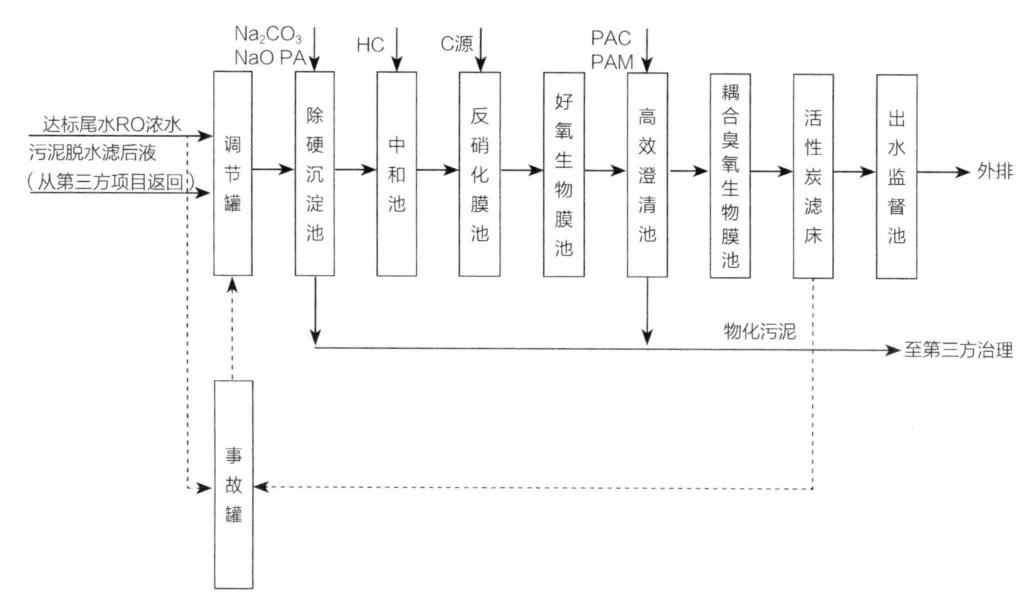

图11-11 生产污水处理工艺流程图

污水厂尾水及其他污水尾水再生废水经压力输送至调节池进行水质、水量的调节后提升至除硬沉淀池进行硬度去除，除硬沉淀池设置有NaOH加药单元、Na_2CO_3投加系统和PAM投加系统，经中心传动刮泥机分离出的泥渣通过污泥泵输送至第三方治理工程进行脱水、干燥等减容处理。

经除硬工序后，污水进入中和池通过添加HCl进行pH调节。中和池出水被提升至反硝化膜池进行反硝化脱氮，在此过程中异养型反硝化菌消耗优质碳源，需要额外投加乙酸钠作为碳源。经过反硝化处理后送至好氧生物膜池进行COD的进一步去除。生化出水经重力流至高效澄清池通过投加PAC和PAM药剂进行TP和SS的去除。

高效澄清池出水至耦合臭氧生物池，利用臭氧（由液氧制得）的强氧化性，将污水中的难降解有机污染物进行氧化分解，有效改善污水的可生化性，同时随着生物载体微生物的附着生长和繁殖，可进一步去除污水中的有机污染物，保证了出水水质达到徐圩新区排海工程所批复的相关标准限值。

经上述工艺处理过程后，达标尾水经陆地管道送入人工湿地生态系统作进一步的净化以保障出水水质，再经排海泵站输送至深海排放。

2. 生产废水处理工艺流程

高盐废水处理工程22500m^3/d生产废水再生废水处理单元采用“缓冲池+反硝化膜池+好氧生物膜池+高效澄清池+耦合臭氧生物池+活性炭滤床”的组合工艺，具体如图11-12所示。

循环冷却水排污水再生废水经压力输送至缓冲池进行水质、水量的调节后提升至反硝化膜池进行反硝化脱氮，在此过程中异养型反硝化菌消耗优质碳源，需要额外投加乙酸钠作为碳源。经过反硝化处理后送至好氧生物膜池进行COD的进一步去除。生化出水经重力流至

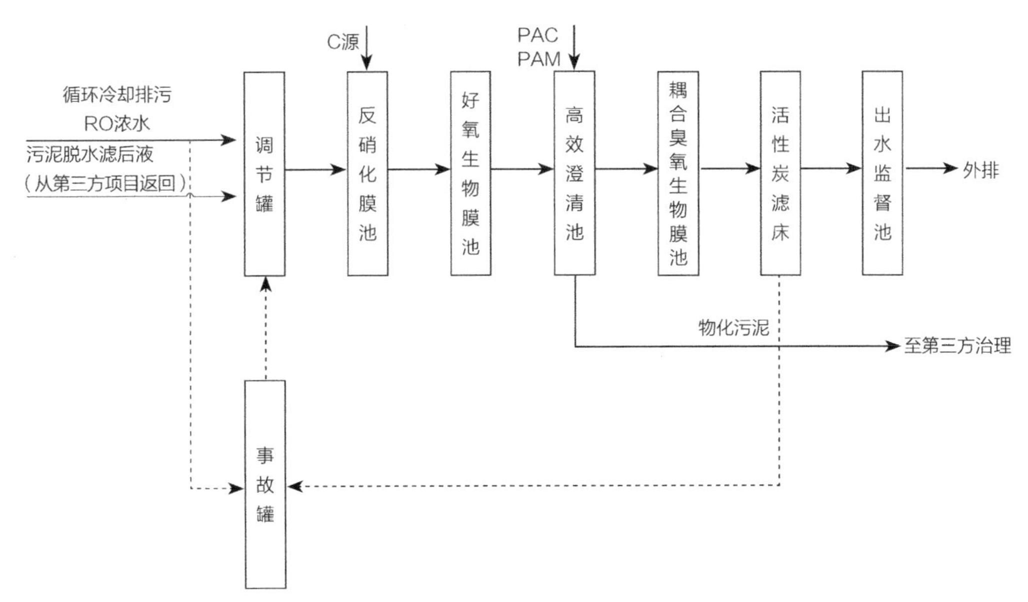

图11-12　生产废水处理工艺流程图

高效澄清池通过投加PAC和PAM药剂进行TP和SS的去除。

高效澄清池出水至耦合臭氧生物池，利用臭氧的强氧化性，将污水中的有机污染物进行氧化分解，同时在生物载体微生物的作用下，可进一步去除污水中的有机污染物。随后出水进入除氟滤池进行除氟，再生废液通过氯化钙化学沉淀法进行处理。

经上述工艺处理过程后，达标尾水经陆地管道和排海泵站输送至深海排放。

达标尾水净化工程主要采用人工生态湿地净化系统对东港污水厂达标尾水进行深化处理，以达到排海要求，为连云港近海环境的维护做出贡献。东港污水处理厂达标尾水净化工程的建设强化了徐圩新区“生态、智能、融合、示范”的发展理念，不仅实现了对工业废水的进一步净化，且恢复了原场地的生态功能进而达到环境保护的目标，人工生态湿地的景观设计又提升了城市的品质形象，是徐圩新区打造生态示范区的重要工程。

12.1 工程建设概况

12.1.1 建设背景

东港污水处理厂达标尾水净化工程紧接高盐废水处理工程，其中生产污水RO浓水经高盐废水处理后形成的达标尾水，需进一步处理方可达到排放标准。因此通过东港污水处理厂达标尾水净化工程对尾水进一步提标，主要是利用人工生态湿地净化系统从源头截留污染物质，并兼具恢复生态和提升景观效果的功能，从而打造以水质净化功能为主，生态功能和景观效果为辅的净化工程。东港污水处理厂达标尾水净化工程的建设，不仅产生了改善水质所带来的环境效益和恢复生态功能所带来的生态效益，还具有提高景观效果所带来的人文效益，对徐圩新区的社会经济可持续发展具有重大意义。

东港污水处理厂达标尾水净化工程紧邻工业废水处理工程。

2015年4月，国务院下发了《国务院关于印发水污染防治行动计划的通知》(国发〔2015〕17号)，即“水十条”，它涵盖了对工业水污染、城镇水污染、农业污染、饮用水、城市黑臭水体等问题的治理，以量化指标进行了细化要求，规定了截止时间，首次明确了各部委的责任清单，是当前和今后一个时期全国水污染防治工作的行动指南。文件明确指出地级及以上城市建成区黑臭水体均控制在10%以内，地级及以上城市集中式饮用水水源水质达到或优于Ⅲ类比例总体高于93%，全国地下水质量极差的比例控制在15%左右，近岸海域水质优良（一、二类）比例达到70%左右。东港污水处理厂达标尾水净化工程的建设正是落实了水污染防治行动计划。

2017年1月19日在南京召开的江苏省海洋与渔业工作会议，公布了《2016年江苏海洋环境质量公报》。监测显示：陆源排污进海，入海口海域污染不容忽视。根据全省721个监测站点的监测结果，2016年江苏管辖海域水质状况有所降低，主要超标物为无机氮、活性磷酸盐，但海洋功能区环境状况总体良好，江苏管辖海域全年未发现赤潮。由于陆源排污入海严重，全省17条主要入海河流显示均超过地表水环境Ⅲ类水质标准。有14个入海排污口未达标，重点排污口邻近海域环境污染严重；苏北浅滩生态监控区，水体呈富营养化；底栖生物、鱼卵和仔稚鱼生物密度较低；滩涂植被存量略有减少，总体处于亚健康状态。

连云港石化产业基地是国家规划布局的七大石化产业基地之一，目标是建设成为现代化、世界一流的临港石化产业规模聚集区，清洁生产和循环经济建设示范区。东港污水处理厂达标尾水净化工程的建设符合徐圩新区“生态、智能、融合、示范”的发展理念，为徐圩新区打造生态示范区提供支持。

12.1.2 建设概况

东港污水处理厂达标尾水净化工程位于连云港市徐圩新区陬山路与复堆河路之间，港前大道东西两侧，分为两期建设，项目总投资约2.01亿元。一期工程位于港前大道以西，陬山路与复堆河路之间，呈长条形态，长度约为2249m，宽度约10m，北起东港污水处理厂，南至排海工程调压泵站，总占地面积约22.8万m^2，投资约0.78亿元。二期工程位于港前大道以东，陬山路与复堆河路之间，也为长条形态，长度约为2300m，宽度约90m，占地面积20.71万 m^2，投资约1.2亿元。目前已完成一期工程，本节后续介绍均以一期工程为例。

东港污水处理厂达标尾水净化工程布置如图12-1所示。

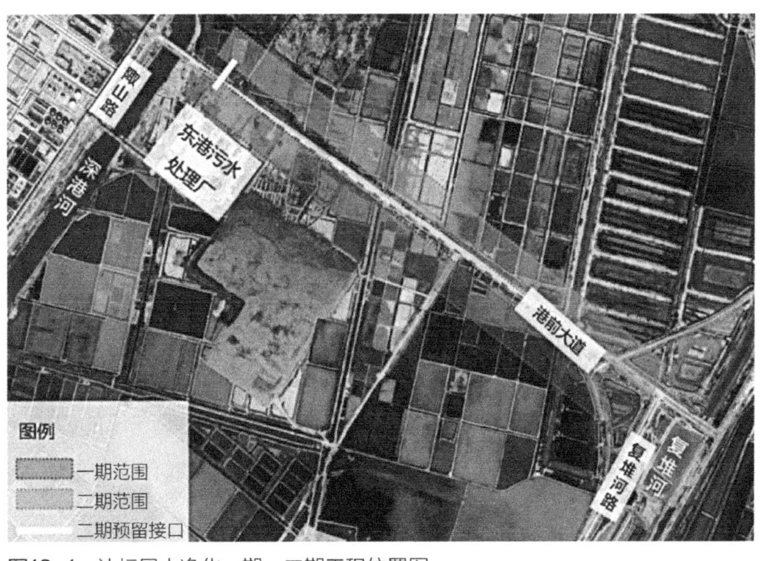

图12-1 达标尾水净化一期、二期工程位置图

东港污水处理厂达标尾水净化工程设计处理量为6万t/d，其中一期工程处理量为2万t/d，工程采用“稳定塘+曝气塘+垂直潜流湿地+多级多槽表流湿地”组合工艺，将东港污水处理厂达标尾水（《城镇污水处理厂污染物排放标准》GB 18918—2002中的一级A标准）进行深度处理，出水水质标准满足表12-1要求。工程建设主要内容为稳定塘、曝气塘、潜流湿地、多级多槽表流湿地、调蓄池等。

工程设计进、出水水质指标（单位：mg/L）　　表12-1

序号	污染物指标	污水厂尾水排放水质（湿地进水水质）	湿地出水去除率	
			夏季	冬季
1	化学需氧量	≤ 30	0（出水水质不劣于进水水质）	
		30 ~ 50	20%	10%
2	氨氮	≤ 3	0（出水水质不劣于进水水质）	
		3 ~ 5	40%	20%
3	总氮	≤ 10	0（出水水质不劣于进水水质）	
		10 ~ 15	33%	20%
4	总磷	≤ 0.5	40%	20%
5	SS	≤ 10		
6	TDS	10000 ~ 12000	10000 ~ 12000	

通过本工程对达标尾水进行深度净化，大大降低了近海的污染负荷，保护近海水域水质，有效改善滨海环境。项目建成后预计年可削减COD_{Cr} 64t（冬季以去除率10%计，其他季节以20%计），NH_3-N 12.8t（冬季以去除率20%计，其他季节以40%计），TN 32.63t（冬季以去除率20%计，其他季节以33%计），TP 1.28t（冬季以去除率20%计，其他季节以40%计），对近海水域水质有明显的改善作用，有利于促进该区域环境的良性发展。

人工生态湿地系统可以为诸多生物提供适宜生长的生境，在增加生物多样性、生态系统的复杂和稳定性、维持自然平衡中起着非常重要的作用。本工程以芦苇作为湿地植物，以千屈菜为实验湿地植物，搭配本土耐盐碱乔木、灌木、地被植物，并进行优化配置，由此建立生物多样性和稳定性的湿地生态系统，增加环境容量。

12.1.3 工程地质条件

徐圩新区主要由台南和徐圩两大盐场组成，盐田密布，沟壑纵横交错，盐田和水面占区域面积的85%左右，区域地势总体呈现北高南低、西高东低的趋势，区域内植被以芦苇和杂草为主。绝大多数地块土壤情况较差，为重度盐碱地，由老盐田改良的地块盐分仍较高，这给园林绿化工程带来很大挑战。

工程场地地质表层为黏土，其下为较厚的淤泥层，层厚一般在14m左右，区域地质基底为晚太古界东海群（片麻岩、角闪岩和各类混合岩）、元古界海州群（锦屏组、云台组之片岩、片麻岩、大理岩、磷灰岩、变粒岩、浅粒岩、石英岩等）。由于海进—海退旋回作用，其上第四系广泛发育，先后沉积了一套中更新统一晚更新统的硬塑状的棕黄色粉质黏土土层（局部为黄色密实砂性土）及全新统海相淤泥或淤泥质粉质黏土层。

工程建设场地为半人工生态环境，主要为盐田所覆盖，地下水含盐量较高，水位一般在0.35～0.95m之间，附近地下水中氯化物约25200mg/L。土壤盐分重，呈中度碱性，盐渍化较为严重，土壤有机质含量低，天然植被匮乏，仅有少量野生植物和人工栽培树木。整体来说，该区域生态基底脆弱，生境单一、物种单一，整体应对生态胁迫能力弱且生态逆向演替及退化的趋势明显，亟需实施生态修复工作。

12.2 达标尾水净化工艺

12.2.1 总体设计

东港污水处理厂达标尾水净化工程坚持“绿色生态治污”的理念，通过建设稳定塘、潜流湿地、多级多槽表流湿地，构建绿色植物系统，主要包括挺水植物、浮水植物和沉水植物等。应用绿色生态的方法治理驳岸，构建水陆一体的生态系统，促进物质循环和能量流动。最终打造集水质净化、生态修复、景观提升于一体的绿色湿地系统。

1. 总平面布置

东港污水处理厂达标尾水净化一期工程主要包括稳定塘、曝气塘、潜流湿地、多级多槽表流湿地、调蓄池、管理用房、设备间、铺装、绿化等工程内容。工程总平面布置如图12-2所示，平面布置主要设计参数如表12-2所示。

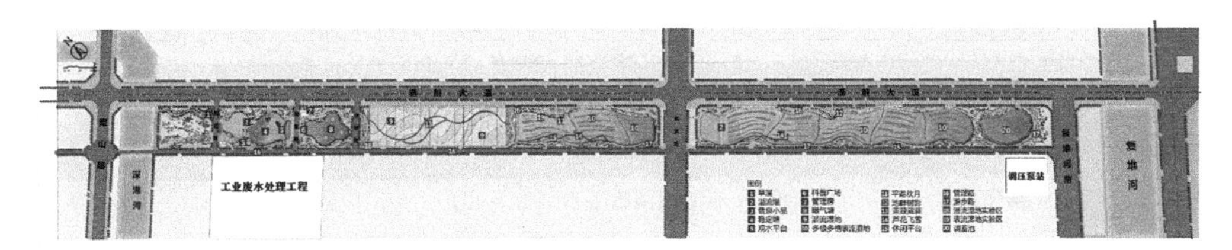

图12-2　东港污水处理厂达标尾水净化工程平面布置图

主要设计参数　　表12-2

序号	项目	数量（m^2）	占比（%）	备注
1	稳定塘	10000（水域）	4.47	
2	曝气塘	5500（水域）	2.46	
3	潜流湿地	28500	12.72	

续表

序号	项目	数量（m^2）	占比（%）	备注
4	多级多槽表流湿地	75000（水域）	33.48	
5	调蓄池	8600（水域）	3.84	
6	管理用房	270	0.12	
7	设备间	76.95	0.03	3 座
8	铺装	12730.5	5.68	含停车场
9	绿化	83322.55	37.20	
	合计	224000	100	

2. 竖向布置

在竖向设计中根据现场的地形现状特点，因地制宜并合理地进行竖向布置，涉及的处理单元有稳定塘、曝气塘、潜流湿地、多级多槽表流湿地及调蓄池，竖向布置如图12-3所示，竖向布置主要设计参数如表12-3所示。

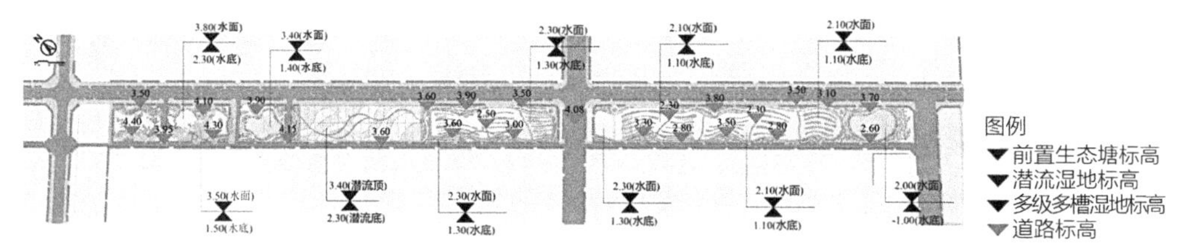

图12-3　东港污水处理厂达标尾水净化工程竖向布置图

主要竖向设计参数　　表12-3

序号	项目	面积（m^2）	底标高（m）	液面标高（m）	有效深度（m）	停留时间（h）
一	稳定塘	9600	—	—	—	20.74
1	厌氧塘	—	2.30	3.80	1.50	—
2	缺氧塘	—	1.50	3.50	2.00	—
二	曝气塘	5500	1.40	3.40	2.00	13.2
三	潜流湿地	32000	2.30	3.40	1.10	42.24
1	布水渠	—	2.30	3.10	0.80	—
2	集水渠	—	2.30	2.70	0.40	—
四	多级多槽表流湿地	72900	—	—	1.60	118.32
1	一级多槽表流湿地	—	2.30	1.30	1.00	—
2	二级多槽表流湿地	—	2.10	1.10	1.00	—
五	调蓄池	8700	-1.0	2.00	3.00	—

3. 水力布置

在布置总体水流方向时，充分考虑现场地形地貌特征，顺势而为，充分利用进水水位与排水水位之间的高差，完成湿地水质的净化过程。具体水力布置如图12-4所示。

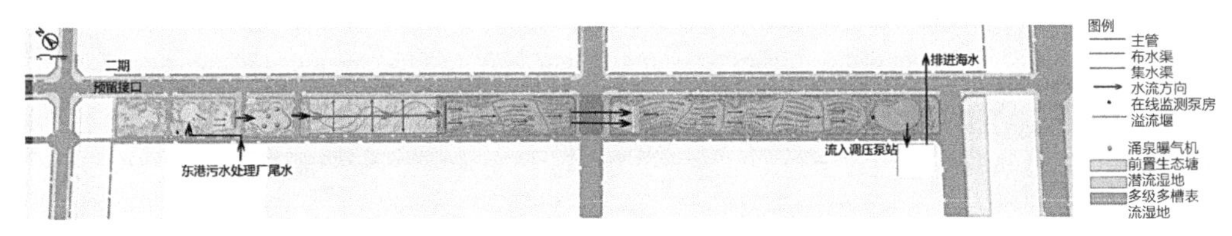

图12-4　东港污水处理厂达标尾水净化工程水力布置图

12.2.2　主要工艺设计

东港污水处理厂达标尾水净化工程采用“稳定塘+曝气塘+垂直潜流湿地+多级多槽表流湿地”组合工艺，达标尾水经管道进入稳定塘，底部设置人工水草为微生物提供载体。稳定塘整体呈厌缺氧状态，有利于提高水体中难降解有机物的可生化性；稳定塘出水进入曝气塘，污水经曝气机复氧后进入垂直潜流湿地，在潜流湿地中大部分的污染物质得到去除；潜流出水进入多级多槽表流湿地，污水在多级多槽湿地中自北向南流动，在此过程中在植物、微生物及基质的联合作用下来水得到深度净化，保证出水水质稳定达标；最后净化的水体汇入调压泵站，经泵站深海排放。工艺流程如图12-5所示。

图12-5　东港污水处理厂达标尾水净化工程工艺流程图

东港污水处理厂达标尾水净化工程采用生态法对达标尾水进行深度处理，该方法适宜处理低负荷进水，且对负荷变化的适应性强，多种工艺优势互补，分工明确，处理系统稳定、可靠，抗冲击负荷能力高。生态法处理工艺更容易与原有自然环境相融合，形成自然、优美的湿地景观。

本工艺主要通过微生物和动植物的自然生长来降解、吸收、转移污水中的污染物，输入人工的能源和物质较少；其次，微生物和动植物在一定条件下都能按照一定规律自行生长繁殖，发挥水质净化作用，较少需要人为管理便可维持净化系统的运行。

1. 稳定塘

稳定塘一般设置深度为2～3m，塘底设置人工水草。由于稳定塘较深，所以整个塘基本上呈厌氧状态，在厌氧条件下，进水中所携带的有机氮在氨化菌的作用下转变为氨氮，为后续的硝化反应做准备。同时在塘内产酸菌的作用下，进水中的大分子有机物进行水解，转

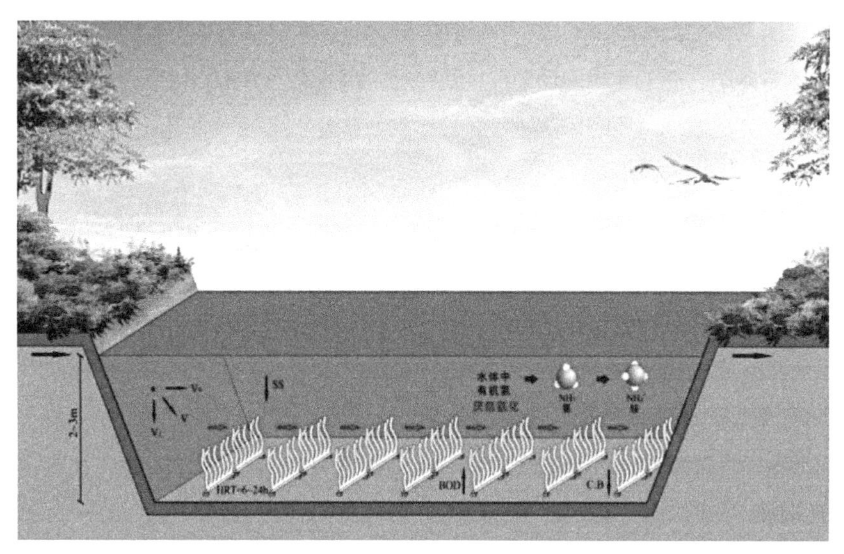

图12-6　稳定塘工艺原理示意图

化为简单的有机物（有机酸、醇、醛等），提高了污水的可生化性。污水进入稳定塘后，由于流速降低，悬浮物在重力作用下沉于塘底，稳定塘还起到截留悬浮物的作用。稳定塘工艺原理如图12-6所示。

人工水草是一种高效的生物填料，它是一种由特殊的织物材料制成的新型生物载体，通过独特编制技术和表面处理，使其具有巨大的生物接触面积、精细的三维表面结构和合适的表面吸附电荷，因此人工水草上能够形成生物量巨大、物种丰富、活性极高的微生物群落。人工水草巨大的表面积和极低的表观密度使它被置放在水中时，会产生很大的浮力；再加上细菌分解产生的气体物质形成的小气泡会密布在人工水草表面，保证其不会因固着细菌的大量繁殖使得人工水草密度增加而下垂、沉底。生物膜始终处于分散状态，增加了生物膜和废水中的有机污染的相互接触，提高了净化率。

稳定塘建成效果如图12-7所示。

2. 曝气塘

曝气塘内设置曝气机，通过曝气机带动大量水体通过整流通道快速上升，在高速水流中

图12-7　稳定塘

增加空气，迅速提升气水比，并向周边扩散。大量水体在循环过程中使得底部水体与上部水体交换循环，不断更替，不仅提升水体流动性，而且其特有的快速增氧方式为水体自净提供了充足的溶解氧。曝气塘工艺原理如图12-8所示。

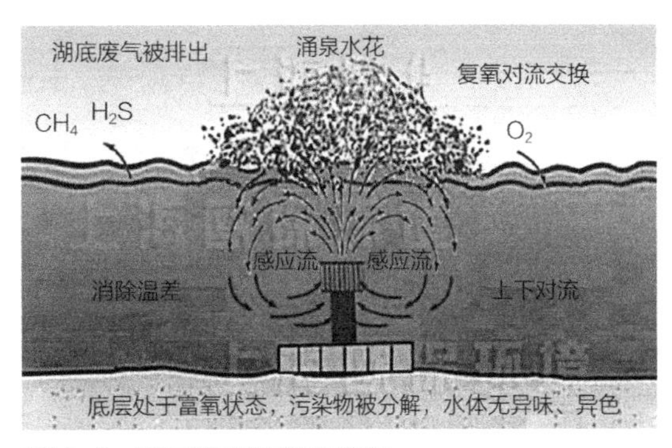

图12-8　曝气塘工艺原理示意图

曝气塘主要具有以下功能。

（1）上下交换混合复氧

解层过程是一个混合复氧过程，可将表层富含溶解氧的水体转移到底层，提高底层水体溶解氧含量，预防水体因缺氧而腐化变质，并防止硫化物、胺类等化学物质散发，提升底层水体生化净水效果。同时，水底富氧防止磷的厌氧释放，悬浮泥可有效吸附溶解性磷化物。

（2）激发环境自净能力

底部水体在温度提升和溶解氧增加的情况下，对底部沉积的动物排泄物、有机淤泥和腐败藻类等有害物质进行分解，改善底质，激活底泥生态功能，水体自净负荷得到提高。

（3）强力循环制造活水

活水是湖泊的生命，解层设备形成强大的主水流和感应流，能有效打破温跃层形成的自然滞水带，使整个水体形成循环活水流。

（4）抑制减少水华发生

通过解层方式，消除水体中溶解氧、温度和盐度的分层，稳定水质。表层高浓度含藻水转移到底部，在低温、无光条件下表层藻类受到抑制，数量迅速减少，其中一部分被底层浮游生物摄食而消除，因而可消除水华并防止水华的再次发生。

（5）污染物资源化利用

表层水体中高浓度的藻类，转移到水体底层后部分成为鱼类、贝类的饵料。

（6）提高观感，改善生态

该设备在短期内可以降低生化需氧量（BOD），减少水中固体悬浮物（TSS），提高水体能见度，去除异味和降解水体底部淤泥。同时，可防止鱼类季节性死亡，并抑制有害水生杂草的生长。曝气塘建成效果如图12-9所示。

3. 潜流湿地

在潜流湿地系统中，污水在湿地床体的内部流动，一方面可以充分利用生态填料表面生长的生物膜、丰富的植物根系及表层土和生态填料截流等作用，以提高其处理效果和处理能力；另一方面由于水流在地表以下流动，具有保温性能好、处理效果受气候影响小、卫生条件较好的特点。这种工艺还利用了植物的光合作用、吸收作用和根系传氧作用等，对有机物和氨氮等去除效果好。

潜流湿地又分为水平潜流湿地和垂直潜流湿地。水平潜流湿地就是污水从一端进入湿

图12-9 曝气塘

地，以水平流动的方式经过湿地中的基质空隙，从另一端流出。污水在基质间流动的过程中，污染物质在植物、微生物以及基质的共同作用下，通过一系列复杂的物理、化学以及生物作用得以去除。

垂直潜流湿地由于其系统内部的充氧更充分，有利于好氧微生物的生长和硝化反应的进行，对氮、磷的去除率较高。垂直潜流湿地又可分为上行流和下行流垂直潜流湿地两类。其中上行流垂直潜流湿地是污水从湿地底部流入，从下到上流经湿地基质层，从湿地顶部流出（图12-10）；下行流人工湿地则与之相反，污水从湿地顶部流入，从底部流出（图12-11）。本工程主要采用垂直潜流湿地。

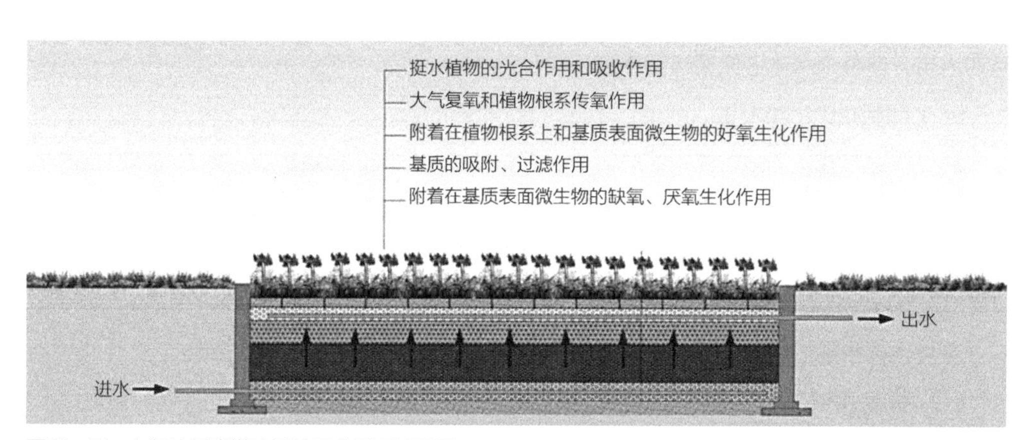

图12-10 上行流垂直潜流湿地工艺原理示意图

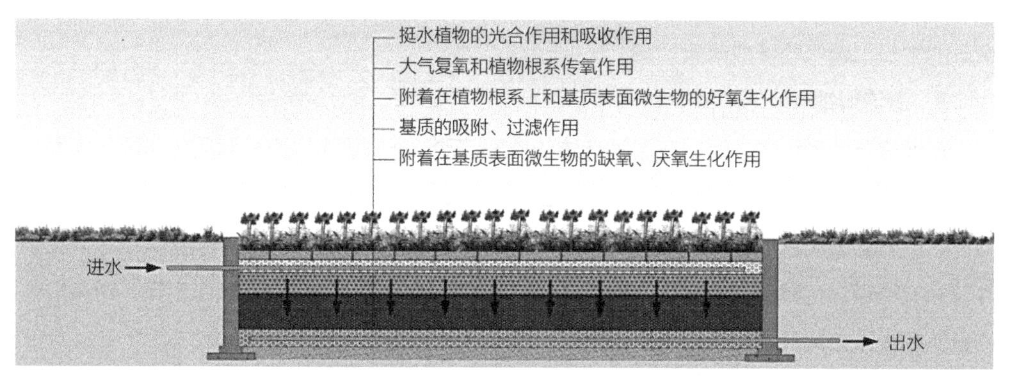

图12-11 下行流潜流湿地工艺原理示意图

水平潜流湿地与垂直潜流湿地的区别在于后者应用管道等特殊设计使水流在湿地内部垂直分布，布水更加均匀。水平潜流湿地的COD、BOD_5、TSS等指标的去除效果较好，但对氮、磷等营养物质的去除率不佳，主要原因是湿地基质的水力输导差、氧气不足、不能满足去除营养物质所需要的富氧环境。与水平潜流湿地相比，垂直潜流湿地系统内的充氧更加充分，有利于好氧微生物的生长和硝化反应的进行，并在氮、磷等营养物质的去除过程中起重要作用。因此，垂直潜流湿地在保持 COD、BOD_5及TSS去除率的同时，对氮、磷的去除率有了很大提高。垂直潜流湿地建成实景如图12-12所示。

4. 多级多槽表流湿地

多级多槽表流湿地是以多年生态修复工程实践为基础，以高效去除污水中污染物为目的，通过对传统表流湿地进行合理的单元划分改良而成。多级多槽表流湿地由多个子槽构成，子槽由水深、溶解氧、边坡与基底形式、植物种类和密度各异的配水区、挺水植物槽、沉水植物槽、布水堰及净化塘构成。多级多槽表流湿地拥有沼泽、浅水、深水及岛屿生境等丰富多样的生物栖息环境，能够形成菌藻、水生植物、浮游生物、底栖动物以及水禽等多级食物链，组成复合的生态系统，从而较大限度地提高污染物的去除效果。具有抗冲击负荷能力强、水质净化效果好、运行维护简单、投资低等优点。

图12-12 垂直潜流湿地实景

多级多槽表流湿地断面如图12-13、图12-14所示。

（1）配水区

多级多槽表流湿地前端设置配水区，深度约1.5m，起到缓冲及均匀布水的作用，避免短流和死水区的产生，配水区宽度10～30m。

图12-13 多级多槽表流湿地纵断面示意图

（2）挺水植物槽

挺水植物槽略高于控制水位10cm，单槽宽2～5m，其中密植挺水植物芦苇，芦苇淹没在水中的根、茎、叶能为细菌等微生物的生长提供巨大的生活空间，大大丰富了湿地系统中的微生物种群，提高了湿地污染物去除效果；在生长发育过程中，挺水植物可以直接从水体中吸收氮、磷等营养物质，同化为自

图12-14 多级多槽表流湿地横断面示意图

身所需的物质，降低水中的污染物含量；挺水植物还是湿地中精妙的“曝气机”，通过体内发达的通气组织传输到水体中，向湿地供氧；挺水植物在生长发育过程中能分泌化感物质，抑制浮游植物的生长，降低藻类的生物量，从而减少或避免水华的爆发。

（3）沉水植物槽

沉水植物槽深度约1.5m，单槽底宽2.5～10m，由于水中含盐量较高，不适合各种沉水植物生长，因此沉水植物槽设置人工水草。如前所述，人工水草具有巨大的生物接触面积、精细的三维表面结构和合适的表面吸附电荷，能发展出生物量巨大、物种丰富、活性极高的微生物群落。

（4）布水堰

挺水植物槽及沉水植物槽长宽比达到1：10时，设置布水堰重新均匀布水，布水堰由碎石构成，底部均匀设置布水管，起到均匀集、布水的作用。

（5）净化塘

净化塘深度一般为3～4m。为提高净化塘单位面积内的微生物量，提升净化塘的净化处理效果，净化塘底部种植沉水植物。一方面，沉水植物全部生长在水下，其通过光合作用释放的氧气会全部溶解在水中，所以其为水体供氧的作用大大超过其他水生植物，同时，沉水植物不会阻挡阳光，阳光的充分照射，会使开阔水面的表层发生光催化氧化作用，提高污染物的去除效果；另一方面，沉水植物本身具备较大的比表面积，这就为水中的微生物提供了更多的附着空间，当原水均匀、缓慢的流过沉水植物时，在沉水植物和微生物的共同作用下，水质得到深度净化。

多级多槽表流湿地建成实景如图12-15所示。

图12-15　多级多槽表流湿地现场图

12.2.3 污染物去除机理

1. 有机物去除机理

在湿地系统中，污水中的不溶性有机颗粒主要通过基质和植物的截留、过滤、沉积作用被去除，而溶解性有机物则主要是被湿地中的微生物吸收，并通过微生物厌氧、好氧生物代谢过程而被分解去除或利用。植物的吸收对有机物的去除有一定贡献，但污水有机物的主要去除途径是被异养微生物的同化作用转化为微生物有机体或被其异化作用降解为 CO_2和H_2O从系统排出，而形成的微生物有机体则在湿地漫长的运行中被内源呼吸消耗或是微生物死亡后被分解，也可以通过填料更换而实现从系统中去除。人工湿地对有机物污染物的净化效果与系统的类型、基质类型、复氧条件、停留时间、进水水质等因素有关。

这是一种利用好氧微生物（包括兼性微生物）在有氧气存在的条件下进行生物代谢以降解有机物，使其稳定、无害化的处理方法。微生物利用水中存在的有机污染物为底物进行好氧代谢，经过一系列的生化反应，逐级释放能量，最终以低能位的无机物稳定下来，达到无害化的要求。

2. 氮素去除机理

人工湿地系统中氮素的主要去除途径包括：植物及微生物的同化作用和吸收储存、基质的吸附、有机氮的沉积，以及微生物的硝化和反硝化途径形成氮气的产生和释放过程。

（1）植物吸收作用

植物营养吸收的潜在速率由其净生产率以及植物组织中的养分浓度决定。在最佳条件下，植物去除的氮数量占全部氮去除量的 10%～16%。用于深度处理的潜流湿地系统，通过收割去除养分可在处理系统中有着更为重要的地位。

（2）基质吸附作用

基质吸附主要是对还原态氨氮而言，还原态氨氮十分稳定，能够被床体的活性位点所吸附，但是这种阳离子交换作用不能被认为是氨氮去除的长期汇，氨氮的吸附被认为是快速可逆的，除此以外潜流湿地使用的生态填料（粗砂、草炭土、种植土），可以得到比较好的氨氮吸附效果。基质对脱氮效能的影响还表现在作为微生物的附着生长载体为微生物的脱氮过程提供环境和条件。

（3）微生物脱氮

在人工湿地内的氮素转化途径中，氮气的释放被认为是氮素从污水中永久去除的唯一机理，而氮气的产生则主要是由微生物的硝化/反硝化的生物脱氮过程贡献的。

3. 磷素去除机理

磷在湿地系统中的去除主要是依赖基质、植物和微生物三者之间联合的作用，通过一系列复杂的化学、物理和生物的过程实现磷的去除。这其中，聚磷菌等微生物通过酶促反应使有机磷化合物矿化分解以及使无机磷化合物氧化还原并改变溶解性，湿地植物则通过根系吸收、富集直接去除污水中含磷污染物而转变为植物体本身，同时植物通过根茎输氧作用影响微生物生长环境，间接促进磷的净化。

潜流湿地对磷的去除途径主要是吸附和沉淀。可溶性无机磷易于铁（Fe）、铝（Al）、钙（Ca）和黏土矿物质发生吸附和沉淀反应而固定在基质中。与钙（Ca）反应主要在碱性条件下，而与铁（Fe）和铝（Al）反应主要在酸性和中性基质中。吸附除了化学的配位交换作用外，还有物理吸附。每一种基质都有它固定的吸附能力，一旦所有的吸附点被占用，就不能再吸附了。因此，潜流湿地基质对磷的去除作用存在饱和问题。另外，有机质在基质中的积累是潜流湿地去除磷的另一机制，在潜流湿地中，有机质的一部分分解速率较为缓慢，以至于包含在有机质中的磷随着有机质而积累，由此形成了潜流湿地重要的“去除”过程。

4. 人工湿地处理含盐废水

高盐度条件会抑制植物和微生物的正常生长，使得湿地生态系统中“填料—微生物—植物”的协调作用无法得到充分发挥，从而影响到人工湿地的净化效能。目前关于人工湿地处理含盐污水的研究还处于起步阶段，并且主要集中在湿地植物和微生物两方面。

（1）植物

在含盐量较高的水或土壤中普通植物一般难以生存，其主要原因是盐对植物的胁迫作用，主要包括离子毒害、渗透失衡、营养能量失衡等。因此，尽可能选择耐盐又有高效净化能力的植物作为先锋物种，在高盐为主要环境限制因素的情况下激发其对盐胁迫的响应机制，以保证植物的正常存活，从而发挥其水质净化功能。例如芦苇在高盐条件下地上部分的生物量，特别是叶和茎会迅速增长，而地下部分的增长就相对少一点，其主要的抗盐机理是因为吸收盐分的部位主要是植物的根部，要保持植物正常生长，植物根系比重的减少对植物来说变得更为有利，这样可降低植物体内对盐分的吸收，整个植株对盐离子的输送也就相对变缓，可有效避免盐胁迫对植物的伤害。不同的耐盐机制，导致耐盐植株在不同盐度下受到不同程度的损伤，污染物的去除效率也与此有很大关系。

（2）微生物

人工湿地中微生物的分布特征以及代谢情况对湿地系统中污染物的降解过程影响重大。盐度对微生物的影响体现在两方面：一是高浓度钠（Na）、氯（Cl）离子造成高渗透压，会对微生物产生毒害作用，引起细胞脱水，造成细胞失活，微生物存活率降低；二是使生物酶活性降低，污染物降解速率下降。在高盐条件下，由于亚硝酸盐氧化菌、反硝化菌群的活性对盐度较敏感，湿地系统中微生物硝化/反硝化作用受到一定的抑制。而氨氧化细菌受盐度影响较小，在高盐湿地中能够进行短程硝化作用，短程硝化/反硝化是将硝化过程控制在亚硝酸盐阶段，使其不再进一步氧化为硝态氮，而直接在反硝化菌作用下最终还原为氮气的过程。

12.3 净化工程单体设计

12.3.1 水量调控系统设计

东港污水处理厂达标尾水净化工程采用电磁流量计进行水量的调控与分配。该系统主要包括电磁流量计、电动调节阀、PID流量控制仪。其控制流程为流量计首先发出电流信号即模拟信号4～20mA信号，再通过PID调节仪反馈给电动调节阀，阀门收到4～20mA信号时执行关闭或者开启的指令，从而实现恒流或者定量调节。

12.3.2 稳定塘设计

稳定塘由自然式跌水堰将稳定塘分割为厌氧塘和缺氧塘两部分。达标尾水经泵提升进入分水井（图12-16），通过水量调控系统控制水量，一期2万m^3/d进入稳定塘（预留二

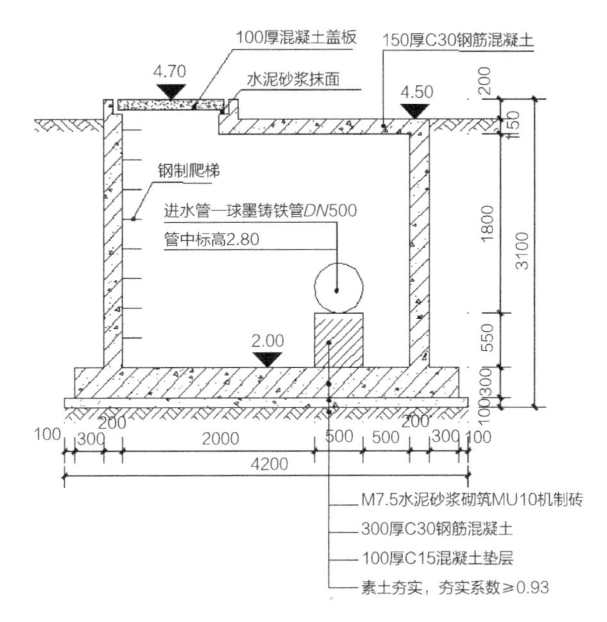

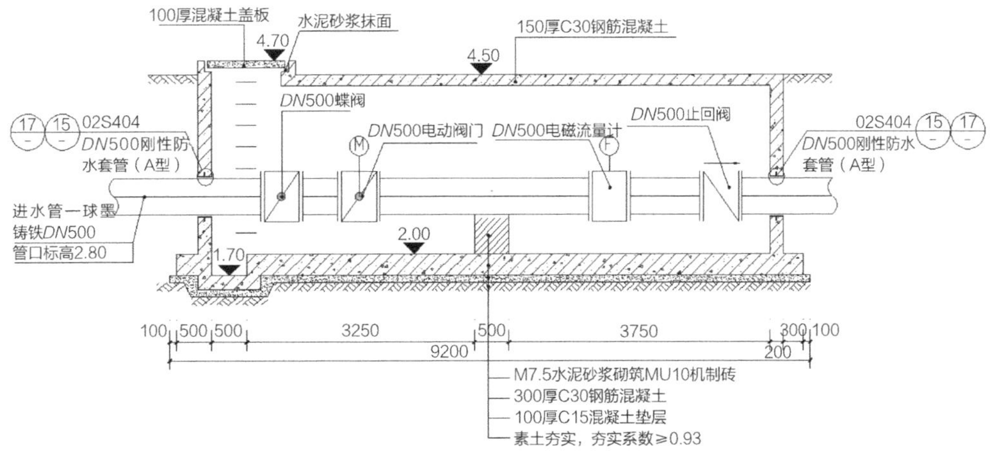

图12-16 分水井设计剖面图

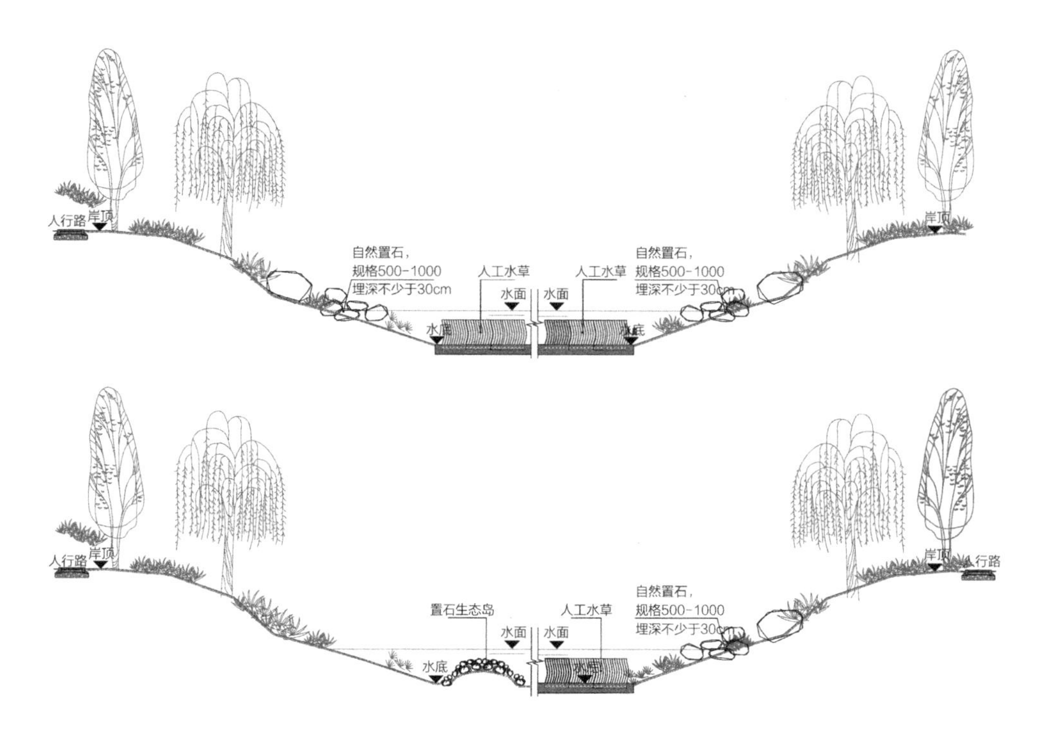

图12-17　稳定塘设计剖面图

期3万m³/d接口）。稳定塘进水设有在线监测设备，实时监控进水污染浓度，保证特殊事件发生时能够及时做出应急措施。

稳定塘中人工水草占地面积约2305m²，约占稳定塘水域面积的24%。人工水草每排间距2.0m，每两条人工水草之间的间距$L\leqslant100$mm；沿水流方向布置。人工水草底部为填充ϕ20～30mm碎石的碎石袋，并做封口处理，将碎石袋填埋于夯实土中以固定。稳定塘剖面设计如图12-17所示。

12.3.3　曝气塘设计

稳定塘出水的可生化性较污水厂尾水有所提高，但是水中溶解氧相对较低，为保证在进入潜流湿地床体时水中有充足的溶解氧，故设置曝气塘进行充氧。稳定塘出水经溢流堰跌水进入曝气塘，曝气塘利用曝气机曝气，在增加水中溶解氧的同时还可作为污水处理厂的出水展示区，增加景观效果。

曝气塘中人工水草占地面积约1170m²，约占曝气塘水域面积的21.27%。人工水草每排间距2.0m，每两条人工水草之间的间距$L\leqslant100$mm，沿水流方向布置。人工水草底部为填充ϕ20～30mm碎石的碎石袋，并做封口处理，将碎石袋填埋于夯实土中以固定。

曝气塘共配置曝气机共4台。曝气机配套设施包括喷泉专用潜水泵（4.0kW）4台，喷泉专用潜水泵（2.2kW）1台。

曝气塘喷泉平面布置如图12-18所示，置石护坡剖面如图12-19所示。

12.3.4　垂直潜流湿地设计

曝气塘出水重力自流进入垂直潜流湿地，垂直潜流湿地是本工程中污染物去除的主要设

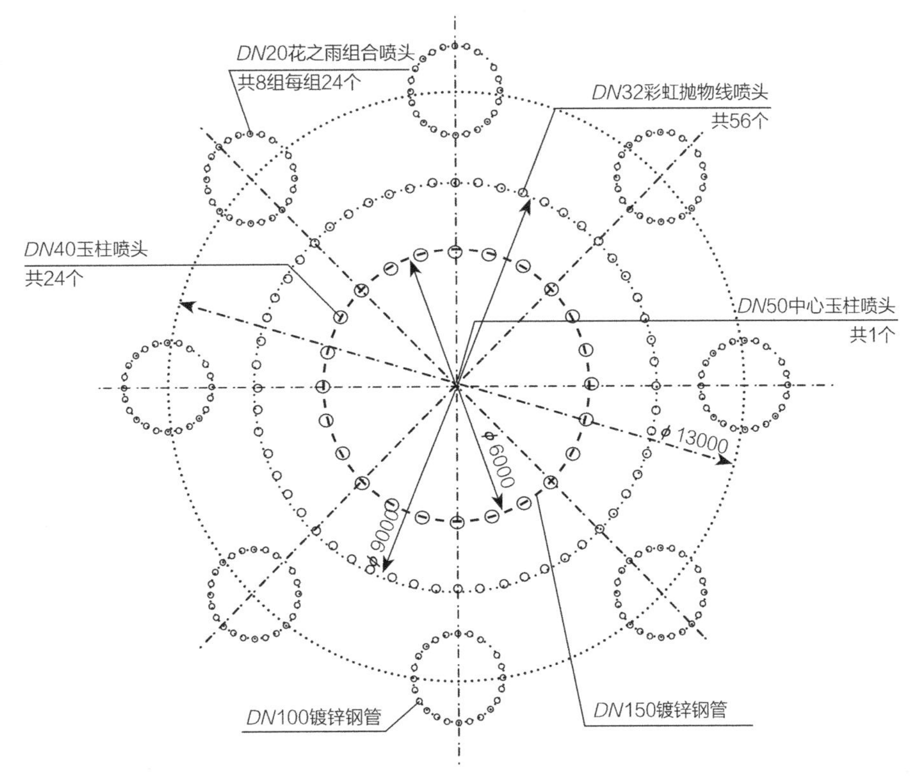

图12-18　曝气塘喷泉平面图

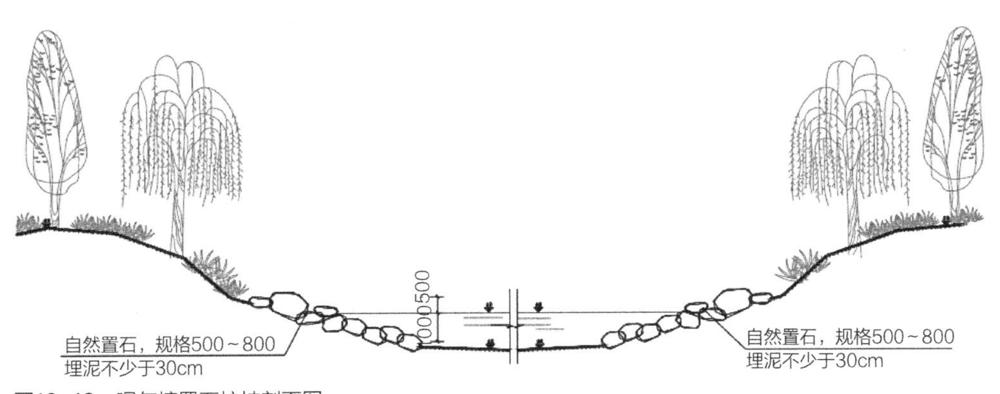

图12-19　曝气塘置石护坡剖面图

计工艺之一。本工程潜流湿地分为32个单元，单元尺寸46m×21m，有效深度1.1m，单元之间为并联运行关系。此外，在潜流湿地的出水处设置在线监测设备，可以实时查看潜流湿地的处理效果。

潜流湿地床体内的生态填料总高度H=1.1m，采取分层级配的设置原则，底部设置0.2m厚的人工物质迁移系统缓释层；中部设置0.6m厚的生态填料；上部设置0.3m厚的种植土，共计3.52万m^3。根据经济性原则，参考同类工程成功案例，本项目潜流湿地系统选用的生态填料种类、配比及参数性能如表12-4所示。

生态填料参数表 **表12-4**

名称	粒径（mm）	堆积密度（t/m^3）	孔隙率	成分含量	污染物去除效果
沸石	10 ~ 15	2.2	≥ 65%	CaO（2.4%）、MgO（2.39%）、Fe_2O_3（1.2%）、Al_2O_3（10.46%）、SiO_2（62.87%）	比表面积大，微生物对总磷去除效果一般，氮去除效果好
火山岩	10 ~ 15	1.8	≥ 55%	CaO（1.82%）、MgO（0.71%）、Fe_2O_3（2.91%）、Al_2O_3（14.42%）、SiO_2（72.04%）	对总磷去除效果好，氮去除效果一般
碎石	15 ~ 20	1.41	≥ 38%	CaO（8.36%）、MgO（2.46%）、Fe_2O_3（10.14%）、Al_2O_3（16.89%）、SiO_2（53.82%）	对总磷去除效果好，氮去除效果一般

垂直潜流湿地外墙为200mm厚的C30钢筋混凝土结构，内隔墙为200mm厚的C30钢筋混凝土结构，在素土夯实（夯实系数＞0.93）的基础上铺设防渗膜进行防渗处理。

在垂直潜流湿地的底部及四壁铺设防渗膜，防渗层采用两布一膜，又称复合土工膜，是将聚乙烯膜增强改性、压延成膜后与涤纶针刺土工布热合而成，具有抗拉、抗顶破、抗撕强度高、延伸性能好、变形模量大、耐老化、防渗性能好、使用期长等特点。施工时，防渗膜应由专业人员用专业设备进行焊接。防渗膜渗透系数≤10^{-8}m/s，防渗膜铺设总面积约3.3万m^2。

垂直潜流湿地剖面构造图如图12-20所示。

12.3.5 多级多槽表流湿地设计

垂直潜流湿地出水自流进入多级多槽表流湿地，污水在多级多槽表流湿地中自北向南流动，在此过程中，在植物、微生物及基质的联合作用下来水得到高效净化，出水水质稳定达标。多级多槽表流湿地共占地11.28万m^2，有效面积约7.29万m^2。

沿水流方向，多级多槽表流湿地由多个湿地子槽构成，每个湿地子槽包括配水区、挺水植物槽、沉水植物槽、布水堰及净化塘，子槽与子槽之间又串联成为多级结构。多样化的生境、丰富的物种，使多级多槽表流湿地成为一个既有良好水质净化效果，又具有丰富生物多样性和美丽景观效果的湿地系统。

多级多槽表流湿地共由两级湿地串联，一级多级多槽表流湿地有效面积为2.69万m^2，

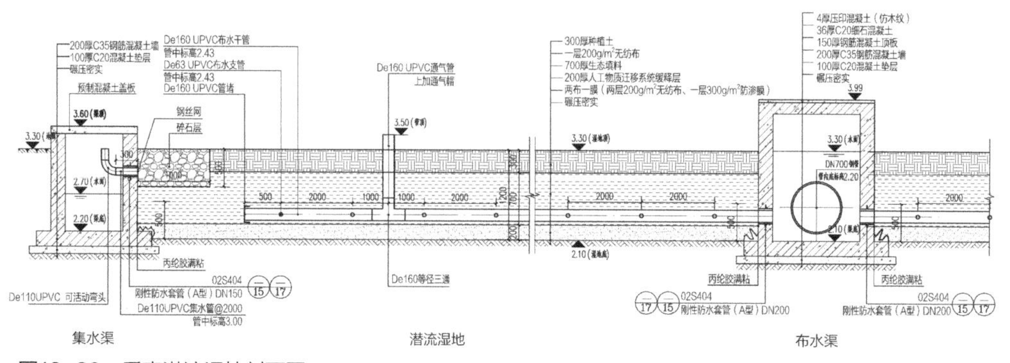

图12-20 垂直潜流湿地剖面图

二级多级多槽表流湿地有效面积为4.60万m^2。其中，配水区约占多级多槽表流湿地总面积的4%，挺水植物槽约占总面积的20%，沉水植物槽约占总面积的64%，净化塘约占总面积的10%，布水堰及溢流堰约占总面积的2%。

多级多槽表流湿地剖面如图12-21所示，溢流堰剖面构造如图12-22所示。

12.3.6 调蓄池设计

调蓄池的功能主要为调蓄水量，保证过渡期排放管正常使用，减少排放管的淤积结垢。调蓄池调蓄时间满足每天排放量的1/4，有效库容为2.15万m^3，水域面积为8600m^2。调蓄池剖面构造如图12-23所示。

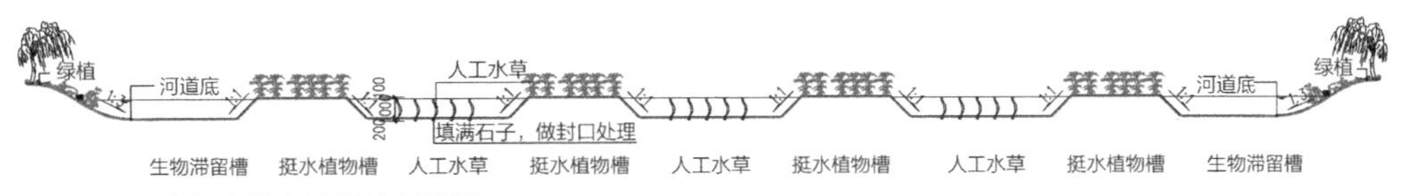

图12-21 多级多槽表流湿地剖面图

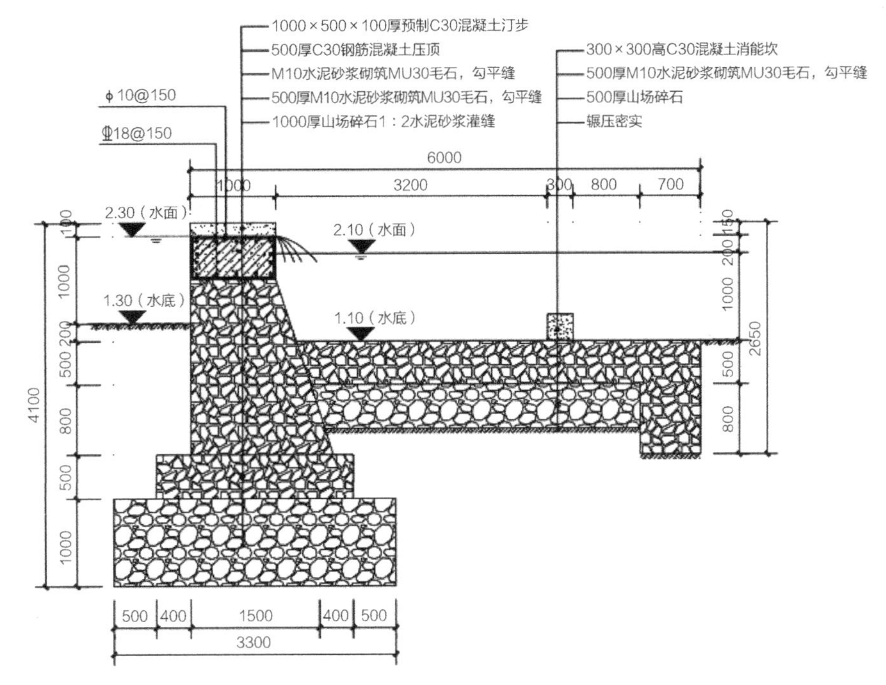

图12-22 溢流堰剖面图

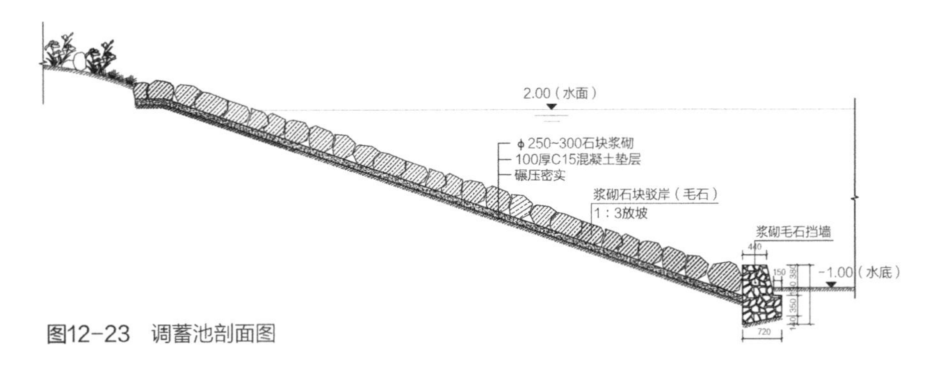

图12-23 调蓄池剖面图

12.3.7 植物实验区设计

东港污水处理厂达标尾水净化工程所用地块主要为低产盐田，土壤含盐量较高，此外，东港污水处理厂尾水中TDS含量在10000～12000mg/L。在高含盐量的污水处理中，土壤和水中的盐分会对植物产生胁迫作用，普通植物难以存活。人工湿地的污水净化性能依赖于植物种类的选择。研究发现，不同植物在高盐人工湿地中的营养盐去除能力存在差异，而植物对人工湿地的适应性又取决于当地的盐度和水文状况。

针对达标尾水含盐量高的特点，为更好地建设和发展盐碱地湿地生态系统，人工湿地中具有强耐盐、高净化功能的植物的筛选显得尤为重要。因此，本工程有针对性地设立植物实验区，以期通过植物的筛选、驯化改良，提高湿地耐盐植物的耐盐范围，进一步发掘利用耐盐植物资源，同时也将不同景观植物引入人工湿地，为增加盐碱地植物多样性及生物多样性、稳定性提供物种来源及科学依据，实现人工湿地可持续净化功能与景观功能的有机结合。

植物实验区位于潜流湿地，种植面积200m^2。植物耐盐能力评价是植物形态适应和生理适应的综合体现，对耐盐植物的筛选、驯化改良十分重要。实验期间主要通过观察植物的形态指标来确定植物的耐盐能力，并对观察结果进行详细记录、总结。

12.3.8 防治盐渍化设计

东港污水处理厂达标尾水净化工程场地土壤盐渍化较为严重，因此需要采取相应措施以确保工程的正常运行，本工程根据现场实际情况采取不同的土壤对应不同的盐碱化防治措施。

1. 原有场地

工程中未涉及的原有场地，通过种植吸盐植物和泌盐植物，促进盐碱地改良。

盐地碱蓬：吸盐植物，从土壤中吸收大量可溶性盐分并积累在肉质化的茎叶组织及绿色组织的液泡中。

柽柳：泌盐植物，将从盐渍土中吸收过多的盐分，通过茎、叶表面密布的盐腺细胞把吸收的盐分分泌排至在茎、叶表面经风吹雨淋得以扩散，能降低上层土壤水溶性盐分的含量，提高土壤肥力，改良土壤结构。

2. 绿化与景观用土

工程中地势较高需要进行绿化和景观点缀的地方，采用客土回填、微地形整形、马路雨水洗盐、设置隔离层隔离地下水等措施。具体要求为：绿化带排盐碱层，在满足种植要求的土层以下，底部需按要求分层碾实后满铺200～300mm厚的碎石屑作为隔盐碱层，上覆200g土工布防止土壤渗入碎石层，在绿地与铺装场地及道路的交界处设防水塑料薄膜阻断盐碱渗入。

3. 湿地场地

对于多级多槽表流湿地和垂直潜流湿地，由于进水盐分含量较高，活水流动性大，因此湿地内将根据来水的含盐量形成盐碱化平衡，需要在裸露地表的地方100%覆盖植被。

12.3.9 景观设计

在景观设计中，结合区域整体规划布局与人流交通体系规划，设计时增加了植物层次及植物种类，加强入口的辨识度，营造“人在景中，景入眼帘”的意境，打造自然、生态的景观效果（图12-24）。各个主题景点抑扬顿挫的有序布置，实现空间动线引导，构建多层次交通系统，完成远观、近赏、互动、感知和共鸣的五重景观体验。

本工程共设计6个广场，分别为涌泉广场、科普广场、螺旋广场、平湖秋色广场、畔树影广场和节点广场，占地面积依次为238m^2、380m^2、110m^2、565m^2、485m^2、16m^2，合计1794m^2。

图12-24　东港污水处理厂达标尾水净化工程景观照片

12.4 工程运维措施

12.4.1 运维概况

东港污水处理厂达标尾水净化工程的运维主要包括安全事故处理、日常巡检、突发应急处理、抢险、消防保卫等内容，各子项目的运营维护主要内容如下：

1. 生态湿地

生态湿地运维包括：湿地运行维护（连通管道、集水渠、布水渠、集水管、布水管无堵塞，无垃圾）、绿化养护（含植株修剪、灌溉施肥、防旱防涝、病虫害防治、死株残株维护、冬季收割、春季除草等）、水域质量保持（水体防淤清淤、水质监测与控制、水面清洁）、应急处理等。生态湿地可以作为徐圩新区一处科普展示基地，主要展示徐圩新区水污染防治工作的开展情况及治理成果、滨海生态环境的恢复和保护进展。

2. 科学实验工程

本工程选取挺水植物（优先选取千屈菜）作为实验驯化品种，对其生长态势以及状况进行实时观察，并进行合理养护。通过水生植物的驯化改良，可以为后续的湿地建设以及徐圩新区的水生植物种植提供更多的选择，增加植物的多样性，为徐圩新区后续的湿地建设提供技术储备和科学依据。

3. 管道工程

湿地进水系统管路、生活办公给水排水管路、浇灌系统和应急管道系统管路检修维护，阀门及井室检修维护，应急处理等。

4. 道路工程

道路（含路基、路面、人行道、路牙、护栏、交通标识等）维护、雨水管网维护、清扫保洁、应急处理、大中修工程等。

5. 电气工程

供电系统（变电设备、高低压配电柜、电缆）维护检修，曝气装置、照明设施和建筑电气设施的维护检修，弱电系统（水质在线监控、园区视频监控）维护检修，应急处理等。

6. 建筑工程

物业管理（含办公房屋、停车场、栈道、观景平台、护栏及相关设备设施）检修维护、清扫保洁、消防保障等。

12.4.2 日常运维方案

1. 日常巡视方案

（1）巡视路线

根据湿地情况，制定了两条巡视路线，车辆巡视路线和人员巡视路线。车辆巡视负责整个园区的巡视，方便快捷；人员巡视负责车辆不便到达以及重点区域的巡视。两种巡视路线相结合，可以将湿地进行无死角全方位的巡视，便于及时发现问题解决问题。

车辆巡视路线：每日按车行道路巡视3次，巡视路线7380m，具体巡视路线如图12-25所示。

人员巡视路线：车辆不便到达的区域由维护人员步行进行巡视，每日巡视3次，巡视长度6540m，巡视路线如图12-26所示。

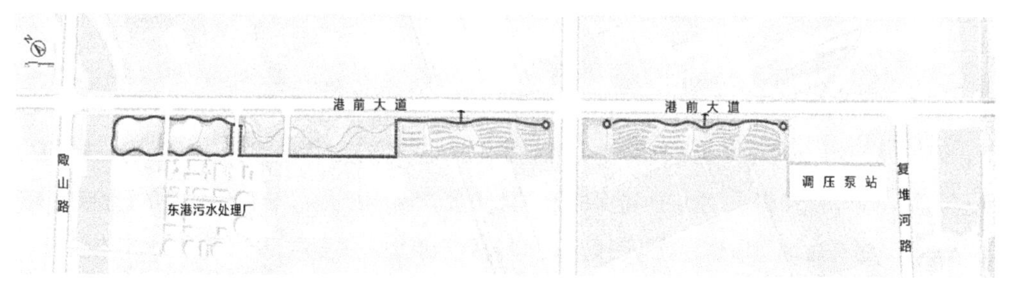

图12-25 车辆巡视路线

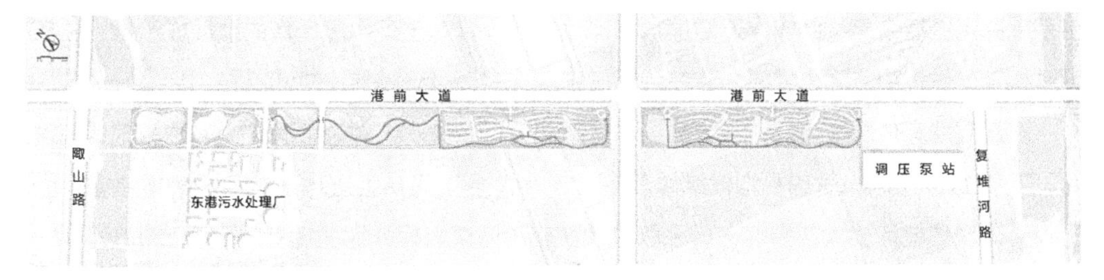

图12-26 人员巡视路线

（2）植物维护

植物巡检工作主要包括：水生植物虫害、病害的情况，攀爬及寄生植物情况，有无枯黄枝及折断枝，植物长势情况，杂草生长情况，有无垃圾杂物等。

植物系统建立后，污水是连续提供养分和水的主要来源，保持适当的水位是养护中重要的一环。不同的水生植物对水位要求不同，即使同一种植物，在不同的生长期耐水深度也不一样。挺水植物初植时水位要比正常生长时低些，有10cm左右即可，生长恢复后，水位可提高到20cm左右，大多挺水植物以不超过40cm为宜。

（3）湿地维护

湿地维护主要包括潜流湿地床体冬季保温及堵塞。其中潜流湿地床体冬季保温措施有植物保温隔离、冰雪覆盖组合保温隔离及地膜保温隔离等措施；潜流湿地床体堵塞分为轻微、重度及严重3种应对措施。

1）保湿措施

植物保温隔离：人工湿地植物保温通常将湿地表面枯萎的植物收割后均匀覆盖于湿地之上。我国北方人工湿地植物保温多采用湿地表层植物作为越冬的主要覆盖物。采用植物保温后，人工湿地床体浅层和中层温度波动幅度不大，温度在7～12℃；床体深层较稳定，一般保持在11～13℃。

冰雪覆盖组合保温隔离：运行中通过调节湿地床体水位，在每个湿地床上形成整块冰盖，各单元冰盖各自独立。

地膜保温隔离：采用塑料薄膜对湿地进行保温，冬季对湿地覆盖地膜能使微生物活性得到增强，进而提高污染物的去除率，对NH_4-N和TN的去除效果均有一定改善。

2）防堵塞措施

潜流湿地床体轻微堵塞：当湿地的出水量持续降低，但未出现湿地壅水时，可归为轻微堵塞，这时可调整湿地的运行方式，即采用分块间隙进水的方式和保持合适的落干时间进行控制。落干时间夏天为5～7d，冬季为10～15d（具体要根据进水水质和湿地建设运行时间来定）。

潜流湿地床体中度堵塞：当湿地出水量持续降低，部分区域出现壅水且停止进水后，迅速出现少量板结，且平均板结厚度不超过3cm（不含），可判定为中度堵塞。这个阶段的堵塞主要发生在填料上层，可以通过对湿地表面10cm填料层进行翻松并用铁锹将板结层清理出系统即可进行恢复，此操作无需停水即可作业。但针对出现中度堵塞的地块或区域，在后期运行管理过程中应重点关注，应在后期落干操作时适当延长落干时间。

潜流湿地床体严重堵塞：当湿地出水量严重偏低，壅水区域分散面扩大，占总湿地区域的30%时且停止进水后的平均板结厚度超过3cm（含）可认为湿地系统已经严重堵塞。为了不对处理功能造成大的影响，可采取分块实施的方式。操作时先提前3天停止向拟处理的地块进水，并使出水阀门保持全开状态，3天后，维护人员在技术人员的指导下，确定布水管位置，在该位置做好标识（洒石灰、插旗帜等），沿布水管中心位置向两侧各50cm，中心向下30cm范围为需换填的区域。维护人员在实施换填时，采用人工挖掘，转运时宜采用轻型转运机械（满荷小于1t），换填采用的填料应与原有填料级配相同。

2. 水质监测方案

为了保证湿地进、出水水质达标，及时反馈湿地的运营状态，本工程采取实时监测以及定期抽检的制度。一方面，配备必要的监测仪表及控制设备，减少人为操作误差，达到监测、控制、运行安全可靠、调节灵活、操作简便的目的；另一方面，因工程进水含盐量较高，其对污染物的测定尤其是COD的测定有一定的影响，采用定期抽检的方式检验监测数据的正确性，确保湿地的水质监测数据准确、完整。

本工程在稳定塘进水、潜流湿地出水（即流湿地进水）、多级多槽表流湿地出水处分别设置水质在线监测站，通过水质在线监测仪实时监测主要指标（COD_{Cr}、NH_3-N、TN、TP、pH、TDS等），并实现数据的集中采集、处理、存储和输出。

监测点如图12-27所示。

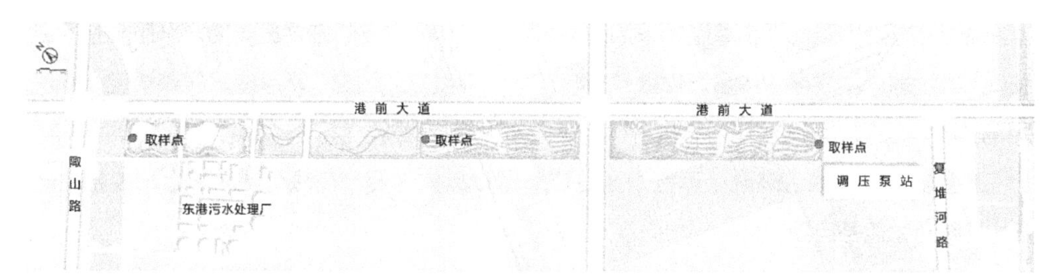

图12-27　水质监测点分布图

水质监测的频率为1次/月，监测方法如表12-5所示。

水质监测方法　　表12-5

序号	监测项目	分析方法	最低检出浓度（量）	方法依据
1	pH 值	玻璃电极法	0.1	GB 6920—1986
2	TDS	重量法	—	HJ/T 51—1999
3	COD	重铬酸盐法	4mg/L	HJ 828—2017

续表

序号	监测项目	分析方法	最低检出浓度（量）	方法依据
4	TN	碱性过硫酸钾消解—紫外分光光度法	0.05mg/L	HJ 636—2012
5	TP	钼酸铵分光光度法	0.01mg/L	GB/T 11893—1989
6	氨氮	水杨酸分光光度法	0.01mg/L	HJ 503—2009

微生物是人工湿地系统中不可缺少的组分，在人工湿地净化污水的过程中发挥着重要作用，是人工湿地污染物净化能力评价的重要指标。在本工程中高盐问题严重制约着微生物的正常生长代谢，为更好地了解湿地系统的运行效果，对湿地内微生物进行监测，以期为人工湿地的设计和运行调控，提高湿地的处理效果提供科学依据。

微生物监测点分布在厌氧塘人工水草附着微生物，垂直潜流湿地从上到下好氧层、缺氧层、厌氧层三层基质附着微生物，多级多槽表流湿地从上游到下游选取上游、中游、下游三个阶段人工水草附着微生物等处。监测频率为每个季度一次。微生物采样及监测均采用低温保存快递至第三方微生物检测公司检验。

12.4.3 突发应急方案

突发应急方案的制定，可以保证在发生各种紧急意外情况时，最大限度地减少环境污染和人员伤亡，切实保护好环境和职工安全健康，避免造成重大的损失，做到有组织、有计划、有准备地对各种紧急意外情况进行及时有效的处理，贯彻“以人为本”的宗旨，落实“安全第一，预防为主”的方针。

为加强突发环境事件的应对能力，采取了如下应急准备措施包括：①开展内部应急培训及演练，让每一位员工在突发环境事件发生后，有章可循；②各部门加强业务知识及设备维护、保养、检修、操作规程培训，要求员工严格执行操作规程，避免突发环境事件的发生；③每天定时记录进出水口的在线监测数据，避免进水水质异常对污水处理系统的正常运行产生影响或出水口水体排放不达标，对受纳水体水质产生影响。

根据本工程的特点，对常见突发事件进行如下分类：突发性进水水质异常；设备故障；突发大暴雨；紧急停电；一般火灾事故；突发性管网破裂；地震灾害等。具体应对措施如下。

1. 进水水质异常应急措施

在湿地进水口设置水质在线监测仪器，当监测结果出现明显异常时，由监测机构立即通知上级主管部门启动工程进水水质超标应急预案。由当地环保部门负责组织、协调，将事故单位以及湿地管理部门统一纳入事故处理小组中。

若湿地进水水质指标超标，特别是含盐量超标，关闭湿地工程进水阀门，由事故处理小组及时组织人力利用湿地总进水口的应急排放管道，将污水引至调压泵站，经泵站深海排放，以避免高盐造成湿地的生化系统破坏、植物失活等。及时查明湿地进水含盐量超标问题，并向当地环保局汇报，待湿地进水含盐量正常后再开启湿地工程进水阀门，恢复湿地的水质净化功能。

2．设备故障应急措施

当发生设备故障时，应及时控制进入湿地系统的污水水量，并在最短的时间内采取措施对发生故障的设备进行抢修或更换。

3．突发大暴雨的应急措施

在突发大暴雨时，成立巡逻队，二人一组，进行全面全天不间断巡视，在构筑物上巡视或操作时一定要注意防滑。观察集水井水位，随时准备开启备用水泵。观察室外积水，如有水位过高、积水淤积的情况出现，立刻向现场技术主管汇报，并及时向应急领导小组汇报，视情况制定抢救方案。如水有可能漫延至在线监测设备间及管理用房时，则立即用沙袋筑起堵水墙，开设潜水泵及时将电缆沟内的积水抽掉。观察调节池水位，如有水位过高的情况出现，立刻向现场技术主管汇报，并及时向应急领导小组汇报，视情况制定抢救方案。

4．污水管网破裂应急措施

污水管网破裂时应第一时间通知污水提升泵站暂停进水。对怀疑出现问题的管段进行加压试验，找出具体的暴漏点。现场检漏前，应清楚了解待查管线的实际走向、材质、管径、水压及使用年限。采取必要的应急措施如水泥砂浆填料修复等，减少污水的渗漏。根据管网破损情况制定修复方案。

5．防台风应急措施

当接到市防汛抗旱指挥部发布的台风预计有可能影响场地的警报时，应急小组根据需要加强值班，收听气象台预报，密切注视台风和风暴潮的动态；及时通知各部门、班组做好防台风的各项准备工作；安排有关人员值班，加强对现场设施、设备的检查，及时消除隐患。

当接到市气象局发布的台风警报，台风正向连云港市逼近，48h内将影响连云港市时，应急小组立即召开紧急会议，部署防台防汛工作；安排人员24h值班，加强领导带班，并保持通信畅通；抢险救灾物资、车辆、抢险救灾分队人员做好准备，随时待命。

当接到市气象局发布的台风紧急警报，即台风在24h内可能袭击连云港市，对连云港市将有严重影响时，应急小组全体人员到位，安排24h值班人员；加强对各部门、班组防台风工作落实情况的检查；抢险小组人员要加强对现场设施、设备的巡查。

6．防汛应急措施

当接到气象台发布的24h内有暴雨（降雨量达到50～100mm）预报时，应急小组立即把有关气象信息传达给班组；应急小组认真检查落实防汛方案的各项准备工作；安排24h值班人员，领导亲自带班，并密切注意气象信息。

当接到气象台发布24h内有大暴雨或特大暴雨（降雨量超过100mm）的警报时，应急小组认真落实，检查防汛方案的准备工作，并做好防汛准备；安排24h值班人员，明确职责，应急领导亲自带班，并密切注意气象信息；与上级防台、防汛领导小组保持联络；抢险救灾物资、车辆、人员随时待命，出现灾情，按照职责分工，迅速投入抢险救灾。

7. 防内涝应急措施

当场地内管道爆管和雨水灌入时，能及时排除内涝，将内涝造成的损失降到最低限度。内涝发生时重点要保证人员的生命安全，巡视值班人员应立即撤离，人员撤离时，要穿戴好救生衣；工作人员应立即调用排水泵，尽快排出积水；因地下管道爆裂导致的内涝，应尽快寻找漏水点，采取必要的工程措施予以补漏；因暴雨导致雨水灌入地下，应按照防汛预案的要求，随时观察雨情，在保证人身安全的前提下，对重要设备进行转移。

第13章 徐圩新区达标尾水排海工程

徐圩新区达标尾水排海工程充分利用海洋的环境功能，将工业废水处理工程处理后的达标尾水进行深海排放。本工程主要包括陆域排放管道及海域排放管道两部分，管道总长约26.3 km，尾水排放扩散口距离海岸约21.17 km，能够有效保护地表水生态环境。达标尾水排海工程的建成为国家发改委、生态环境部环境综合治理托管服务模式试点工作提供了有力的支撑，对新区社会经济环境的提升具有重要作用。

13.1 建设概况

13.1.1 建设背景

在徐圩新区经济快速发展的同时，环境问题不容忽视，水污染的治理，直接制约着社会和经济的持续发展。按照徐圩新区的战略规划，徐圩新区建设正在逐步完善水、电、路、通信与信息系统。尤其是排水管网和污水处理厂的建设，为处理新区生活污水和工业废水打下了坚实的基础，但是污水处理厂的达标尾水的最终去向还没有确定，成为制约徐圩新区发展的瓶颈，亟待解决。

徐圩新区位于沂沭泗流域尾闾，受到上游排水的影响，水环境容量不容乐观，已没有足够的环境容量来接纳达标尾水，主要表现在两个方面。一是过境污染严重，对达标尾水的排放提出了严格的要求。新区水系的上游有善后河、烧香河等河流，根据监测结果，这两条河流水质基本上都在Ⅲ类水和Ⅳ类水之间，局部时段个别指标甚至为Ⅴ类水，而新区内的河流规划水质为Ⅲ类水，因此，达标尾水如果排入新区河流，其水质须经过科学论证，保证在规划年限内新区河流的水质指标能达标，并应征得水行政主管部门的认可。二是新区河网水系自身环境容量和自净能力不足，徐圩新区的前身是盐场，新区的河流水系基本上是在原来的引潮河的基础上改（扩）建而成，因此新区河网水系的含盐量较高，微生物难以生长，且河网与外界水系沟通与联系较少，导致新区河流的环境容量和自净能力不足，故尾水水质必须达到较高的标准，并能满足水体环境容量和自净能力的要求。因此为了保护徐圩新区河网水系的水质，建设徐圩新区达标尾水排海工程势在必行。

13.1.2 建设意义

随着徐圩新区经济的快速发展，排入内河水系的水量大大增加，达标尾水排海工程在不污染海洋环境的基础上，充分利用海洋的环境功能，更好地保障陆域水环境，保护淡水水源免受污染，改善市民生活品质及生活环境，提高招商引资环境。该工程对徐圩新区的建设具有重要的意义。

徐圩新区达标尾水排海工程的建设对缓解海域水污染状况有积极的促进作用，将处理达标的污水通过科学合理的方法排入海域，充分利用海洋的稀释扩散和自净能力，将更进一步削减污水排放对环境的影响，有助于自然生态的恢复。同时，达标尾水排海工程可改善临近海域的水质，保证工农业的正常生产，避免污水排放对近海水域的污染以及由此产生的经济损失，减轻污水对地下水源的污染，使产业区人民生活环境和生态环境得到大幅度改观，这些都将对改善临港产业园区的投资环境，吸引外资，开发旅游资源，发展工业经济，增加农、渔业的产量，提高农副产品和工业产品质量等起到积极、有效的作用。

尾水排海具有减轻环境污染和促进经济发展的双重效益。徐圩新区具有临海的地理位置优势，充分利用现有资源，建设排海工程，不仅有利于保护当地饮用水水源，也有利于徐圩新区进一步的招商引资，对于保护徐圩新区的水环境、促进徐圩新区的经济发展和社会进步有着极其深远的意义。

13.1.3 建设手续办理历程

2012年9月20日，方洋集团与河海大学设计研究院有限公司签订了《徐圩新区区域排污口项目技术咨询合同》，标志着徐圩新区达标尾水排海工程正式启动。徐圩新区达标尾水排海工程前后共历时8年进行前期研究工作，先后开展并完成了相关报告及专题研究近40项，各类合同招标80余项，其中陆域部分完成了地质灾害评估、节地评价、水土保持方案、社会稳定风险评估、陆域环境影响评价等报告及专题，海域部分完成了海洋环境影响评价、海域使用论证、通航安全性论证、排污口选址论证、海洋环境容量研究等各类专题研究和论证共计30余项，召开了专家咨询及评审会多达数十次。

2018年9月19日，原连云港市海洋与渔业局在南京主持召开了《连云港徐圩新区达标尾水排海工程变更环境影响补充报告》的专家评审会。2018年9月30日，海洋环评补充报告获得了原连云港市海洋与渔业局的批复（连海环函〔2018〕5号）。2019年10月25日，连云港市自然资源和规划局徐圩新区分局在徐圩新区组织示范区经发局、规建局、环保局、水务局、社会事业局等相关部门召开了排海项目海域使用权审核会。通过讨论，会议形成了项目海域使用权的审核意见，与会代表一致认为项目用海具备审批条件。2020年7月15日，项目在国家自然资源部东海局获得项目的施工批复，标志着该项目前期手续的正式完成。

13.1.4 建设概况

达标尾水排海工程以入海点为界分为陆域管道及海域管道两部分，管道总长约26.12 km，其中陆域管道约3.84km，海域管道约22.28km，工程总投资约8.2亿元。项目申请用海总面积111.5663hm^2，其中海底管道用海面积46.8607hm^2，污水达标排放用海面积64.7056hm^2，用海期限为50年。

达标尾水排海工程主要建设内容包括陆域调压泵站（由应急池、吸水井、泵房、压力井和配电控制室等组成）；陆域排放管道长3.84km，泵站进水管路主要为基地工业含盐废水管，管长约1.8km，从排海泵站至顶管工作井的管道全长约1.6km，顶管工作井至入海点的顶管管道长约400m。海域排放管道长22.28km，包括穿越复堆河和海滨大道管线长720m顶管（入海点至海上接收井），敷管船敷管长21.26km和扩散管300m。

达标尾水排海工程按远期规模11.83万m^3/d一次建成，设备分期安装，近期配泵规模8.57万m^3/d，远期11.83万m^3/d。近期（至2025年）流量8.57万m^3/d（0.99m^3/s，其中包含东港污水处理厂尾水4.54万m^3/d 和石化产业基地循环冷却水4.03万m^3/d），远期2030年排放量11.83万m^3/d（1.37m^3/s，其中包含东港污水处理厂达标尾水6万m^3/d和石化产业基地循环冷却水5.83万m^3/d）。

13.2 工程总体设计

13.2.1 工程地质条件

1. 地形地貌

连云港地区沿岸宏观上属于废黄河水下三角洲北缘的一部分，历史上受黄河夺淮入海期泥沙扩散淤积的影响，沿岸底部普遍沉积了厚度不等的粉砂—黏土质淤泥沉积层，岸滩呈现淤泥质海岸特点。废黄河三角洲岸滩经过一个多世纪以来的侵蚀调整，冲刷趋弱，加之岸滩保护工程的实施，大大减少了沿岸的泥沙供应。来自北向的泥沙供应也趋于缓和，附近入海河流泥沙来源影响微弱。据历史海图分析表明，连云港东部海区海床呈冲淤平衡、略有冲刷的态势。

路由西北为海州湾海域，是一个半开阔海湾，海底自西向东缓倾，湾口有秦山岛、东西连岛等天然屏障，东以岚山头与连云港外的东西连岛的连线为界与黄海相通，海域水深一般10～20m。路由西侧与徐圩港区东防波堤相邻，西北与海州湾之间相隔连云港进港航道和徐圩港区进港航道。东侧为南黄海海域，平坦、开阔，无岛礁分布。路由东南侧为埒子口，埒子口是路由海域附近几条河道的共用入海口，口门为泥质浅滩，地形平坦，淤积较严重。埒子口东南为灌河口，与路由相距约20km。

2. 海底腐蚀环境

工程路由范围内海区水温变化大，水浅且海域开阔，海水交换能力强，其腐蚀性要高于一般海区，故对材料的腐蚀要高于其他海区。飞溅区由于附着生物的生长繁殖，对材料的损害不容忽视。因此，在材料腐蚀余量的选留，防护涂层的选用上须考虑以上较严重的环境因素，对海水中设施的保护应从严掌握。

由于本海区沉积物表面的氧化还原电位（Eh）值接近或高于300mV，这样的氧化环境对钢铁材料的腐蚀作用相当强，需重点进行防护。在阴极保护参数的选用上参考了一般规范和其他海区的经验，海底管线材料采用重防腐涂层和阴极保护联合防护的方式。在设计和控制阴极保护系统时，保护电位不高于-850mV，不低于-980mV。

另外，由于本海区海水及海土的电阻率相对较低，阳极密度相应加大，因此采取了若存在强力电偶腐蚀时的强化防腐措施。由于阴极沉积物在本区条件下因受磨损难以发挥其可降低电流密度的作用，因此保护电流密度选择高于一般海区。

3. 地层岩性

根据场地勘察资料，场地地层自上而下可以分为：全新统海相沉积（Q4m），由淤泥组成，流塑，压缩性极高，工程地质性能极差；全新统冲积层（Q4al），岩性为黏土、粉质黏土，可塑，工程地质条件一般；上更新统冲洪积层（Q3al+pl），岩性为黏土、粉质黏土，可硬塑，夹少量砂土，工程地质条件较好。

本区域勘察所揭露的孔深35.5m深度范围内，各层土均为第四系冲洪积物。土层主要由淤泥、黏性土、砂性土组成。按土的成因、结构和特征，地基土自上而下分为9个工程地质层，并细分为14个亚层。场区普遍分布淤泥层，该层平均厚度10.19m，分布稳定，压缩性极高，具高含水量、高灵敏性、高触变性，十字板抗剪强度主要在11～25kPa，工程性能差，为欠固结土软土，属本场地不良岩土层。

13.2.2 总体方案概述

工业污水经第三方治理工程、再生水处理工程、高盐废水处理工程等处理达标后进入人工湿地进一步净化处理，然后进入调蓄池通过调压泵站进行深海排放；生产废水通过再生水处理工程、高盐废水处理工程处理达标后，通过工业含盐废水管道进入调蓄池，然后通过调压泵站进行深海排放。

处理后的工业污水经人工生态湿地调蓄、净化后，进入泵站，在泵站内，经过进水闸门、进水格栅，进入集水井。将集水池内混合尾水通过水泵加压提升，经出水压力管道最终进入排海管道，再由扩散段处设置的鸭嘴阀喷口喷射进入排放点，使污水和海水之间产生了紊流混合，从而使靠近排放口的排出污水获得有效稀释。在泵站出水总管上安装流量仪，实时监测排海水量。整体工艺流程如图13-1所示。

达标尾水排海工程主要建设内容如下。

调压泵站：位于港前大道和复堆河路交叉口西南角，规模11.83万m^3/d，占地 3225m^2（75m×43m），由集水井、泵房、调蓄池、管理用房等组成。泵站土建按远期规模11.83万m^3/d

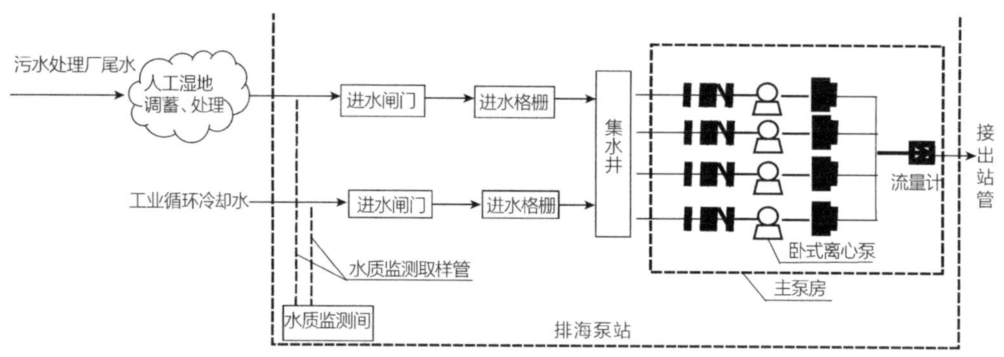

图13-1　达标尾水排海工程工艺流程示意图

图13-2　调压泵站结构示意图

一次建成，设备分期安装，近期配泵规模8.57万m^3/d，远期11.83万m^3/d。调压泵站施工主要包括泵站建设，配套给水、供电、暖通、自控等配备设施设备施工，如图13-2所示。

陆域排放管道：主要包括从东港污水处理厂至人工湿地的循环冷却水管道、从人工湿地至排海泵站的进水总管及从排海泵站至顶管工作井的出水总管。循环冷却水管道长约1.0km，设计管径*DN*1000；进水总管接纳循环冷却水及湿地污水，长约1.0km，设计管径*DN*1400，沿港前大道敷设，位于道路西侧绿化带内；从排海泵站至入海点的管道全长约1.8km，设计管径*DN*1400，拟沿复堆河西岸敷设，自南向北接入顶管工作井，接排海压力管，距离河道蓝线10m。陆域排放管道主要包括出水管道和进水管道，采用放坡开挖和钢板桩支护开挖、水平定向钻方式施工，如图13-3所示。

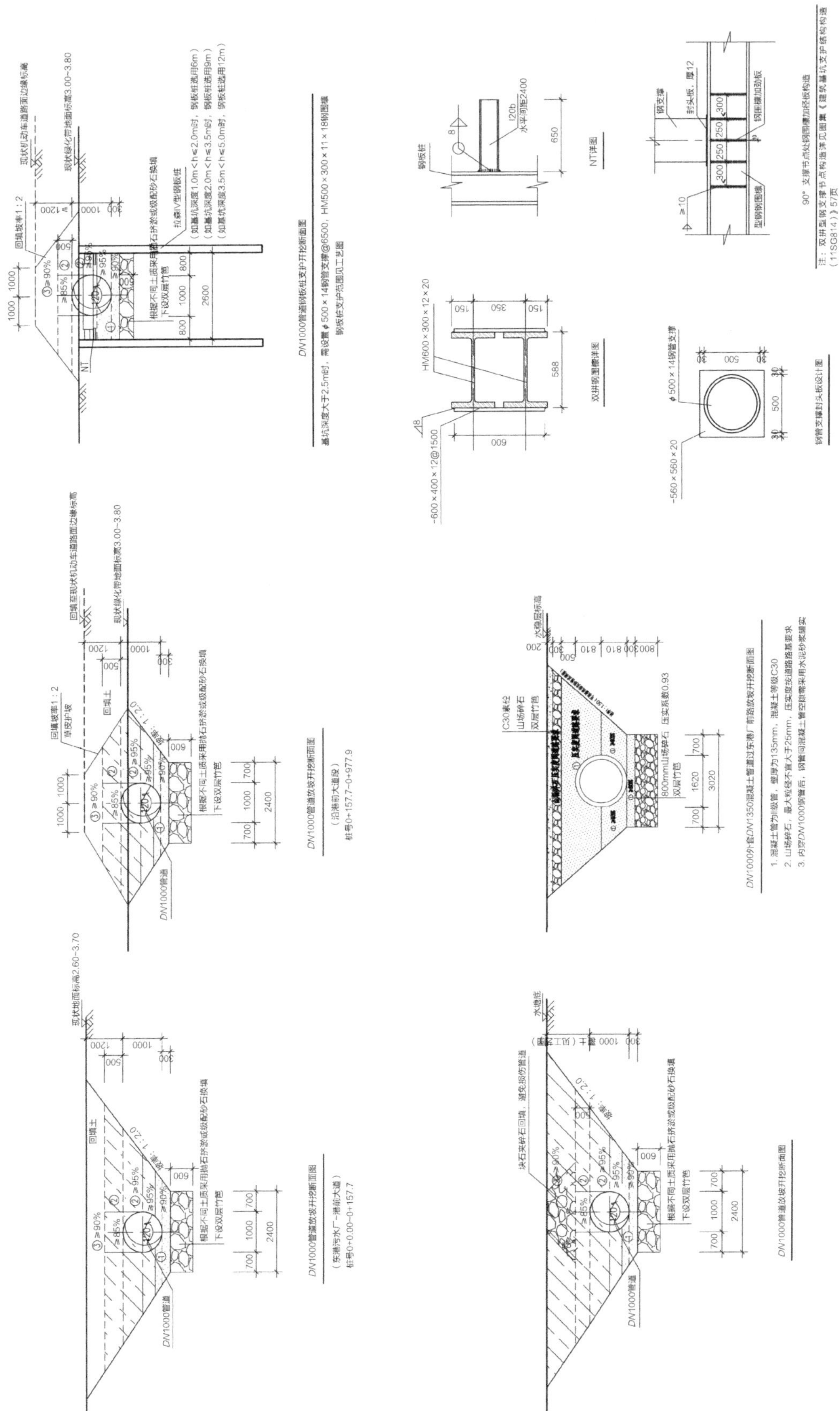

DN1000管道放坡开挖断面图

（东港污水厂~港前大道）

桩号0+0.00~0+157.7

DN1000管道放坡开挖断面图

（沿港前大道段）

桩号0+157.7~0+977.9

DN1000管道钢板桩支护开挖断面图

基坑深度大于2.5m时，需设置ϕ500×14钢管支撑@6500，HM500×300×11×18钢围檩

钢板桩支护范围见工艺图

（如基坑深度1.0m<h≤2.0m时，钢板桩选用6m）

（如基坑深度2.0m<h≤3.5m时，钢板桩选用9m）

（如基坑深度3.5m<h≤5.0m时，钢板桩选用12m）

DN1000管道放坡开挖断面图

DN1000外套DN1350混凝土管道过东港厂前路放坡开挖断面图

1. 混凝土管为II级管，壁厚为135mm，混凝土等级C30
2. 山场碎石，最大粒径不宜大于25mm，压实度按道路路基要求
3. 内穿DN1000钢管后，钢管同混凝土管空隙需采用水泥砂浆灌实

双拼钢围檩详图

NT详图

钢管支撑封头板设计图

90°支撑节点处钢围檩加径板构造

注：双拼型钢支撑节点构造详见图集《建筑基坑支护结构构造（11SG814）》57页

图13-3　陆域排放管道结构示意图

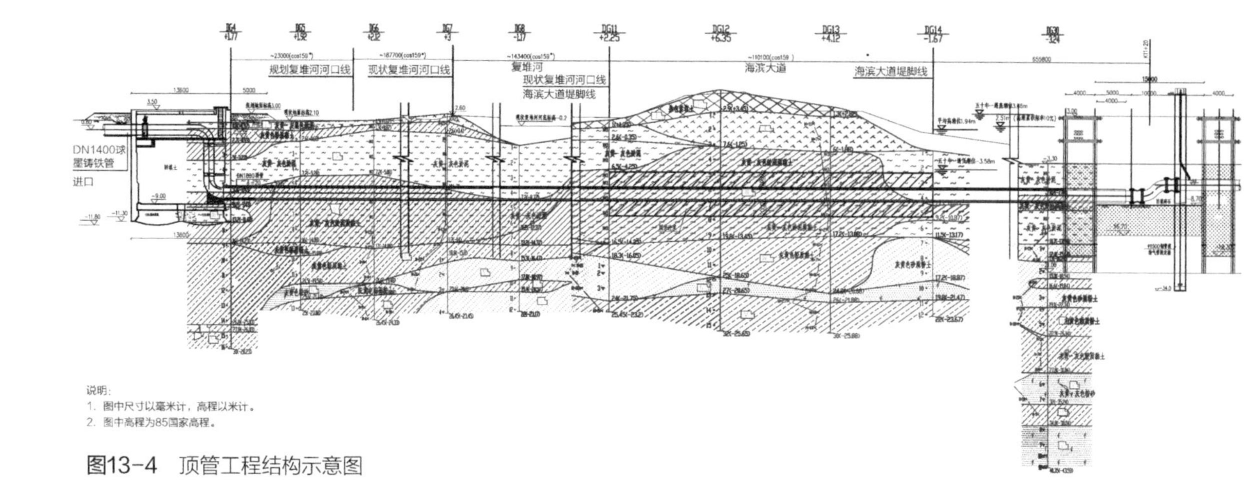

图13-4　顶管工程结构示意图

顶管工程：顶管工程主要包括一座顶管工作井、穿堤段顶管和一座顶管接收井，如图13-4所示。

海域排放管道：本项目海域工程范围以陆上顶管工作井为界，顶管穿越复堆河海堤后，管道先平行防波堤铺设，在防波堤东边坡脚外边沿250m左右，然后在东防波堤北端折转，铺向排放口。海域段排放管全长22682m，其中穿堤段顶管长950m，管径*DN*1800，内衬*DN*1400排放管，敷管船敷管长21432m，管径*DN*1400，扩散管300m。海域排放管道主要为冲槽、管道敷设、海砂回填等施工，如图13-5所示。

扩散器：采用T形扩散器，含100根*DN*110上升管，200个*DN*65橡胶鸭嘴阀，如图13-6所示。

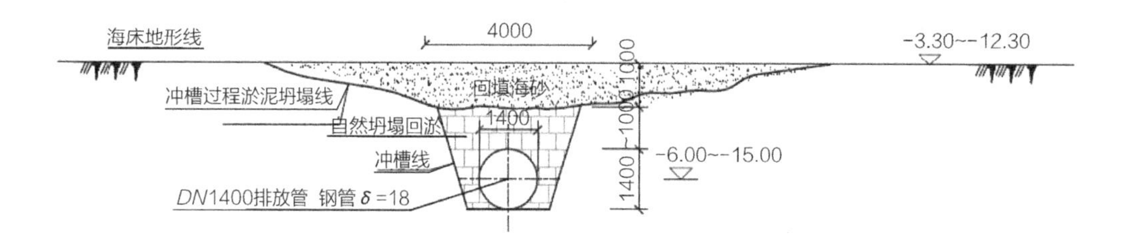

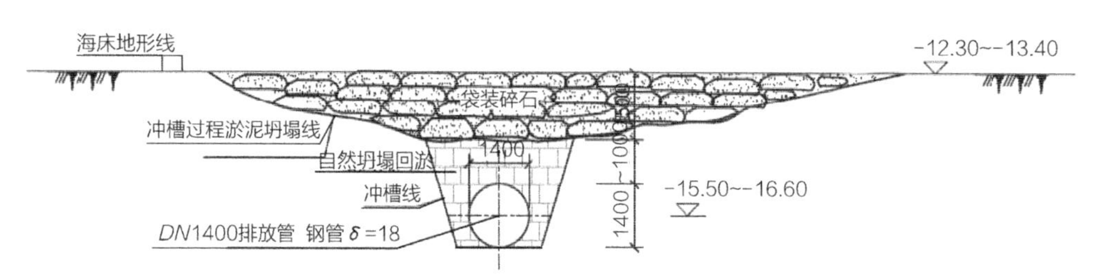

图13-5　海域排放管道结构示意图

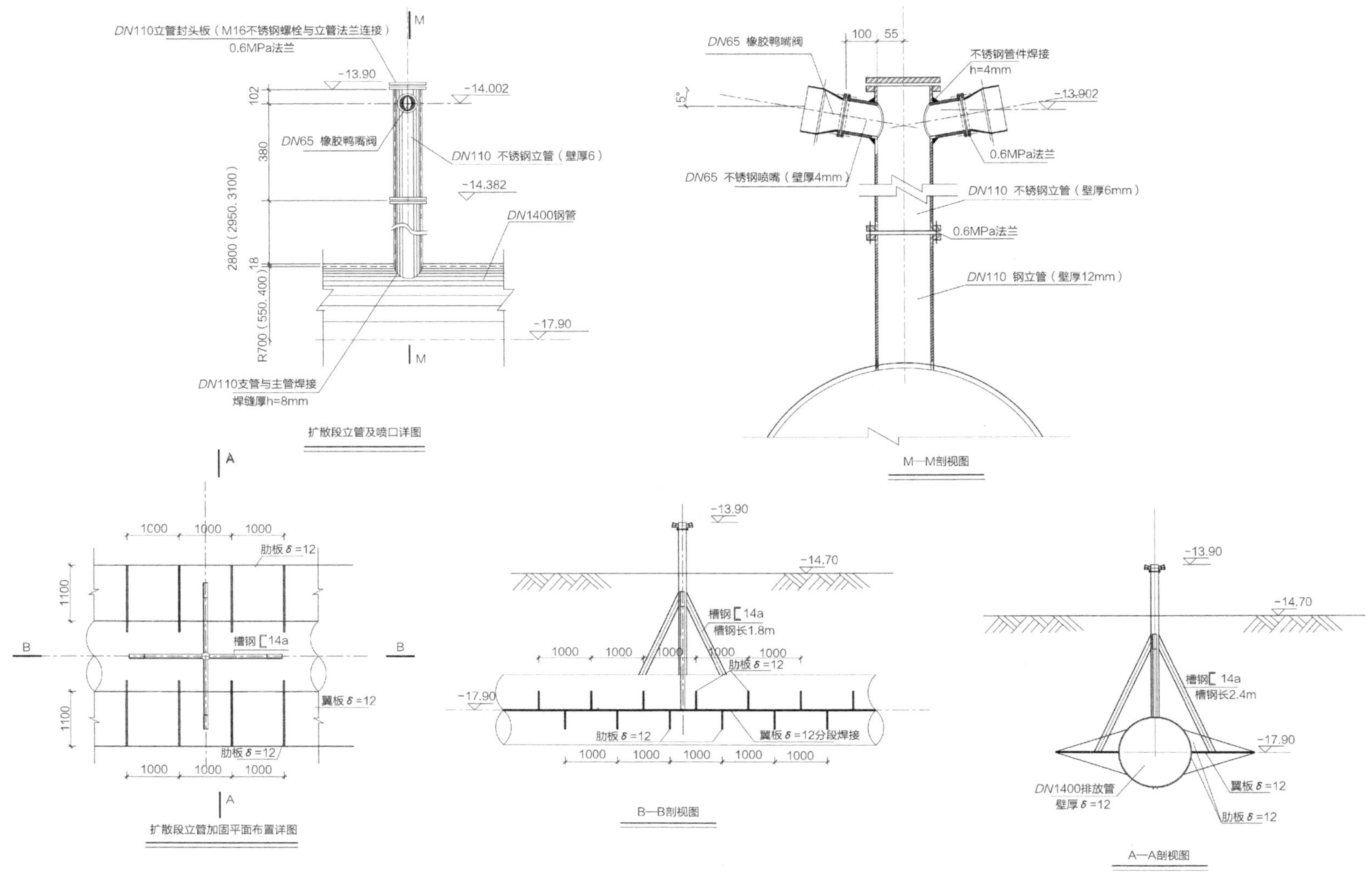

图13-6 扩散器道结构示意图

达标尾水排海工程平面布置如图13-7所示。

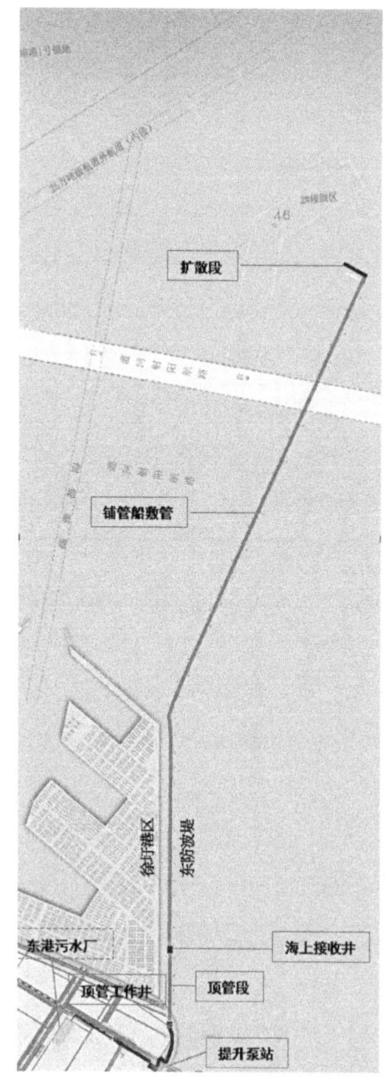

图13-7　达标尾水排海工程平面布置图

13.2.3　管线路由比选

1. 方案比选

本路由属于尾水排海工程，海洋环境容量评价是一个重要的评价指标，因此根据《连云港徐圩新区达标尾水排海工程排污口优化比选及环境容量研究报告》的分析结果，在原路由走向的基础上，延伸三个不同长度，形成三个预选路由比选方案，如图13-8所示。三个方案的具体走向和长度分别为：

方案一：自徐圩港区南部海堤入海后，先平行东防波堤外侧铺设8.608km，然后在东防波堤北端折转向东北铺设12.371km，总长20.979km，排污口水深14.6m（85高程，后同）。

方案二：自徐圩港区南部海堤入海后，先平行东防波堤外侧铺设8.608km，然后在东防波堤北端折转向东北铺设13.371km，总长21.979km，排污口水深15.4m。

方案三：自徐圩港区南部海堤入海后，先平行东防波堤外侧铺设8.608km，然后在东防波堤北端折转向东北铺设14.371km，总长22.979km，排污口水深16.1m。

其中，方案二的工程地质条件较好、水文气象条件一致，项目建设不会改变所在海域功能区的海域自然属性，符合所处海洋功能区划的管理要求，也与其他相关规划相符，无机氮和石油类的最大允许排放量均可满足计划排放需求，工程造价相对较低。因此本工程最终确定方案二为路由线路。

2. 路由线路对周边海洋环境的影响

（1）对渔业活动的影响

路由附近海域存在16宗开放式养殖，且路由穿越1宗养殖用海，养殖用海面积为260hm^2，路由穿越部分长度约为30m，需要与养殖所有者进行协调。路由附近主要为紫菜养殖，养殖用到的毛竹需要插入海底约2m，会对管道的安全产生影响。另外，若有养殖渔船在路由区内不规范抛锚，也会对管道安全产生不利影响。

（2）对海上交通的影响

连云港港区30万t级航道一期工程包括25万t级连云港港区航道和10万t级徐圩港区航道及配套工程等。连云港港区25万t级航道可满足25万t级散货船乘潮单向通航、7万t级以下船

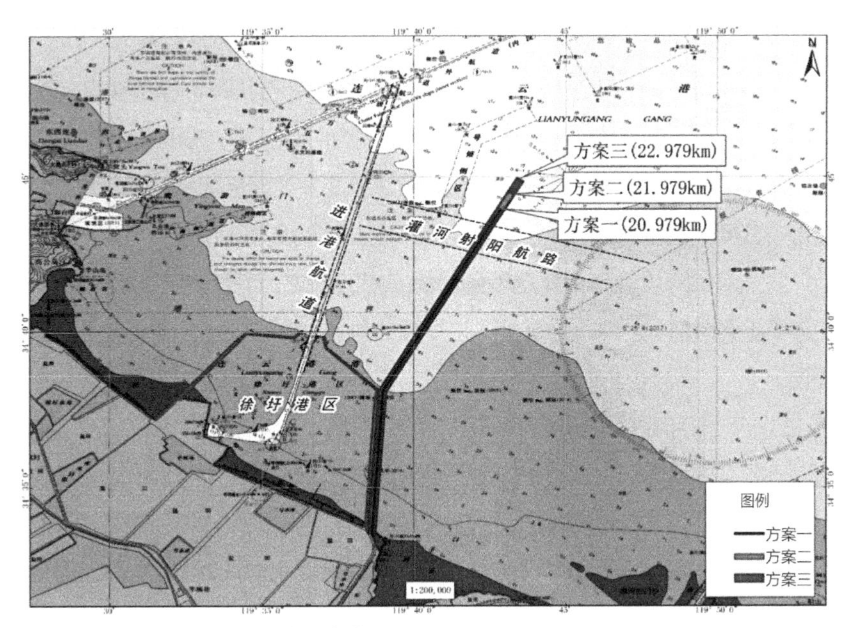

图13-8　达标尾水排海工程方案比选图

舶全潮双向通行要求；徐圩港区10万t级航道为新开辟航道，可满足10万t级散货船乘潮单向通航要求。

连云港港区25万t级航道位于预选路由的西北侧约10km处，徐圩港区航道位于预选路由西北侧约4.3km，相互无影响。

（3）对管道规划的影响

对于陆域管线，原有输送管道铺设在管道廊架上，而本项目管道埋设在绿地下，互不干扰。对于海域部分，原油管道铺设在东防波堤管廊加宽区，路由方案一中管道铺设在东防波堤上，防波堤的设计和建设都在本项目之前，防波堤及其管廊加宽区在设计时都没有考虑排海管道的荷载。因此，如果按路由方案一铺设排海管道，必须减少原油输送管道的数量，或者加宽管廊加宽区。

（4）对水利工程的影响

1）复堆河及复堆河闸

管线穿越复堆河采用非开挖技术施工，管道底部离复堆河河底6m，施工时采用泥浆平衡压力，防止塌孔。管线就位后，采用高强度等级水泥砂浆填充管壁与孔壁之间的缝隙，防止沉降。管线离规划复堆河闸最小距离850m，施工及运行期间均不会对复堆河闸及其运行产生不利影响。

2）东防波堤

预选路由南部平行防波堤铺设，与确权的徐圩东港管廊基础工程和连云港港徐圩港区防波堤东堤工程直立堤及连接段最近相距约240m，满足连云港港30万t级航道建设指挥部提出的“排海管道中心距离东斜坡堤堤脚至少在140m以上，才能确保防波堤稳定性”的要求。

3）海堤大道

入海点位于徐圩新区标准海堤上，海堤路面宽约15m，横剖面呈不对称梯形。向陆一侧为单一斜坡，宽度约4m；向海一侧为多级台阶状斜坡，总宽度约30m，由挡浪墙、上斜坡、消浪平台、下斜坡等构成，为浆砌石块筑成并加网格状水泥条压块。堤脚外侧为护堤抛石区，宽度一般为20～30m，最远处抛石距堤脚可达160m。

预选路由海堤段施工计划采用顶管的施工方式，顶管施工埋设深度为-6m，尾水管道的施工不会对海堤堤身造成破坏，对海堤的稳定性影响较小，但须与海堤管理部门进行沟通协调。

（5）对海洋自然保护区的影响

连云港区涉及四个自然保护区：连云港海州湾海湾生态与自然遗迹海洋特别保护区、羊山岛自然遗迹和非生生物资源保护区、开山岛海蚀地貌保护区和鸽岛海蚀地貌保护区。四个保护区中鸽岛海蚀地貌保护区与本项目距离最近，最短距离为18.3km，因此三个路由方案均不会对自然保护区产生不利影响。

13.2.4 排海口比选

在排海口选择时采取了先定性后定量的方法。定性选择主要是根据区域规划、水动力条件、海岸地形特点、海域资源分布特征和水质条件等提出排放口位置的初步方案；定量选择则是在初步方案的基础上，对各个方案进行相关水环境影响分析、泥沙场泥沙冲淤分析及工程技术经济性分析等。在此基础上形成三个预选排海口比选方案，如图13-3所示。

方案一在自然条件、敏感目标影响、规划符合性、工程可行性等方面均符合设置排放口的相关要求。但是，从环境条件来看，石油类环境容量大于计划排量22.02t/a，无机氮环境容量无法满足排放需求。因此，方案一不符合要求。

方案二、方案三从自然条件、环境条件、敏感目标影响、规划符合性等方面来看差别不大。其中，方案三由于水深更大，环境容量更大。从工程可行性来看，两个方案均对海上交通安全没有影响。但是，方案三因海域管道长度较长，工程造价较高，方案二则工程造价较低。

综合比选，方案二具备了较强的污染物稀释扩散能力，限制性因子环境容量满足工程排放需求，对环境敏感目标的影响甚微，符合海洋功能区划和港口区划，同时其工程造价增加幅度相对不大。

13.2.5 工程的整体施工重、难点控制

根据排海工程的地域环境、设计要求、施工特点和整体规划，本工程的施工重、难点主要为外海管道敷设作业、顶管工程、工期紧，管线长等。

1. 外海管道敷设作业难度大

排海工程管线敷设位于东防波堤外侧，且管线由海堤向海侧延伸20多千米，施工海域无掩护，受风浪影响大。管线连续施工过程中，如遇大风浪等恶劣天气，铺管船存在较大的安全风险。本工程海上铺管长度长，为江苏省首个此类项目。在施工中制定了针对性措施：

例如，选用吨位较大的专业敷管船作为主施工船舶，提高船机的抗风浪能力；充分利用海况相对较好的季节突击施工，集中力量打歼灭战，比如在4～10月海况较好的时期，多投入设备、人员抓紧突击施工；合理安排工序衔接，采用分段流水施工法，开挖、整平、敷管与压固安装等工序衔接紧密，确保开挖、敷管、压固保护连续进行。

2. 顶管施工特点突出

排海工程陆域管线部分下穿复堆河和海滨大道，下穿施工较深，且不能开挖，需采用顶管施工，且地质复杂多变，仅有一个工作井和一个接收井，顶进长度长，施工过程中容易产生偏差，校正难度大。同时，该工程为公司首个顶进距离超长项目，施工难度较大，对原有地质会产生破坏，恢复难度较大，如何做好顶管施工是本工程的一个重难点。因此，在施工前必须做好地质勘察和技术准备工作，并制定专项施工方案，经专家论证后再施工。

纠偏控制：顶管施工前对管道通过地带的地质情况认真调查，指导纠偏；纠偏按照“勤测量、勤纠偏、小量纠”的操作方法进行；采用同种规格的千斤顶，使其顶力、行程、顶速相一致，保持顶力合力线与管道中心线相重合；加强顶管后背施工质量的控制，确保后背不发生位移，并使后背平整，以保证顶进设备的安装精度；顶进过程中随时绘制顶进曲线，以利指导顶进纠偏工作。

顶力控制：按不同地质条件配制适宜的泥浆，采取同步注浆的方法，并及时足量地沿线补浆，经常检查膨润土质量，特别是不得含砂；顶进施工前对顶进设备进行认真的检修保养；停顶时间不能过久，发生故障及时加以排除。

地面沉降控制：严格控制顶管轴线偏差，执行“勤测量、勤纠偏、小量纠”的操作方法；在顶进过程中及时足量地注入符合技术标准的润滑支承介质填充管道外围环形空隙；施工结束及时用水泥或粉煤灰等置换润滑泥浆；严格控制管道接口的密封质量，防止渗漏。由于顶管施工要穿越海滨大堤，为防止顶管顶进过程中引起地面沉降，对地质情况、地下水位数据的搜集及顶管施工范围内环境情况进行综合分析，在正式施工前对预加固区域进行试验，选择适合的掺量、喷浆压力、喷浆量。

3. 工期紧，管线长

整体工程工期紧，且海上适宜连续作业时间在4～10月，连云港的海域状况不利于深海施工，因而需要合理安排，利用有效工期完成海上铺管作业。选择长导管架铺管船施工，在铺管前，12m长短管进场后，在码头附近先进行组管，形成长度为24m的管节后，再装船，减少铺管船上的接头焊接数量，缩短船上的焊接防腐时间。选择短导管架铺管船施工，采用流水线自动焊接工艺，在铺管船接管区搭设专用焊接棚，焊站数量不可低于5个，采用全位置CO_2气体保护自动焊接工艺，这样可保证管道接口的焊接质量和焊接速度，单套设备只需一人即可完成操作。采用该设备，单根管道的焊接时间可以从手工焊的3～4h/个减少到60min/个，大大加快了施工进度，对确保整个管线在规定工期内完成创造了条件，同时也提高了焊接质量。在进行管道接口焊接的同时，采用人工配合完成牺牲阳极的焊接固定和焊接位置的防腐涂装。现场配置一台焊缝超声波探伤仪和X射线检测仪器，确保每个接口的焊接冷却结束后，能够及时进行现场焊缝的探伤检测，以便及时发现缺陷、问题，能够立刻返工整改。全部检测达到规范要求后再进行铺管作业，并和设计沟通优化检测项目。

13.3 陆域工程

13.3.1 陆域工程布置

陆域工程主要包括调压泵站（含调蓄池）和陆域排放管道。污水处理厂生产污水尾水经人工湿地净化处理后进入调压泵站，由调压泵站进入陆域排放管道，再连接至顶管工作井。其工程布置如图13-9所示。

13.3.2 调压泵站

调压泵站的主要建筑物为泵房及配电间和管理用房，其中泵房及配电间面积约为700m²，工程的重点为泵站设计和自动控制系统设计。调压泵站整体效果如图13-10所示。

1. 泵站流量设计

本工程近期达标尾水排海规模为8.57万m³/d，远期规模为11.83万m³/d，总变化系数K为1.15，其流量设计如下：

最大流量（设计流量）：近期排海设计最大流量4108m³/h，平均流量3570m³/h；远期排海设计最大流量5670m³/h，平均流量4930m³/h。

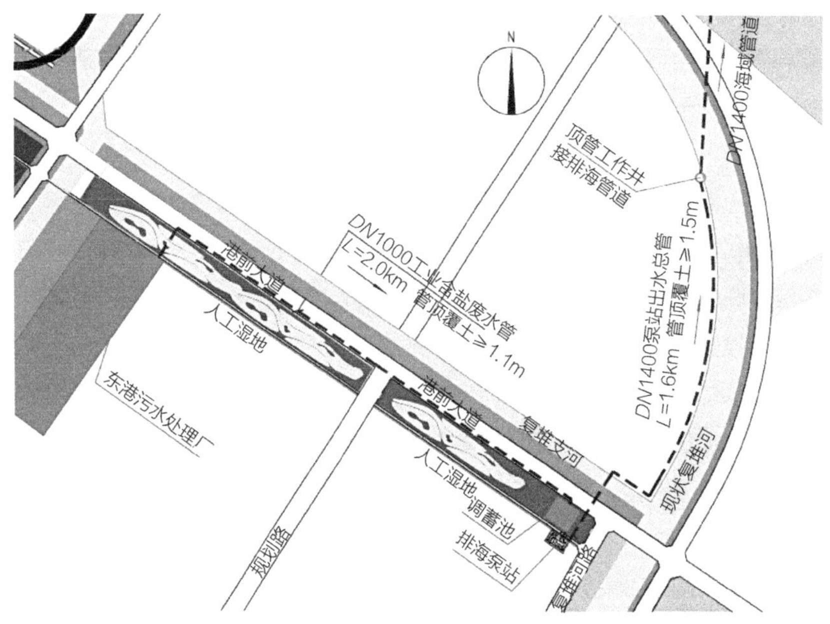

图13-9 陆域工程布置图

图13-10　调压泵站效果图

最小流量（不淤流量）：为减小管道淤积，排海流量应能满足排海管道流速不低于0.6m/s的要求，对应最小流量为3324m³/h。

2. 泵站扬程设计

泵站扬程应能满足近远期及不淤流量下在50年一遇高潮位和50年一遇低潮位下的排海需求，具体设计参数如表13-1所示。

泵站扬程设计参数　　表13-1

工况要求		扬程（m）
不淤流量（3324m³/h）	高潮累积频率 10%	16.72
	低潮累积频率 90%	11.64
	50 年一遇高潮位	17.90
	50 年一遇低潮位	10.46
近期设计流量（4108m³/h）	高潮累积频率 10%	21.21
	低潮累积频率 90%	16.13
	50 年一遇高潮位	22.40
	50 年一遇低潮位	14.95
远期设计流量（5670m³/h）	高潮累积频率 10%	30.81
	低潮累积频率 90%	25.73
	50 年一遇高潮位	32.00
	50 年一遇低潮位	24.55

3. 水泵方案

考虑到变化系数K较小，且输水量稳定，水泵配置数量可较少。本工程推荐近期按两用一备配泵，远期按三用一备配泵，采用同规格的卧式离心泵，便于近远期衔接，通过调整水泵数量来满足近远期流量变化的需求，通过变频运行来满足不同潮位下扬程变化的需求。

本工程配泵方案如表13-2所示。

水泵方案 表13-2

流量需求	总流量（m^3/h）	单泵流量（m^3/h）	扬程（m）	运行台数（台）	备用台数（台）	备注
不淤流量	3324	1662	10.46 ~ 17.90	2	1	全变频
近期流量	4108	2054	14.95 ~ 22.40	2	1	全变频
远期流量	5670	1890	24.55 ~ 32.00	3	1	全变频

4. 自动控制系统

自动控制系统采用先进可靠的可编程逻辑控制器（PLC）及现场总线技术，可实现对泵站工艺参数的采集、设备的监控和变配电系统及低压配电部分的电气参数的监测。PLC设备及工控软件需确保控制系统运行的高可靠性、简便的操作性以及良好的系统扩展性。根据相关规范及运行管理需要，本泵站设置视频监控系统、门禁系统、入侵报警系统及电子巡更系统。其中视频监控系统采用全数字方案进行配置。

（1）中心控制系统

泵站设置专用控制室作为控制系统的核心，控制室通过专用通信网络，实时采集整个泵站监控数据和工况，并进行存储和处理，能生成各种表格，以便调用、查询、检索和打印。将取水泵站的运行管理、设备维护控制以及通信等功能集为一体。

中心控制系统计算机软件配置包括系统操作软件、用户应用软件、组态软件、监控应用软件、数据库软件等。监控应用软件采用中文版软件。系统建立统一的数据库，实现分系统之间的网上资源共享、相互协调运作功能。当系统发生故障时，能及时报警并形成故障标志，且在服务器上登录，以备工作站识别。泵站控制室通过通信系统与东港污水处理厂控制中心通信，实现数据上传。

中心控制系统主要功能如下。

操作员站：主要包含平台软件和监控操作软件，其主要功能是能够浏览到PLC控制站的数据，并提供所有设备的控制画面，用于对整个泵站的系统及设备进行集中监控。

工程师站：主要是完成设备组态的功能，并提供逻辑脚本编写、报警设置、历史数据记录配置、安全性控制、开发组态画面、修改通信参数等所有功能。此外，还可以当作一台备用操作站使用。

（2）现场控制单元层

泵房控制室设置泵站PLC控制站（1套），主要控制功能包括：上传运行参数至东港污水处理厂中心控制室；接收东港污水处理厂中心控制室的调度命令；根据吸水井液位来控制水库泵和管道泵的投入或退出，以及水泵的频率；根据吸水井液位及时向上位进行低液位报警；对排海水质进行检测；对变配电系统电气参数和设备状态进行监测；所有设备的工况、水质参数及工艺参数的检测。其监控信号如表13-3所示。

主要监控信号　　表13-3

工艺流程	监控设备或参数	单台设备I/O				通信方式	设备数量
		DI	DO	AI	AO		
水质监测	出水SS					Modbus	1
	出水pH					Modbus	1
	出水电导					Modbus	1
	出水溶解氧					Modbus	1
	出水COD仪					Modbus	1
	出水总磷仪					Modbus	1
	出水总氮仪					Modbus	1
吸水井	格栅前液位			1			2
	格栅后液位			1			2
	格栅后液位开关	2					2
	格栅除污机	3	1				2
	电动闸门	4	2				2
泵房	泵前压力			1			4
	泵后压力			1			4
	水泵机组温度					Modbus	4
	变频水泵	3	1	1	1	Modbus	4
	真空节点	2	1				4
	泵后电动阀	4	2				4
	真空泵	3	1				2
	泵房排水报警	1					2
辅助系统	轴流风机	3	1				8
	高压配电综保装置					Modbus	1
	低压配电电力仪表					Modbus	2
出厂总管	出水总管压力			1			1
	出水总管流量					Modbus	1
点数合计	（预留30%余量）	112	48	24	8	Modbus×6	

（3）控制系统网络

泵站控制室与东港污水处理厂中心控制室之间采用有线VPN网络方式进行通信。

泵站控制室监控设备之间由控制室操作员站、工程师站和以太网交换机组成星型以太网网络。泵站各现场控制站与电气配电柜之间采用环形现场总线通信。该网络架构层次分明、简洁，当网络上任何一个站出现故障时，不会影响整个系统的正常工作，泵站控制室监控系统能及时、准确地反映故障区域，完全能满足泵站的监视与控制任务。

5. 在线监测仪表

调压泵站主要配置了水质监测仪表、流量仪表、压力仪表等（表13-4），以配合设备的运行控制，从而实现整个泵站的高效运行。

主要监测仪表　　表13-4

序号	配置环节	测量内容	设备	选型规格	数量	单位
1	出水总管	出水水质	SS仪	0～30000mg/L	1	套
2	出水总管	出水水质	pH仪	1～12	1	套
3	出水总管	出水水质	COD仪	0～20mg/L	1	套
4	出水总管	出水水质	总磷仪	0～20mg/L	1	套
5	出水总管	出水水质	总氮仪	0～20mg/L	1	套
6	出水总管	出水总管压力	压力变送器	0～0.5MPa	1	只
7	出水总管	出水总管流量	电磁流量仪	*DN*1400	1	套
8	吸水井	吸水井液位	雷达液位仪	0～8M	4	台
9	吸水井	吸水井高低液位	液位开关	电导式，2点	2	台
10	泵房	泵前压力	压力变送器	-1～0.1MPa	4	套
11	泵房	泵后压力	压力变送器	0～0.6MPa	4	套
12	泵房	水泵温度	温度巡检仪	7路PT100输入	4	套

13.3.3 陆域管道

1. 管道布置

达标尾水排海工程陆域管道起点至顶管工作井总长约3.4km，主要包含进水管路及出水管路，主要包含以下内容：

（1）泵站进水管道

本工程泵站进水主要包括以下两部分：

第一部分是经东港污水厂处理后的工业废水，由污水厂直接排入人工湿地，最后进入湿地末端调蓄池。

第二部分是园区各企业的生产废水（主要为循环冷却水），经高盐废水处理工程处理达标后，通过工业含盐废水管道进入调蓄池。工业含盐废水管管径为*DN*1000，管长约

1.8km，管顶覆土不小于1.1m，起点自东港污水厂用地红线外1m，接污水厂含盐废水排水管，沿港前大道敷设至调蓄池进口外1m，接调蓄池进水管。

最后，本工程敷设2根*DN*1000、单根长40m的泵站进水总管，自调蓄池出口外1m，接调蓄池出水管，至排海泵站集水井。

（2）泵站出水管道

泵站出水压力管管径为*DN*1400，管长约1.6km，管顶覆土不小于1.5m，自排海泵站沿复堆河西岸敷设至排海顶管工作井。

2. 管材选择

（1）常用管材性能对比

从水力条件而言，玻璃钢夹砂管最优，糙率系数为0.01。PCCP管（预应力钢筒混凝土管）居中，内衬水泥砂浆防腐的钢管和球墨铸铁管相当，糙率系数约为0.013。如果钢管与球墨铸铁管采用熔结环氧粉末或液体环氧树脂防腐层，也能改善水力条件，减少摩阻，糙率系数也能达到0.011。

从管材的工程力学特点考虑，钢管适用性最强。钢管环向强度、弹性模量较高，可承受较高的内水压力和管顶外荷，能适应各种地质条件，一般情况下不需做管道基础处理。球墨铸铁管承受外压的能力比钢管差，道路以下埋深相对较浅时应做加固处理，球墨管为柔性接口，管道转弯处需设支墩，以防接口脱落，球墨铸铁管施工管理经验成熟，现场较容易达到设计要求的施工质量。PCCP管是半柔性接口，它要求管道基础局部变形不应过大，在砂夹石的管基上应做砂垫层，在松软黏土层上应做砂夹石过渡层，使管道敷设过程中较少产生局部应力集中。玻璃钢管具有糙率系数小、运行费用低、投资少等优点，但其相对而言壁薄，为柔性管道，抗外压性能差，对基础与回填要求较高。

（2）管道施工及应用状况

钢管的使用寿命取决于焊接质量和防腐质量以及运行维护的水平等因素，耐锈蚀性差是钢管的最大弱点，如内外防腐及电化学保护不完善，钢管的使用寿命则会较短，但随着现代防腐技术的飞速发展，双层熔结环氧粉末、3PE、聚氨酯等防腐层的陆续开发极大地提高了钢管的使用寿命，并可达到50年以上。

球墨铸铁管的使用寿命可达到50年以上，球墨铸铁管的防腐和管道均在工厂内制作，现场仅进行倒管等简单操作，对现场操作的质量要求不如钢管高，施工也非常方便。球墨铸铁管具有更为丰富的施工管理经验，现场施工质量更能达到设计要求，因此供水行业更认可球墨铸铁管的使用寿命。

理论上玻璃钢夹砂管、PCCP管的使用寿命都可以达到50年以上。影响玻璃钢夹砂管寿命的因素主要为材质、铸造工艺和现场施工质量，玻璃钢管对管道基础和回填要求很高，对地面荷载比较敏感。PCCP管目前出现的主要问题是预应力钢丝腐蚀、混凝土剥落，尤其在氯离子含量较高的土壤中容易出现腐蚀，另外管道基础施工质量差时，易造成接口不均匀沉降，造成漏水等问题。

（3）管材确定

根据各种管材的应用状况的反馈，玻璃钢管和PCCP管出现问题较多。由于本工程地质为软土地基，管道易产生不均匀沉降，球墨铸铁管接口为柔性接口，接口易脱落，对管道基础处理要求高。而钢管接口为刚性接口，能适应各种地质条件，在国内有较多钢管应用于软土地基的案例，且钢管还具有安装尺寸灵活、可设计性较强的特点，故本工程陆域管道均采用钢管。

13.4 海域工程

13.4.1 海域工程布置

海域工程主要包括顶管工作井和海域排放管道。陆域管道进入12m × 8m宽顶管工作井后，采用顶管穿越复堆河和海滨大道，其中陆域部分为顶管工作井至入海点，管道长约400m。海域排放管道以入海点为界全长22279m，包括接陆域部分顶管管线长720m，敷管船敷管长21259m和扩散管300m。扩散段布置100根*DN*110的上升管，每根上升管设置2只*DN*65喷口。

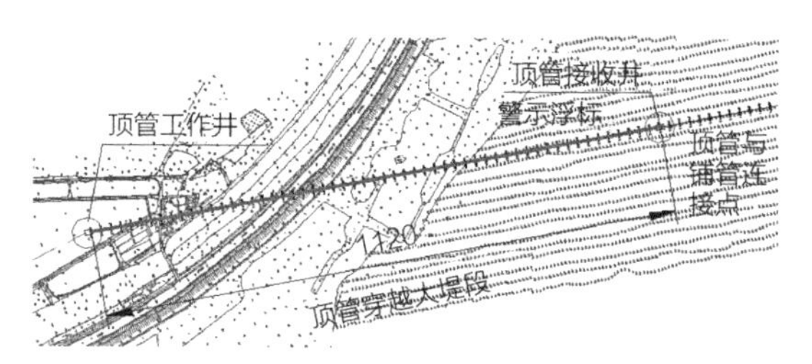

图13-11　顶管工作井位置图

13.4.2 顶管工作井

顶管工作井布置于东防波堤东侧约270m，规划复堆河以南约80m，原规划为复堆河管理范围内绿地，图13-11为工作井位置图。顶管工作井尺寸为8m × 12m，底板深14.3m，壁厚0.8m，满足远期规模达11.83万m^3/d时，流速为0.89m/s的设计要求。

图13-12　顶管工作井工程现场

周边环境顶管工作井以北是规划复堆河闸，西边是东防波堤，交通运输及水电供应都很方便，场地空旷，工程材料运输方便，便于施工，建成后便于日常管理与维护。本工程顶管工作井作为陆域管道和海域管道的连接井和工作井。工程实景如图13-12所示。

本工程顶管工作井作为陆域管道和海域管道的连接井和工作井。本工程难点是地质情况复杂，工作井临近海边，地层含水量大，土体呈流塑状，地基承载力相对较低，大型施工机械进场可能造成场地基础或设备下陷；沉井制作或下沉过程中，可能存在倾斜或自动下沉现象；基坑底板以下高压旋喷桩，隔水性能较好。针对以上难点采取如下措施：①进场前应根据施工设备荷载对周边地基进行核验，避免设备或边坡下陷而影响沉井施工作业，对表部土层进行换填加固处理，沉井周围打设钢板桩支护；②坑底有积水时，用潜水泵及时排出；③采用井点降水的方式降低沉井区域的地下水，保证沉井干施工作业，在沉井周边设置6个井点降水点；④加强基坑底部土体变形监测，沉井下沉到位后及时封底和进时底板结构施工。

根据工艺布置，顶管工作井净尺寸为8m×12m，底板埋深14.3m，可采用的实施方案包括沉井法、有支护的明挖法等。考虑到工作井位于空旷地带，周边构筑物少，环境控制要求低，有条件采用沉井施工，且沉井施工速度快，质量易保证。较之采用有支护的明挖方案，混凝土用量小，可节省大量支撑系统，经济效益好，故本工程采用沉井法施工。

工作井的结构要满足施工阶段、正常运行阶段及检修阶段不同负荷情况下的结构受力要求，工作井采用现浇钢筋混凝土沉井结构，混凝土强度等级为C30，抗渗等级为S6，起沉高程1.80m，分两次下沉。第一次下沉高度7m，至高程-5.2m，采用不排水下沉；第二次下沉高度-5.2～-11.3m，采用不排水下沉，水下封底施工。为了增加工作井的允许顶力，对工作井后背土体进行高压旋喷桩加固，具体如图13-13、图13-14所示。

工作井分两次制作，井壁设计为双向板，壁厚0.8m，井内连接进水管及出水管。管道高差采用弯管连接，并用钢抱箍及H形钢固定于井壁及井底，固定完成后，再将工作井回填，将管道埋入地下。工作井效果如图13-15所示。

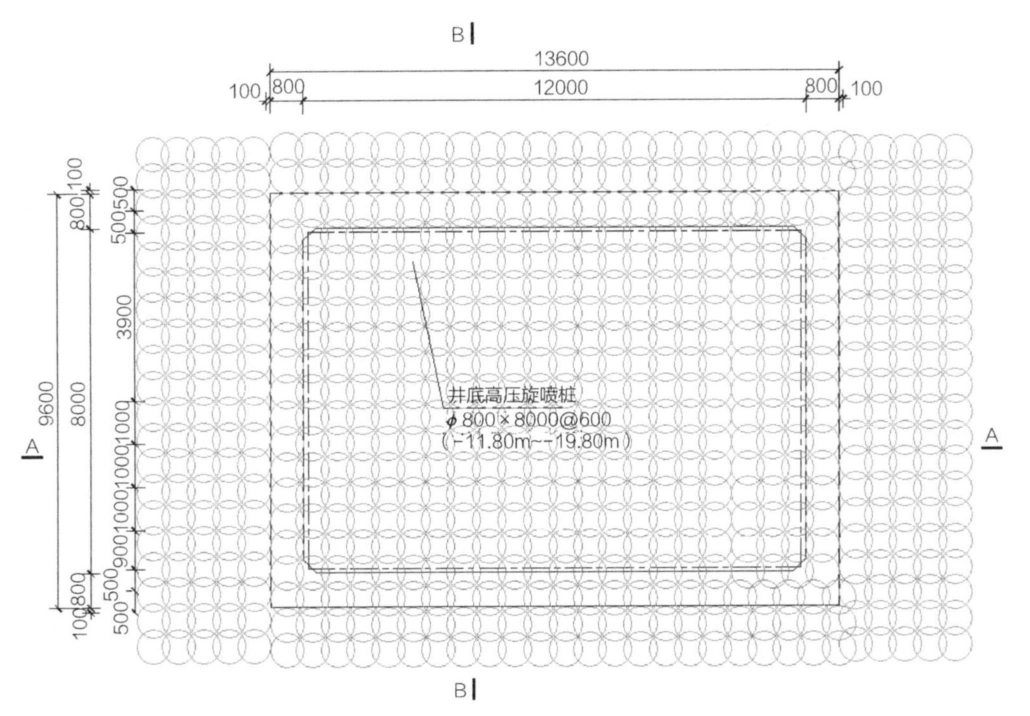

图13-13　顶管工作井平面图

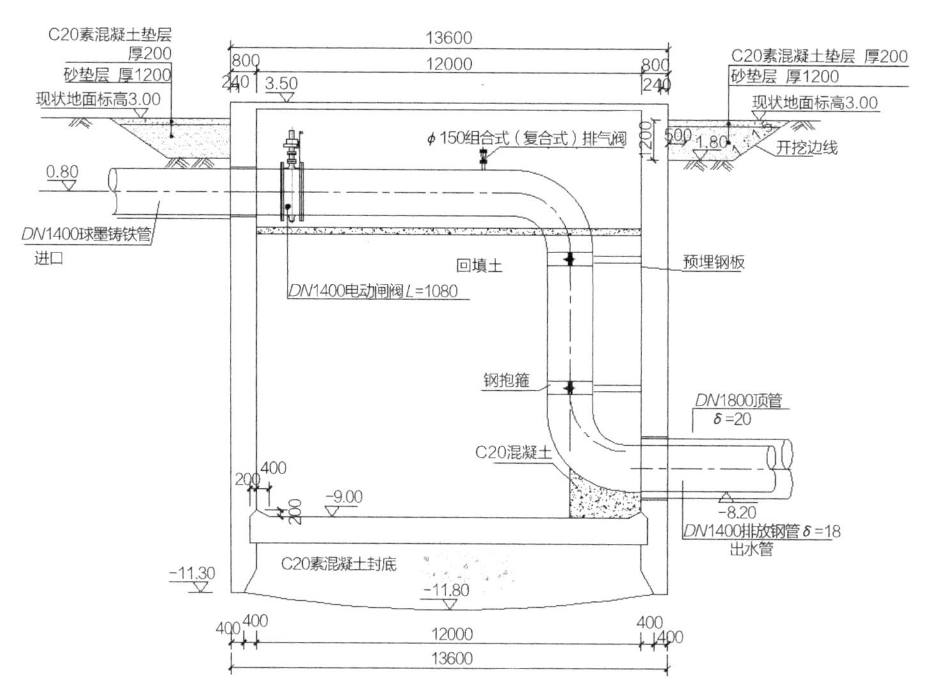

图13-14　顶管工作井剖面图（A-A剖面）

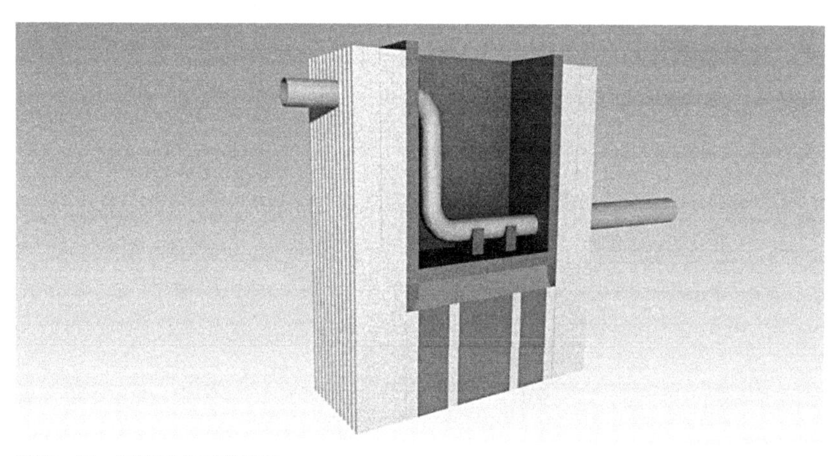

图13-15　顶管工作井效果图

13.4.3　海域管道

1. 管道材质选择

海域管道采用单管排放，管径为*DN*1400，管内流速为：近期规模Q=8.57万m^3/d时，流速v=0.645m/s；远期规模Q=11.83万m^3/d时，流速v=0.89m/s。

海域管道材质与陆域管道一致，仍然采用钢管。钢管是一种在各行业获得广泛应用的管材，具有较长的应用历史，丰富的使用经验。城市排水用钢管常规选用Q235B钢板制作，它具有良好的韧性，管材及管件易加工；但钢管的刚度小，大口径管易变形，衬里及外防腐要求严格，焊接工作量较大。螺旋焊接钢管采用卷板，利用螺旋管焊接生产线一次成型，国内已可生产*DN*2540螺旋焊接钢管。螺旋焊管受加工工艺影响，管材存在较大残余应力，这部分残余应力与管道运行期间工作应力叠加后，降低了管道承受内压的能力。但由于尾水排放工程管道内压一般不太高，即使螺旋焊接管存在上述问题也不影响其使用。

钢管的优点有强度大、硬度高；受外力难以破坏，即使破坏多以瘪管、失圆变形为主，极少破漏、开裂，几乎不会整体断裂，抗锚害能力强；管道自身稳定性好，可长时间放在海床表面；对管道上方的回填料的施工方法及重量的要求较低；管道强度大、延性好，可允许的悬空距离长，一般海底地质沉降对管道几乎没有影响。其缺点为钢材本身不防腐，需通过内外防腐、阴极保护等措施进行防腐处理。

2. 管道防腐措施

排水管道的腐蚀会减少管道的使用寿命，因而对管道采取防腐措施是十分必要的。通常，埋地废水排海管道之所以受到腐蚀，主要相关因素有土壤腐蚀、排污介质腐蚀、排污物与管道所产生物理化学反应造成的管道内腐蚀、施工质量的优劣、人为或自然灾害破坏等。在正常工作条件下，废水排海管道受到来自周围环境的腐蚀主要包括杂散电流腐蚀、细菌腐蚀、土壤腐蚀。由于土壤是由固、液、气组成的胶质体，土体之间的空隙均填充有水和空气，而地下水所含的无机盐较多，从而导致土壤具有物理化学性质的不均匀性、离子导电性、金属材质的电化学不稳定性，形成了促使管道腐蚀化的电化学腐蚀条件，进而使土壤对废水排海管道产生腐蚀作用。此外，管道内输送的污水为侵蚀性质的，这又对管道内壁的产生直接腐蚀作用。

因此，在管道结构设计中，考虑钢管长期运行的腐蚀，管道防腐采用腐蚀裕量法，实际管壁壁厚要比计算厚度大2mm。可采用防腐绝缘层来防止腐蚀介质对金属的腐蚀，该方法在地下压力输水钢管防腐应用中已极为普遍。实践证明，若防腐措施得当，施工质量将得以保障，效果良好。根据地下钢管的工作特点，防腐层材料必须有很好的黏着性、连续性、不透水性和对土壤电介质的化学稳定性，同时还应有一定的机械强度、变形适应性和耐磨性。

一般情况下，防腐方法有两类：一类是从根本上改变材料的结构和组成，以达到防腐蚀的目的；另一类是用某种方式将材料和环境介质分开，从而达到防腐蚀的目的，如隔离绝缘层法、防腐涂料法及阴极保护法等。本工程使用钢管，因而防腐方法采用第二类。

低碳钢在海水中的平均腐蚀速度为125 μm/a。实验和实践都证明，海底金属管道的腐蚀主要是电化学腐蚀，金属在电解质溶液中形成原电池，使金属管道某些电位较高的阳极区遭受腐蚀，而在某些电位较低的阴极区得到保护。除耐海水特种金属之外，埋地或海底金属管道的防腐方法主要有三种，涂层保护法、电化学阴极保护法、涂层＋阴极保护法。

达标尾水排海工程采用“涂层+阴极保护”方法。本工程排海管道较长，如单独采用涂层防腐，涂层在涂覆过程中，不可避免地存在毛细孔或漏涂处，而且在安装或使用中也会破损，导致腐蚀集中在这些部位。但阴极保护法可弥补涂层的不足，二者结合使用是最经济的、最有效的方法。

（1）涂层保护法

涂层是由电绝缘材料制成，在金属及其周围的电解液之间产生很高的电阻，以减少电流，随之减少了对金属的腐蚀（图13-16）。但由于涂层自身的老化和海水、微生物的侵蚀，涂层会失去防蚀、隔离作用，并且如果涂层遭到局部破坏，会更加剧金属的局部腐蚀，最后造成管道穿孔。因此在埋地及海底管道防腐中，单一使用涂层保护是很难达到预期防腐蚀效果的。许多工程实例也证明了这一点。因此，无论是从理论上还是在实际应用中都证明，在埋地及海底金属管道的防腐中，单一使用涂层保护有着一定的局限性，很难达到较长年限的防腐要求。

（2）电化学阴极保护法

在腐蚀电池中被腐蚀的金属是阳极，让被保护的金属成为电化学体系中的阴极，进行阴极极化，使其得到保护，这种防止金属腐蚀的方法被称为电化学阴极保护法。电化学阴极保护法于1842年被提出，在19世纪30年代才开始被广泛应用。1952年，它被应用于海底金属管道的防腐，防蚀效果良好。但单独使用阴极保护法，费用相当昂贵。

（3）涂层+阴极保护法

随着科学技术的不断发展和大量的实践证明，"涂层+阴极保护"相结合的保护方法是埋地金属管道和海底金属管道最有效的防腐方法。该方法最突出的优点是采用涂层使阴极保护费用大大降低；涂层使阴极保护电流分布更均匀；阴极保护使涂层破损处和毛细孔处免受腐蚀；阴极保护可减少涂层的老化速度。

实践证明，单一使用涂层防腐，其管材的腐蚀速度与钢管裸露使用时的腐蚀速度相同，甚至还更快，但加上阴极保护后，防蚀效果提升明显。

阴极保护分为两种，即牺牲阳极阴极保护法和外加电流阴极保护法。牺牲阳极保护法，是指通过与电位更负的金属或合金电性连接，使电位较负的金属或合金不断溶解而提供保护电流使被保护的金属结构得以保护的方法；外加电流阴极保护法，是指利用不溶性或微溶性阳极（辅助阳极），由直流电板向被保护体施加阴极电流的方法。由于外加电流阴极保护法需要长期稳定的直流电源和各种电气设备、配备维修和管理人员，应用起来很不方便，因此本工程污水排海管道采用牺牲阳极阴极保护法。这种方法简便、安全、经济。图13-17为阴极保护法中使用的牺牲阳极块。

图13-16　涂层施工实景

图13-17　牺牲阳极块

13.4.4 入海点设计

排海管入海须穿越现状复堆河底及已建海滨大道海堤，常见穿越方式为架管穿越和顶管穿越。由于架管穿越对现状海滨大道通车影响较大，另外从减少海底埋管施工对局部水体中悬浮物量和底栖生物破坏程度及有利于施工角度出发，滩涂部分落潮露滩不宜采用开槽埋管法施工，而宜采用有较大埋深的顶管方案，因而本工程采用顶管穿越进入外海。

本工程采用顶管的施工方式向北穿越复堆河和海堤后入海，复堆河和海堤走向一致，复堆河内侧原为农田，地形开阔平坦，交通便利，适合作为顶管施工的场地。顶管工作井位于规划复堆河西岸，接收井位于海域侧水深-3.4m处，顶管段长度1120m（以入海点为界，陆域顶管400m，海域顶管720m）。

由于本工程布设顶管工作井采用压力管排放，根据《堤防工程设计规范》GB 50286—2013规定，压力管不宜铺设在大堤的堤身穿越大堤。此次采用*DN*1800钢管顶管穿越大堤，穿越后在管道间填充泡沫塑料与*DN*1400排海管一同铺设于*DN*1800管道内。顶管内喷射树脂混凝土平台，减少钢管穿管时的阻力，钢管穿管按设计要求每6m焊接两个滑轮基脚，钢管利用现场顶管工作井内的千斤顶进行顶进穿管。顶管工程施工如图13-18所示。

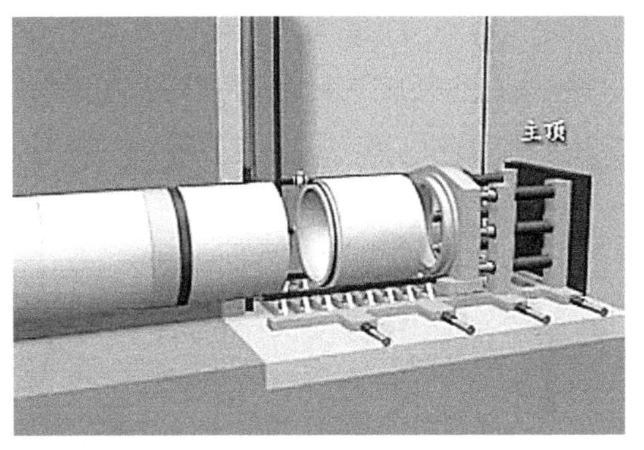

图13-18　顶管工程模拟施工图

*DN*1800钢管顶进完成后，机头暂不取出，直接在管内利用原千斤顶顶进*DN*1400钢管穿管，钢管下吊后在沉井内焊接，焊接后再于管道外包裹泡沫塑料，先推进一节3m左右的钢管，在固定好后安装法兰封堵板，然后推进其余钢管，在沉井内按6m一节焊好并包裹泡沫塑料，完成一节推进一节，直至全部焊接完成。之后，将推进钢管与先前推进已做好封堵板的管道按照设计要求连接好，再将*DN*1800钢管及*DN*1400钢管及顶管工作井间进行止水封堵，如图13-19所示。

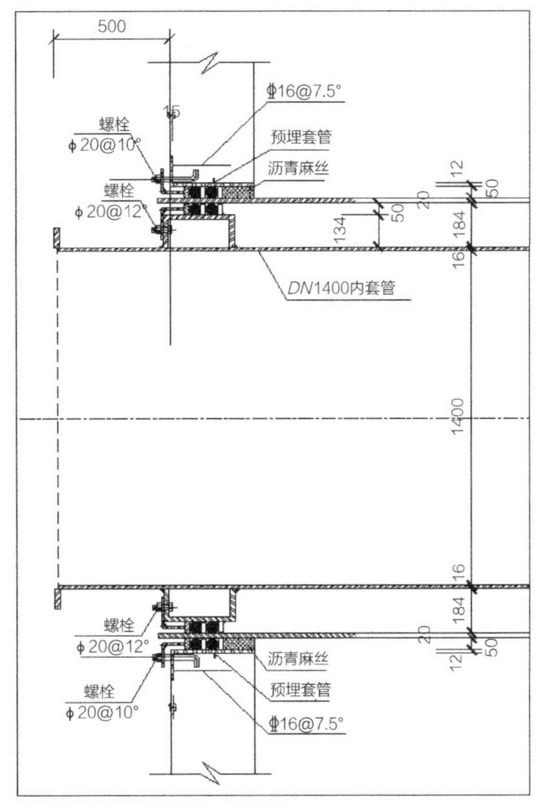

图13-19　顶管出口设计剖面图

13.4.5 顶管接收井设计

由于本工程采用了顶管与开槽埋管两种施工方法相结合的方案，顶管管道与海域埋管管道接口的施工因牵涉到两种不同的施工结构体的衔接，故应十分重视。就目前施工技术而言，钢管（或钢筋混凝土管）沉管法与顶管法接头可采用两种施工方法来解决。一种方法是在顶管法与沉管法相接处利用顶管接收井，接收井可采用沉井或围护结构的方法施工。届时，无论是顶管管节，还是沉管都可以与工作井顺利相接，但在海上施作接收井，建筑材料、施工机械的运输较困难，施工成本较高。另一种方法是采用高分子材料制成复合管道，复合管道因其生产过程的可塑性，可分别与顶管管道和沉管管道相接，同时因其柔性特点，可适应工程的大变形要求（具体施工技术需进一步试验），但需水下开挖连接，影响顶管管道的结构安全，故不宜采用。本工程采用顶管接收井的方法实现顶管与开槽埋管的连接，工作井设计如图13-20、图13-21所示。

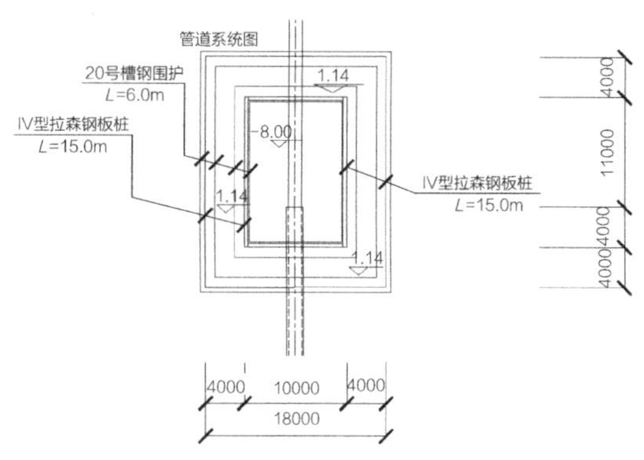

图13-20　接收井设计平面图

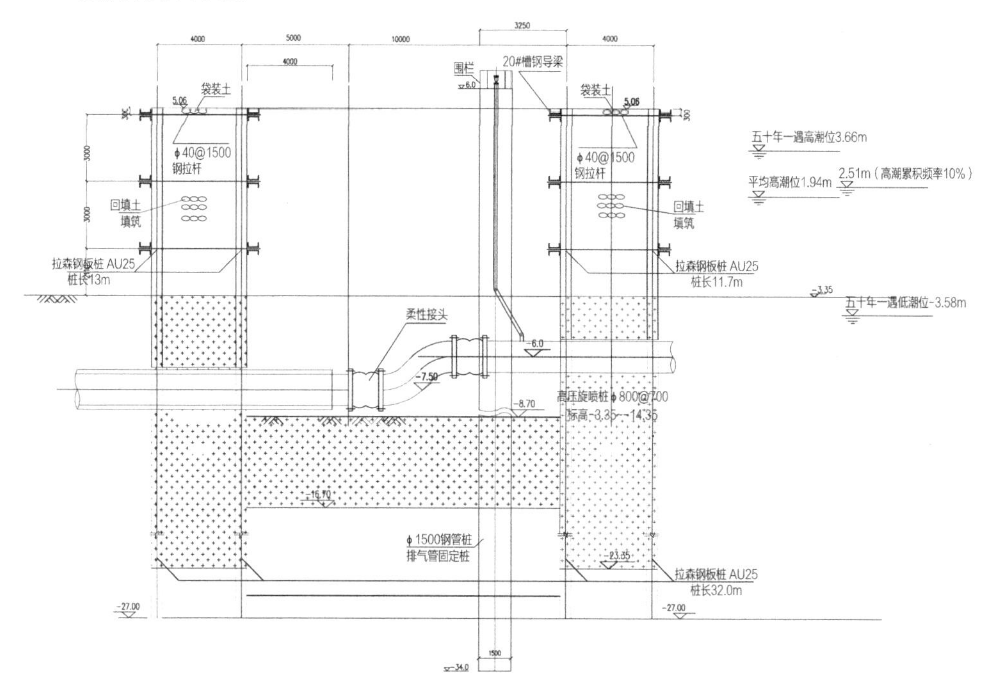

图13-21　接收井设计剖面图

顶管接收井内管道连接施工流程：顶管施工（管道施工完成包括顶管内钢管施工）、海上沉管施工至接收井外→水上接收井施工→顶管穿越接收井进入接收井内→接收井内土方开挖→吊运机头、管道水下连接→接收井拆除→与接收井外管道连接。接收井效果如图13-22所示。

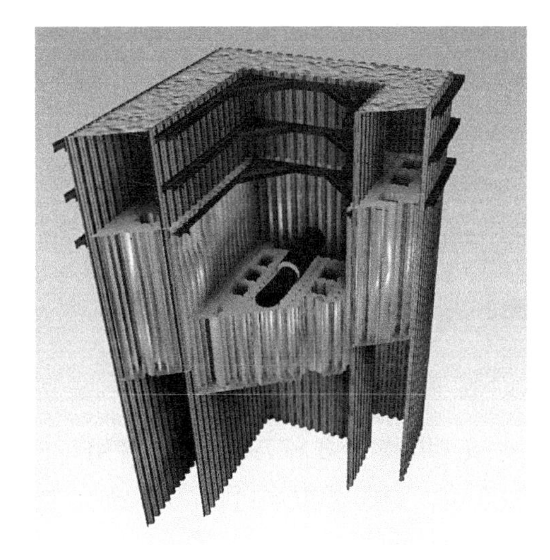

图13-22 接收井设计效果图

13.4.6 扩散器设计

扩散器的作用是将污水分散成许多小流体，并要求扩散器的喷口间距以各喷口排出污水在初始稀释过程中相互不重叠为限，利于污水在较大面积内扩散。在本质上是扩散器将点源排放改变为线源排放，使排放水流与受纳水体充分混合形成稀释水流。在一定水深下，当污水通过扩散器孔口排放到周围海水时，受到正比于污水和周围海水密度差的浮力作用；同时，污水喷射和海水的相对运动产生剪力，使污水和海水之间又产生了紊流混合，从而使靠近排放口的排出污水获得有效稀释。当污水排入受纳水域后，按掺混稀释特点可划分为近、远两个区域。在分析计算中，常将排放口附近污水出口的起始动量和浮力起主导作用的区域称为近区；远区是指距排放口较远的区域，掺混稀释以紊流扩散为主。

扩散器的长度直接影响到近区的稀释效果，影响扩散器的长度的主要因素包括污水排放量、初始稀释度的要求、水深、密度及水动力条件等。扩散器的长度和喷口的设计应满足规定的初始稀释度要求，根据《污水排海管道工程技术规范》GB/T 19570—2017第6.15条：扩散器的长度和立管、喷嘴设计应满足规定的起始稀释倍数要求如40、60或大于100倍。为避免形成稳定的水面污水场，初始稀释度应不小于100倍。扩散段越长，排放口近场稀释效果越好。

扩散器的长度与稀释效果密切相关，扩散器长度按式（13-1）计算：

$$L_b = 4.27QS_c^{3/2}h^{-2/3}\left(\frac{\rho_a-\rho_o}{\rho_o}\right)g^{\prime -1/2} \quad （式13-1）$$

式中 L_b——扩散器长度，m；

Q——污水排放量，m^3/s；

h——污水的最大浮升高度，m；

g'——折减重力加速度，m/s^2；

S_c——初始稀释度。

依此，本工程计算结果为L_b=300m。

扩散段沿途由于上升管的不断分流，水量递减，为了保持良好的水力条件，一般将扩散段设计成变截面形式。扩散器结构如图13-23所示。

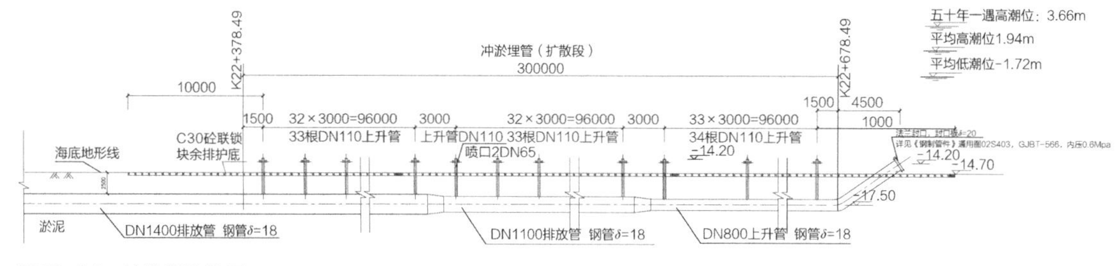

图13-23　扩散器结构图

近期规模Q=8.57万m^3/d时，使用72根上升管，上升管流速为1.45m/s，喷口流速为2.08m/s。远期规模Q=11.83万m^3/d时，使用100根上升管，上升管流速为1.44m/s，喷口流速为2.06m/s。

扩散器由多个上升管和喷口组成，上升管的间距以各喷口排出的污水在初始稀释扩散的过程中互不重叠为原则。污水从放流管到上升管流速呈逐渐增大趋势，有利于沉积物的排出。

1. 上升管数量确定

上升管与排海管的面积比一般为0.6～0.7。根据《污水排海管道工程技术规范》GB/T 19570—2017，上升管数量计算公式如式13-2所示：

$$m=3L_D/h \tag{式13-2}$$

式中　m——喷口数，个；

L_D——扩散器有效长度，m；

h——污水排放深度，m。

经计算，本工程上升管数量为100个，间距取3m，上升管管径取110mm。

2. 喷口设计

在每根上升管端部设置2只喷口，在既定设计流量下，喷口总面积决定了喷口流速的大小。喷口射流速度直接影响到污水从喷口射流后的一段距离的近场稀释及防止漂浮物靠近喷口的效果。喷口总面积控制在排海管截面积的60%～70%。经核算，每根上升管设置2只DN65喷口。

为防止海水入侵和泥沙阻塞喷口，根据《污水排海管道工程技术规范》GB/T 19570—2017，喷口出流佛汝德数Fr＞1.0。佛汝德数Fr计算公式：

$$Fr=\frac{v}{\sqrt{\frac{\rho_a-\rho_o}{\rho_o}\cdot g\cdot d}}>1.0 \tag{式13-3}$$

式中　ρ_a——海水密度，取1.022t/m^3；

ρ_o——污水密度，取0.999t/m^3；

v——喷口流速，单位m/s；

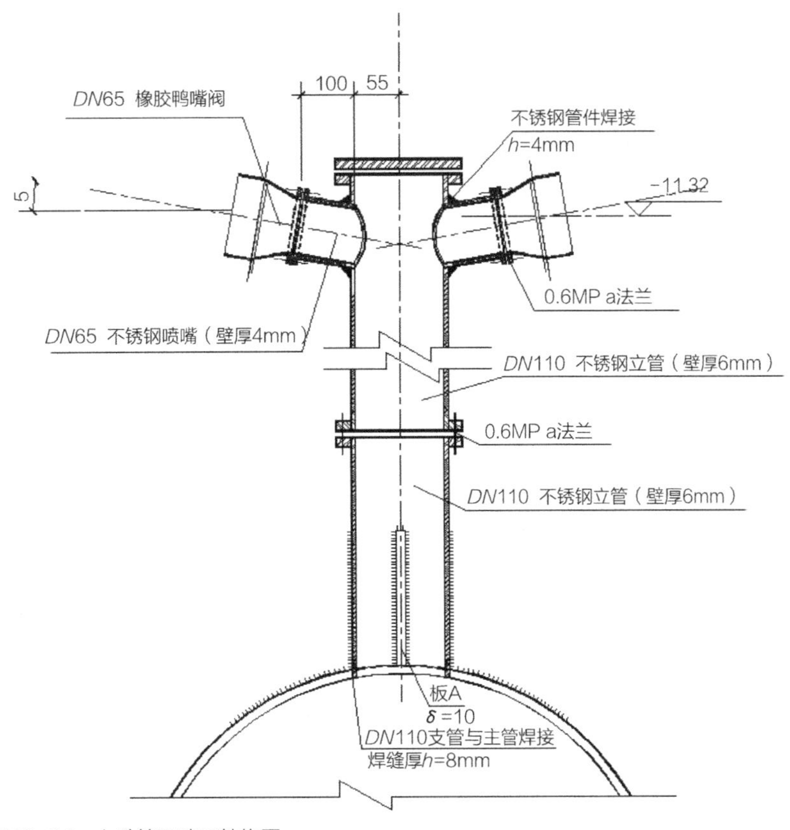

图13-24　上升管及喷口结构图

d——喷口管径，单位m。

经计算，本工程近期规模Q=8.57万m^3/d时，排海管喷口流速为2.08m/s，相应佛汝德数Fr = 17.1 > 1.0；远期规模Q=11.83万m^3/d时排海管喷口最小流速为2.06m/s，相应佛汝德数Fr = 17.0 > 1.0。

本项目综合考虑工程造价和长期运行费用等因素，扩散器喷口拟采用橡胶鸭嘴阀。上升管及喷口结构示意如图13-24所示。

13.4.7　应急排放设计

1. 应急排放模式

《污水排海管道工程技术规范》GB/T19570—2017 6.2.28.e条规定："定期做管线检查，发现问题及时维修加固，发现管道断裂时，应打开紧急排放口或有效设施进行污水分流"；6.2.10条规定："为防止管道损坏，应设置应急排海管道或有效的防止污水直接排海措施"。

徐圩新区达标尾水排海工程远期达标尾水排海总规模11.83万m^3/d，其中东港污水处理厂达标尾水排放量为6.0万m^3/d，基地循环冷却水排放量为5.83万m^3/d。DN1000基地工业含盐废水管自东港污水处理厂沿港前大道敷设至调蓄池。在调蓄池内，基地循环冷却水与经人工湿地处理后的东港污水处理厂尾水混合，通过DN1400泵站进水总管进入泵站，加压后经排海管道排海。

在超设计条件或事故检修情况下，排海泵站或管道系统无法正常运行，为满足达标尾水及时排放的需求，本工程应急排放方案利用湿地库容调蓄部分污水处理厂尾水，超库容部分排入连云港石化产业基地水环境风险应急防控系统。在调蓄池处设置一根*DN*1400溢流管进行应急排放，将达标尾水溢流进入附近应急防控系统排放。应急排放模式如图13-25所示。

2. 应急防控系统

徐圩新区石化基地与基地外连通的河网较多，一旦基地内发生重大事故，污染物进入河道后，将直接影响到整个基地的水环境，并通过相互连通的河道流入基地外其他水域及海域，将对整个区域地表水体及海洋造成严重污染。因此拟通过建设连云港石化产业基地水环境风险应急防控系统，建立健全基地环境风险防范的硬件基础设施和管理体系，提高企业安全运行保障，加强石化产业基地水环境风险应急管理能力，构建水环境分区全过程管控的环境生态安全体系，充分保障海洋、地表水体生态环境及区域人居环境安全。

连云港石化产业基地水环境风险应急防控系统硬件基础设施主要包括石化基地外围节制闸建设、石化基地内部应急截污（泵）闸建设、公共应急事故池建设、配套自动监测及控制系统以及各系统间的应急联动措施。应急防控系统选取了4段南北向封闭河道、河段作为公共应急事故池，分别为1～4号公共应急事故池（图13-26）。1号池、2号池位于新复堆河上，3号和4号池位于中心河，通过两侧设置应急截污闸封闭形成公共应急事故池。应急截污闸平时处于开启状态，在应急状态时关闭应急截污闸门，形成封闭的公共应急事故水池。为满足在事故时可以紧急排空的要求，除了设置应急截污闸封闭外，在4座公共应急事故池均设置泵站紧急排空。每座公共应急事故池设计最大容量为14万m^3。

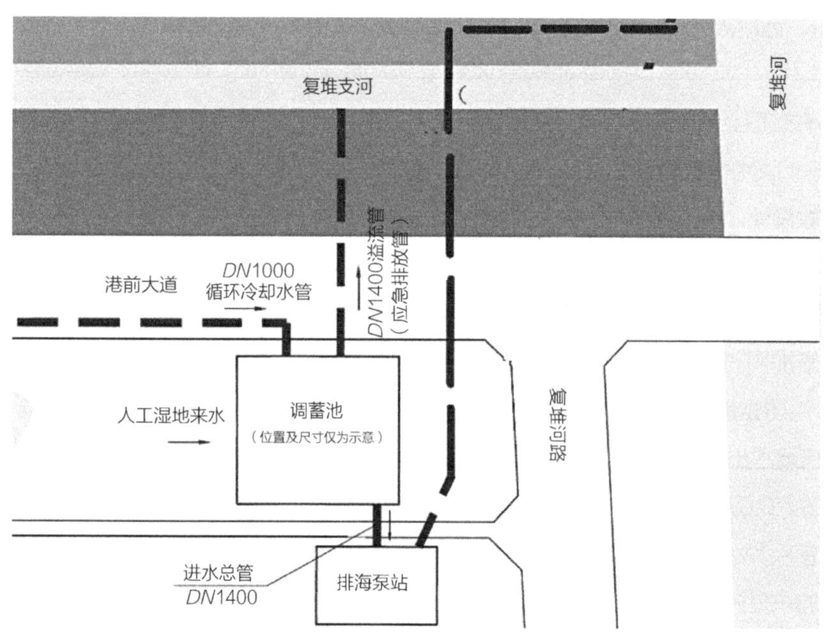

图13-25　应急排放模式示意图

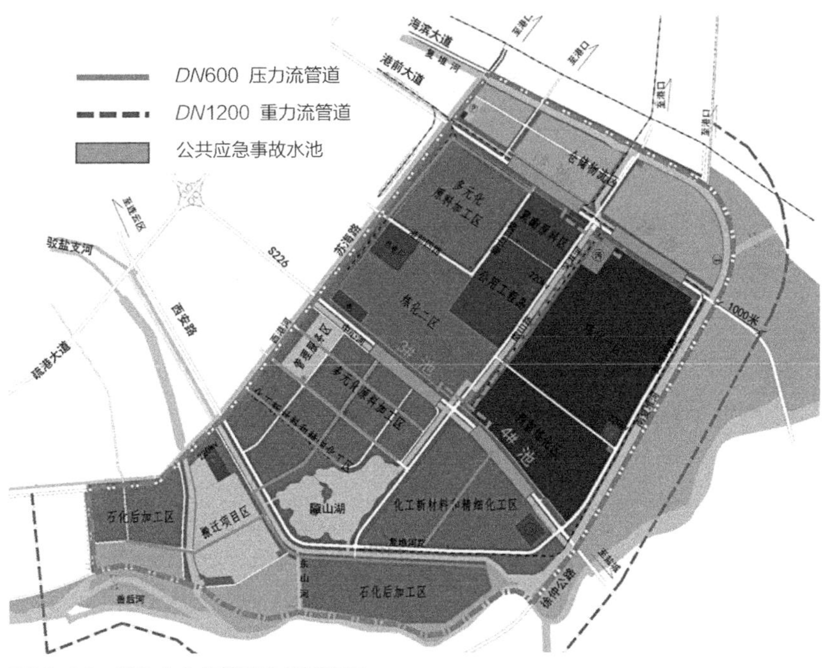

图13-26　事故水收集管网布置示意图

1号和2号池以及3号和4号池之间通过管道进行连接，并设置阀门根据需要进行分合控制。当发生特大事故时，4座公共应急事故池可实现连通。经计算，在非汛期基地事故公共应急水池总容积为56万m^3，在汛期最大总容积可达58.86万m^3。因此本工程应急排放湿地调蓄库容和连云港石化产业基地水环境风险应急防控系统的调蓄库容总量为72.68万m^3。

13.5　施工技术措施

13.5.1　顶管井施工

顶管井工程主要包含1座顶管工作井和1座接收井。顶管工作井采用矩形截面，平面净尺寸为12m × 8m，为变截面结构，壁厚分别为1000mm、800mm和700mm，配套施工主要为高压旋喷桩、沉井结构及配套设施；顶管接收井采用矩形截面，平面净尺寸为15m × 10m，外围采用双层钢板桩围堰施工，围堰宽4m，围堰内及钢板桩之间采用高压旋喷桩加固，围堰内加固范围为标高-16.70～-8.70m；钢板桩内加固范围标高-18.30～-3.30m，钢板桩围堰顶采用素土回填，顶板采用袋装土压顶，中间附带ϕ1500排气管固定钢管桩。

顶管接收井位于海内，围堰防渗漏难度大，采用双层钢板桩围堰+中间钢板桩加固和回填土施工。顶管工程施工期间，存在海水渗漏和倒灌等情况发生，因此钢板桩围堰防渗漏是工程的重点。对此，采取的主要措施有：围堰内及围堰间高压旋喷桩采用试桩工艺，合理调整水泥浆液配合比、旋喷桩转速，提升速度和压力，确保成桩效果，做好止水；严控进场钢板桩质量，钢板桩打设前逐根检查钢板桩锁扣质量，严禁采用变形严重、锁扣质量不佳的钢板桩；严控中间验收制度，确保钢板桩施工过程中的垂直度，以保证钢板桩下部锁扣紧密。

1. 高压旋喷桩

高压旋喷桩主要用于顶管工作井和接收井的加固。顶管工作井井底型号为ϕ800×8000@600，368根；井四周型号为ϕ800×23000@600，292根。共计660根；顶管接收井型号为ϕ800×800×600mm，井底部桩长8m，共308根，井四周桩长21m，共576根。共计884根。高压旋喷桩施工工艺流程如图13-27所示。

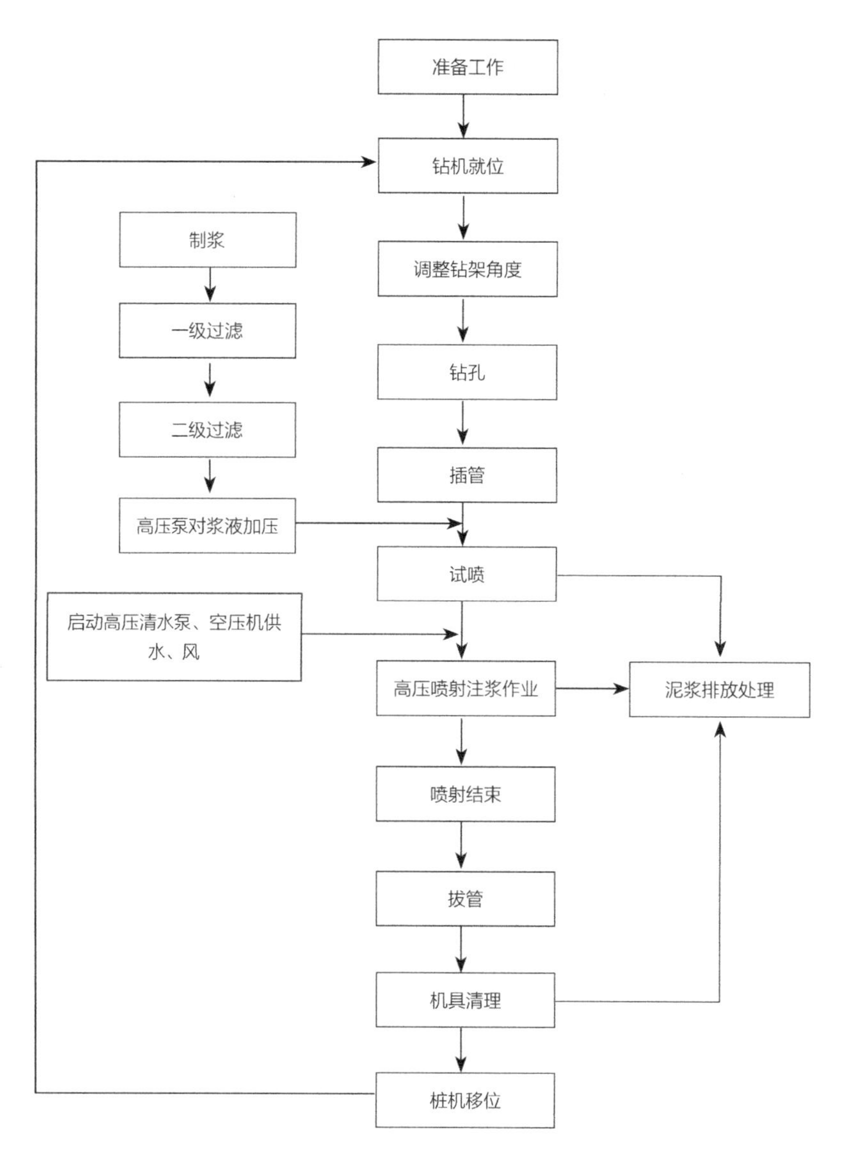

图13-27 高压旋喷桩施工工艺流程图

高压旋喷桩主要施工过程如下。

（1）施工准备

正式进场施工前，进行管线调查后，清除施工场地地面以下2m以内的障碍物，不能清除的做好保护措施，然后整平、夯实；同时合理布置施工机械、输送管路和电力线路位置，确保施工场地的“三通一平”。

施工前用全站仪测定旋喷桩施工的控制点，埋石标记，经复测验线合格后，用钢尺和测线实地布设桩位，并用竹签钉紧，一桩一签，保证桩孔中心移位偏差小于50mm。

原地面清理、整平，并用小型压路机碾压密实。挖好排浆沟，设置回浆池，浆液回收处理，防止污染环境。

（2）钻机就位

钻机安放在设计孔位上，使钻头对准孔位中心，纵横向偏差不得大于50mm。为保证钻孔达到规范要求的垂直度偏差1%～1.5%，钻机就位后，必须作水平校正，使钻杆轴线垂直对准孔位，并固定好桩机。

就位后，首先进行低压（0.5MPa）射水试验，用以检查喷嘴是否畅通、压力是否正常。

（3）制备泥浆

桩机移位时，即开始按设计确定的配合比拌制水泥浆。首先将水加入桶中，再将水泥和外掺剂倒入，开动搅拌机搅拌10～20min；而后拧开搅拌桶底部阀门，放入第一道筛网（孔径为0.8mm），过滤后流入浆液池；然后通过泥浆泵抽进第二道过滤网（孔径为0.8mm），第二次过滤后流入浆液桶中，待压浆时备用。

（4）钻孔

钻孔的目的是为了把注浆管置入到预定深度，钻孔方法可根据地层条件、加固深度和机具设备等条件确定。成孔后，校验孔位、孔深及垂直度是否符合规范要求（孔位纵横向偏差不大于50mm、孔深不小于设计深度、垂直度偏差不大于1%～1.5%）。

（5）下注浆管

成孔合格后即可下注浆管到预定深度。在下管之前，必须进行地面试喷，检验喷射装置及浆液发生装置是否正常。

当采用旋喷注浆管进行钻孔作业时，钻孔和插管两道工序可合二为一。当第一阶段贯入土中时，可借助喷射管本身的喷射或振动贯入。其过程为：启动钻机，同时开启高压泥浆泵低压输送水泥浆液，使钻杆沿导向架振动，射流成孔下沉，直到桩底设计标高，观察工作电流不应大于额定值。采用三重管法时，钻机钻孔后，拔出钻杆，再插入旋喷管。在插管过程中，为防止泥砂堵塞喷嘴，可用较小压力（0.5～1.0MPa）边下管边射水。

（6）喷射注浆作业

喷浆管下沉到达设计深度后，停止钻进，旋转不停，高压泥浆泵压力增至施工设计值（20～40MPa），坐底喷浆30s后，边喷浆，边旋转，同时严格按照设计和试桩确定的提升速度提升钻杆。若为二重管法或三重管法施工，在达到设计深度后，接通高压水管、空压管，开动高压清水泵、泥浆泵、空压机和钻机进行旋转，并用仪表控制压力、流量和风量，分别达到预定数值时开始提升，继续旋喷和提升，直至达到预期的加固高度后停止。

当旋喷管提升接近桩顶时，应从桩顶以下 1.0m 开始，慢速提升旋喷，旋喷数秒，再向上慢速提升 0.5m，直至桩顶停浆面。

若遇砾石地层，为保证桩径，可按上述（4）~（6）步骤重复喷浆、搅拌，直至喷浆管提升至停浆面，关闭高压泥浆泵（清水泵、空压机），停止水泥浆（水、风）的输送，将旋喷浆管旋转提升出地面，关闭钻机。

施工作业期间必须时刻注意检查浆液初凝时间、浆液流量及压力、提升速度等参数是否符合设计要求，并随时做好记录，如遇故障及时排除。

（7）补浆

喷射注浆作业完成后，由于浆液的析水作用，一般均有不同程度的收缩，使固结体顶部出现凹穴，要及时用水灰比为1.0的水泥浆补灌。

2. 沉井施工

顶管工作井长13.6m，宽9.6m，深度14.8m，采用沉井法施工。沉井下沉采用不排水下沉工艺，顶管工作井采用不排水下沉，底板混凝土采用水下混凝土封底。顶管工作井井壁、底板混凝土强度等级为C30，抗渗等级为S6，封底混凝土强度等级为C20，底板十字梁和顶板混凝土强度等级为C30。沉井施工完成前底部及周边采用高压旋喷桩加固，直径800mm，间距600mm。考虑下沉配重、结构抗浮及经济方面的要求，设计为变截面沉井，各段沉井井壁统计如表13-5所示，平面图、断面图如图13-28、图13-29所示。

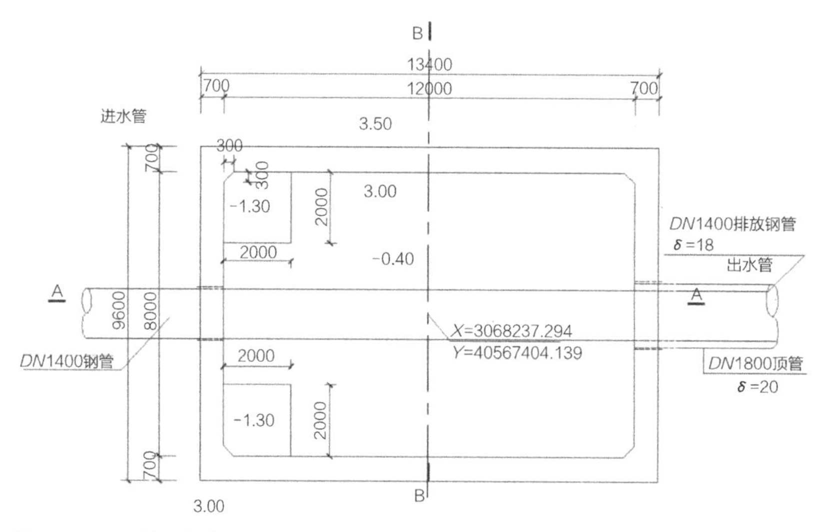

图13-28　顶管工作井平面图

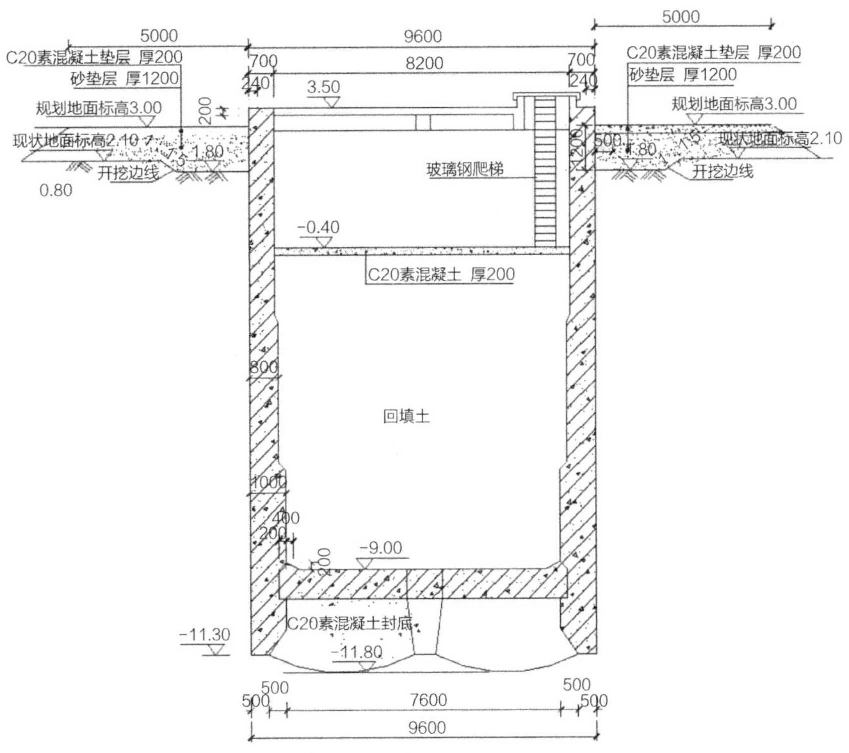

图13-29　顶管工作井剖面图（B-B剖面）

顶管工作井井壁变化情况　　表13-5

序号	高程标高（m）	高度（m）	井壁厚度（mm）	备注
1	-11.30 ~ -9.80	1.5	1000	
2	-9.80 ~ -6.30	3.5	1000	
3	-6.30 ~ -2.30	4.0	800	
4	-2.30 ~ 3.50	5.8	700	
合计		14.8		

顶管工作井设计起沉标高为3.00m，分三次下沉：第一次分两次制作，高度5.8m，不排水下沉至标高-1.8m；第二次制作高度3.0m，不排水下沉至标高-4.8m；第三次制作高度6.5m，不排水下沉至标高-11.3m。第二、三次下沉采用不排水下沉，下沉稳定系数较大，应回填土，填至距离井底约8m处，再逐步开挖下沉，保持井内约8m回填土，与沉井同步进行下沉，保证沉井稳定，不发生突沉。

沉井施工工艺流程为：测量放样→沉井开挖至起沉标高→分层（30cm一层）回填并夯实砂土至高程2.80m（密实度≥93%）→高压旋喷地基加固→浇筑C20素混凝土垫层（厚20cm）→沉井刃角垫层和垫架→第一节沉井制作→沉井养护强度达到设计值的75%→第二节沉井制作→强度达到100%、第一次沉井下沉至-1.8m→第三次沉井制作→第二次沉井下沉至-4.8m→第四次沉井制作→第三次沉井下沉至-11.3m→沉井封底→沉井质量验收。

沉井下沉至设计标高并趋于稳定时方可水下封底。沉井封底采用水下混凝土封底，每1m^2范围设竖向ϕ12插筋一根，插入深度不小于1000mm，上端伸至底板顶面。为保证水下混凝土与井壁的结合，在拆模后，与水下封底混凝土接触段井壁应将接触面凿毛。底板与井壁、井壁与隔墙以及底板与隔墙的连接处亦需凿毛。

图13-30　顶管接收井施工位置图

沉井每次下沉前，在顶部四角设置沉降观测点，以控制沉井均匀下沉，并及时纠偏。对沉井井壁和顶标高进行实施监测，确保均衡下沉。沉井在下沉过程中应做好降水工作，防止管涌、流砂等现象产生，并加强观测，注意对邻近建筑及地下管线的保护。沉井的施工质量，应符合沉井施工验收规范要求。

3. 顶管接收井

顶管接收井施工主要包括高压旋喷桩、钢板桩围堰、钢管桩和管道、回填土等。顶管接收井位于海域浅滩段，受潮汐影响较大，地质较差。施工位置如图13-30所示。

接收井采用钢板桩和高压旋喷桩作为支护加固结构，钢板桩为内外侧双层结构，其外围尺寸为18m×23m，内侧尺寸为10m×15m，内部设置一根长40m的钢管桩作为排气管支护结构，主要结构形式如图13-31、图13-32所示。

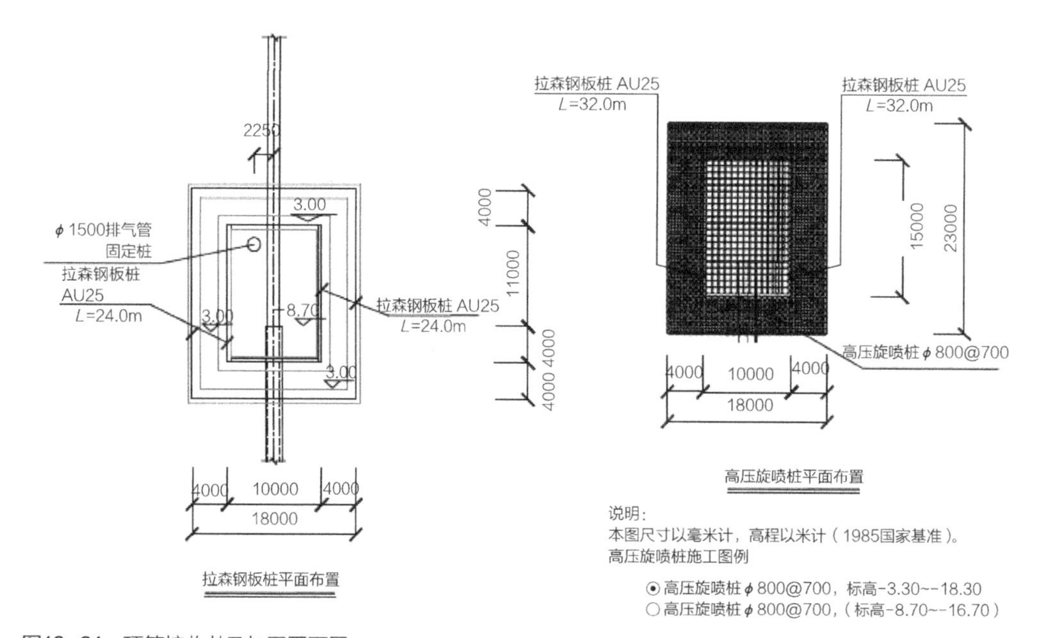

图13-31　顶管接收井及加固平面图

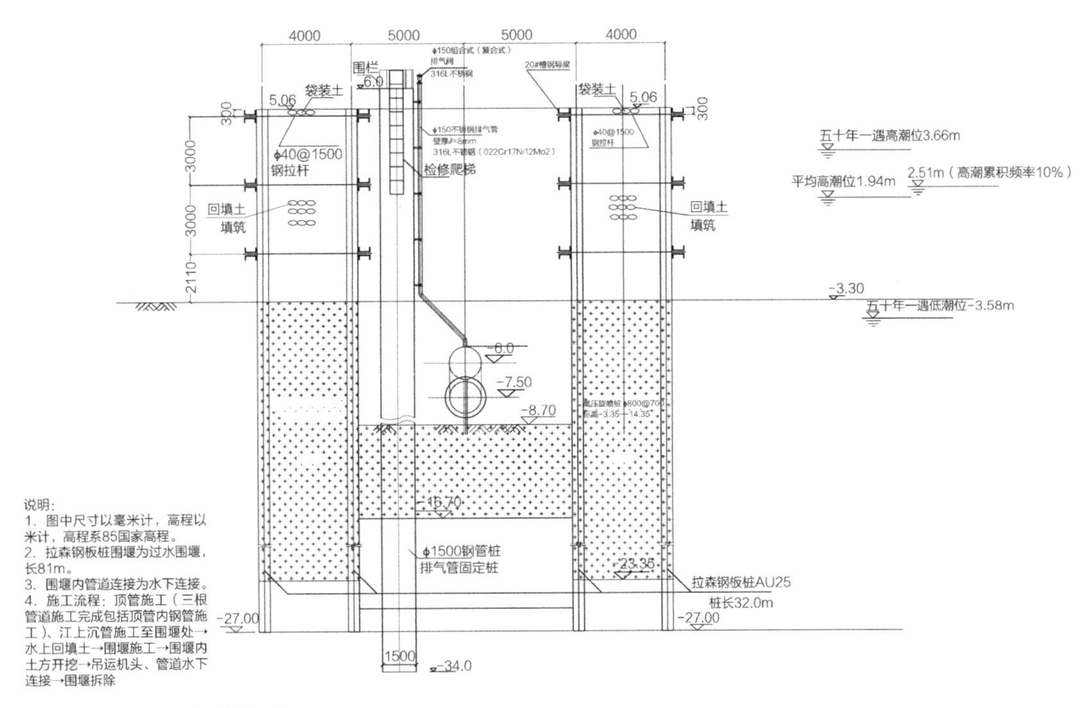

图13-32　顶管接收井剖面图

顶管接收井工艺流程为：施工准备→施工放线→钢板桩施工→土方回填→高压旋喷桩施工→土方开挖→洞口处理→顶管出洞→钢管打设→管道安装→附属工程施工。

4. 钢板桩

钢板桩主要用于顶管接收井的支护，采用“驳船+履带吊+振动锤”作业形式施工。钢板桩长24m，打拔钢板桩时采用100t履带吊配带120t振动锤。主要施工流程为：施工准备→钢板桩装船→测量定位→清理钢板桩→导向桩制作→插打定位钢板桩→打钢板桩→安装钢围檩及拉杆。

（1）施工要点

钢板桩运到场后，用一块长1.5～2.0m、类型规格均相同、锁口标准的钢板桩对所有同类型的钢板桩做锁口通过检查，从桩头检查至桩尾。若发现钢板桩有弯曲、破损、锁口不合的均需要修整，桩身扭曲及弯曲用油压千斤顶顶压校正。

在施打钢板桩前，钢板桩两侧锁口均在插打前涂满黄油以减少插打时的摩阻力，同时在不插套的锁口下端打入硬木楔，防止沉入时泥砂堵塞锁口，在施打前必须先在锁口内填满防水混合料。

钢板桩的准备工作完成以后，在堆码层数最多不超过7层，每层间用垫木搁置，垫木高差不得大于10mm。上、下层垫木中线应在同一垂直线上，允许偏差不得大于20mm。

（2）导桩、导梁施工

导桩采用长度为12～15m、直径600mm的钢管桩。在钢管桩的一顶部焊接一钢平台作为搁置导梁的平台，导桩间距为15m左右。

导梁由2根长度为15m的钢板桩组成。施工时由测量人员在导桩平台上测放出钢板桩的两侧边线，吊车将钢板桩吊起并放置到导桩平台的控制线上。因钢板桩的宽度为420mm，导梁安装时其内侧空间为440mm，即每边留有10mm的余量，以方便打桩施工。

（3）钢板桩施工

钢板桩施工时第一根边桩的定位及双向垂直度是控制钢板桩围堰位置及后期钢板桩施工的关键，施工时须从严控制。精确测设第一根边桩的方位，以此指挥打桩履带吊车的移位，定位后，打桩锤的锤心必须与第一根桩的中心重合。起吊钢板桩呈垂直状态下完成插桩，插桩稳定后，精确复测桩的位置与双向垂直度，不符合要求时需重新插桩，直至合格为止。

第一根桩插桩稳定后，用挡块等顶塞调整后的空隙使钢桩稳固，间歇启动振动锤，对第一根桩实施小位移量沉设，并跟踪复核桩体的垂直度，直至桩体下沉入土超过3m后，方可连续沉设至设定的桩顶标高。然后，顺着事先固定好的导梁依次插打其他钢板桩，后一根钢板桩顺着前一根钢板桩的锁口插入，插桩到位后加塞固定，启动振动锤分次沉设至设计标高。

钢板桩沉设时，采用全站仪跟踪测量，随时检查钢板桩的偏位情况，当钢板桩发生偏斜时及时用倒链校正，以利及时纠偏；当偏斜过大不能用拉挤的方法调整时，应拔起重插。钢板桩插打过程中，可能还会遇到共连、扭转及板桩轴线向未打桩方向倾斜等问题，相应的预防措施及处理方法如表13-6所示。

钢板桩施工常见问题及预防纠正措施　　表13-6

常见问题	预防及纠正措施
共连（施打时和已打入的邻桩一起下沉）	发生桩体倾斜及时纠正；先预留 100cm，合拢后再打至设计标高
桩体扭转	锁口搭扣两边固定牢靠
板桩轴线向未打桩方向倾斜	打桩时锤体向已打侧倾斜施打，必要时用导链调整

钢板桩横向围堰在合拢时，两侧锁口很难保证在一条直线上。此时应采取以下措施：在钢板桩即将合拢而剩下几组还未插打时，提前考虑合拢情况，可将围堰短边的钢板桩全部插入导梁内，然后再逐次打设钢桩。由于两侧钢板桩存在倾斜或其他原因，采取上述措施仍无法合拢时，可以根据实际需要制作异形钢板桩进行合拢。由于沉桩长度较大，在施工中必然产生钢板桩倾斜，当积累到一定程度而无法调整时，需加工制作异型桩进行调整。

13.5.2　顶管施工

本工程顶管施工采用泥水平衡顶管机施工。掘进机被主顶油缸向前推进，掘进机头进入止水圈，穿过土层到达接收井，发动电动机，转动切削刀盘，掘进机通过切削刀盘进入土层。挖掘出土和石块等在转动的切削刀盘内被粉碎，然后进入泥水舱与泥浆混合，最后通过泥浆系统的排泥管由排泥泵输送至地面上。

在挖掘过程中，采用复杂的土压平衡装置来维持水土平衡，可始终处于主动与被动土压之间，达到消除地面沉降和隆起的效果。掘进机完全进入土层以后，电缆、泥浆管被拆除，吊下第一节顶进管，并被推到掘进机的尾套处。当掘进头连接管顶进以后，挖掘终止、液压慢慢收回，另一节管道又吊入井内，套在第一节管道后方，连接在一起，重新顶进，这个过程不断重复，直到所有管道被顶入土层完毕，一条永久性的地下管道施工完成。

掘进机在掘进过程中，采用了激光导向控制系统。位于工作后方的激光经纬仪发出激光束，调整好所需的标高及方向位置后，对准掘进机内的定位光靶，激光靶的影像被捕捉到机内摄像机的影像内，并输送到挖掘系统的电脑显示屏内。操作者可以根据需要开启掘进机内置式油缸进行伸缩，以达到纠偏的目的，调整切削部分头部上下左右高度。在整个掘进过程中，甚至可以获得控制整个管道水平、垂直向30cm范围内的偏离精度。

泥水平衡顶管机如图13-33～图13-35所示。

顶管工程主管道为*DN*1800钢管，壁厚20mm，内衬管为*DN*1400钢管，壁厚18mm，材料均为Q235b钢。*DN*1800套管长度为1117.5m，*DN*1400内衬管长度为1131.5m。顶进作业首节为3m，常规段顶管长度为6m。钢管外防腐采用环氧煤焦沥青，管道内防腐采用环氧富锌底漆一道，环氧云铁中间漆一道，无毒聚氨酯防腐面漆二道。

顶管工程地质情况复杂，陆域管线部分下穿复堆河桥和海滨大道（原防坡大堤），下穿施工较深，地质复杂多变，施工难度较大，对原有地质会产生破坏，恢复难度较大，顶管施工过程控制难度较大。采取的主要措施有：做好施工过程中测量复核工作，做到“勤测量、勤纠偏、小量纠”，避免大角度纠偏；根据顶进距离、管道允许顶力等方面合适设置后背墙、顶进油缸、中继间、液压泵站等配套设施；做好顶管始发姿态复核，做到顶管机中心、始发

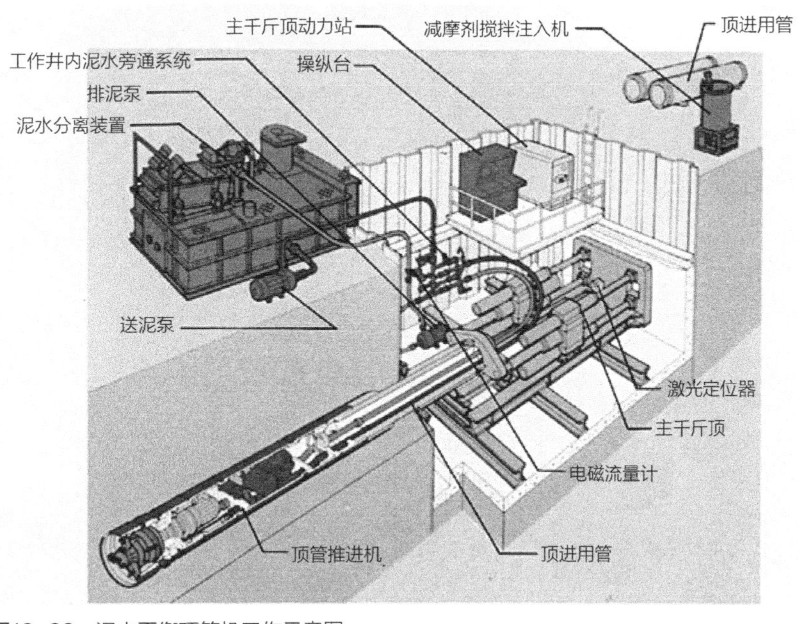

图13-33　泥水平衡顶管机工作示意图

图13-34 泥水平衡顶管机图片

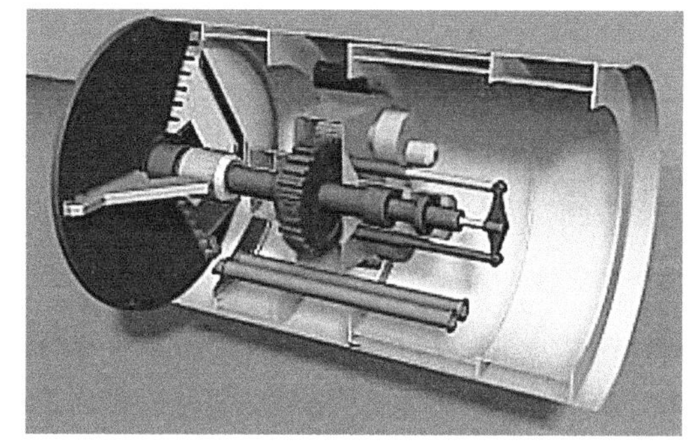

图13-35 顶管机机头内部构造示意图

洞门、接收洞门三者合一；按不同地质条件配制适宜的泥浆，采取同步注浆的方法，并及时足量地沿线补浆，经常检查膨润土质量，特别注意不得含砂；顶进施工前对顶进设备进行认真的检修保养，停顶时间不能过久，发生故障及时加以排除；严格控制顶管轴线偏差，执行勤测量、勤纠偏、小量纠的操作方法；在顶进过程中及时足量地注入符合技术标准的润滑支承介质，填充管道外围环形空隙；施工结束后及时用水泥或粉煤灰等置换润滑泥浆；严格控制管道接口的密封质量，防止渗漏。由于顶管穿越东堤，为防止顶管顶进过程中引起堤坝损害或重大安全事故，综合分析地质情况、地下水位数据及顶管施工范围内环境情况，边顶进边注浆。顶管穿堤段施工工艺流程如图13-36所示。

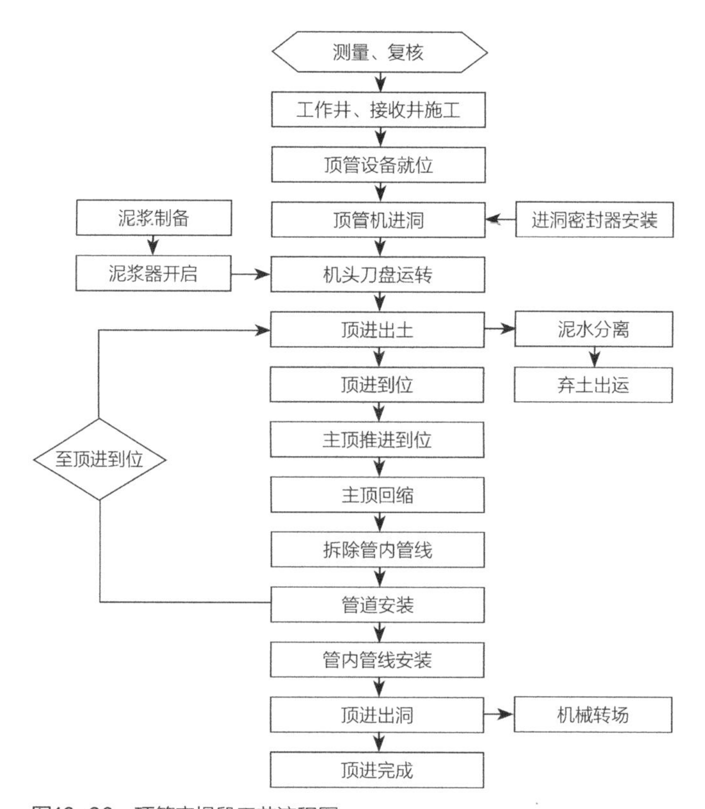

图13-36 顶管穿堤段工艺流程图

顶管工程单次顶进1120m，顶进距离较长，属长距离顶管施工。长距离顶进施工对纠偏、顶力控制、中继间设置、钢管管材承受顶力等各方面的要求较高，如何确保单次顶进按规贯通成为工程的难点。施工中采取的主要措施包括：根据地质水文条件，做好顶管机选型、刀具配置；强化测量频率，确保“及时纠偏、少量多次纠偏”，确保管道线性和坡度；设置试验段；根据实际地层优化减阻注浆配比，确保减阻效果；合理布设中继间，确保管材受力合理，不发生变形。

1. 顶进施工

（1）初始顶进

从破洞一直到第三节钢管全部推进入土中的全过程称之为初始顶进。在顶管施工中，初始顶进是一个至关重要的阶段，它的成败将决定整个顶管过程的成败。

初始顶进分为以下几个步骤。

第一步是破洞。在破洞之前，洞口必须要有防止土体或砂层塌方的措施。在土质均匀的黏土中顶进时，一般洞口采用砖砌、混凝土或钢板封门，本工程采用砖砌封洞门。

第二步是让顶管机入土。当封门破除后，可把顶管机刀盘开动，用主顶油缸徐徐把顶管机推入土中。这一过程中应注意防止刀盘嵌入砂土中不转而顶管机壳体旋转，应采取控制顶进速度和在顶管机左右两侧加设角撑的办法来防止其旋转。

第三步是将机头后方的两根钢管与机头管连接，形成一个整体，用来控制顶进段的高程和中线。至此，初始推进工作完成，此时应停下来进行一次全面的测量，并把测量数据绘成曲线，便于分析。

同时，在初始顶进中还应注意，应在初始顶进的后期方可进行正常的方向校正工作。这是因为如果当第一节钢管尚未与顶管机后壳体连接时进行纠偏，这时顶管机的前壳体已在土中，后壳体仍在导轨上，纠偏时前壳体不动，后壳体则有可能偏离导轨，不仅起不到纠偏作用，反而会带来更多麻烦。在初始顶进阶段若必须纠偏，这时只能用纠偏油缸推出（即用纠偏油缸伸出），而不能用纠偏油缸拉出（即不能用纠偏油缸缩回）。

（2）刀盘转速、扭矩的调整和控制

在顶进过程中，根据土质情况和顶进效果进行刀盘转速和扭矩的控制和调整。正常顶进情况下刀盘应调至高转速、中低扭矩的工作状态，以获得较好的切削和土仓泥土搅拌效果。在施工中需停止刀盘回转时，应先停止顶进，让刀盘空转一段时间，待观察到刀盘工作电流（或工作油压）开始回落后方可停止刀盘回转。在顶进过程中发现刀盘工作电流（或工作油压）异常上升时，应降低顶进速度或停止顶进，待刀盘电流（或油压）平稳后再按正常速度顶进。

当顶管机头发生自转时，应将刀盘回转方向调至与顶管机头自转相同方向进行顶管机头的旋转偏移纠正。刀盘的重新启动应采取一切可能的措施降低启动阻力，在确认不会对设备造成破坏或进一步加大顶进困难后，方可加大扭矩启动刀盘。

（3）正常顶进施工

出洞及试顶进工作结束后，即可进行正常的顶进施工。顶管推进纠偏遵循“勤测量、勤纠偏、微纠偏”的原则，严格控制推进轴线。正常顶进时，每顶进1000mm，测量不应少于1次；一节管节顶进结束后，缩回主千斤顶，拆除洞口处的管线，吊放下一节，然后连接洞口处的管线，再继续顶进。

顶进中还需注意地层扰动。顶进引起地层形变的主要因素有：顶管机开挖面引起的地层损失；顶管机纠偏引起的地层损失；顶管机后面管道外周空隙因注浆填充不足引起的地面损失；管道在顶进中与地面摩擦而引起的地层扰动；管道接缝及中继间缝中泥水流失而引起的地层损失。所以在顶管施工中要根据不同土质、覆土厚度及地面建筑物等，配合监测信息的分析，及时调整开挖进尺和顶进速度，同时要求坡度保持相对平稳，控制纠偏量，减少对土体的扰动。根据顶进速度，控制出土量和地层变形的信息数据，从而将轴线和地层变形控制在最佳状态。

正常顶进施工时，每次推进进尺保持在800mm，推进速度保持在30～40mm/min，并根据地面监测、掌子面稳定和土体情况进行及时调整。正常顶进过程中，当主顶顶力达到其额定顶力的60%时需要安装中继间辅助推进施工。每组顶进推力保留30%～40%的富余量。

（4）压力控制

顶管掘进机在顶进过程中，其土仓的压力P如果小于掘进机所处土层的主动土压力P_a时，即$P<P_a$时，地面就会产生沉降。反之，如果在顶管机掘进过程中，其土仓的压力P如果大于掘进机所处土层的被动土压力P_p时，即$P>P_p$时，地面就会产生隆起。且施工过程中的沉降是一个逐渐演变的过程，要达到最终的沉降所经历的时间会比较长。但是，隆起却是一个立即会反映出来的迅速变化的过程，隆起的最高点是沿土体的滑裂面上升，最终反映到距顶管机前方一定距离的地面上。

顶进过程中，务必要控制好土仓的土压力P，要求做到主动土压力$P_a<P<$被动土压力P_p。因本段顶管穿越覆土较深，主动土压力P_a、被动土压力P_p变化范围较大，再加上理论计算与实际施工时会存在一定的误差，一般将控制土压力P设置在静止土压力$P_0\pm20$kPa范围内。顶进过程中，根据土层变化、覆土深度变化、地表沉降监测等情况等随时调整土压力。

（5）中继间的布置

由于本工程的顶管长度为1120m，顶力过大，为减少顶力可将管道分成数段，使每一段成为一个独立的顶进单元，在每单元间有可伸缩的工具管，工具管内设置千斤顶及高压油泵等设备，前段以后段为后背，分段接力顶进。采用中继间，管道顶进长度不再受承压壁后靠土体极限反推力大小的限制，只要增加中继间的数量，就可增加管道顶进的长度。

按照1120m的顶进距离计算，计划设置9个中继间，其结构尺寸与顶管尺寸一致，均为1.8m，中继间安装后直接作为顶管的一部分，施工完成后不予拆除（图13-37、图13-38）。

2. 注浆减阻

管道减阻从两方面考虑：一是管材本身润滑，比如在管道外壁上涂刷润滑剂；二是

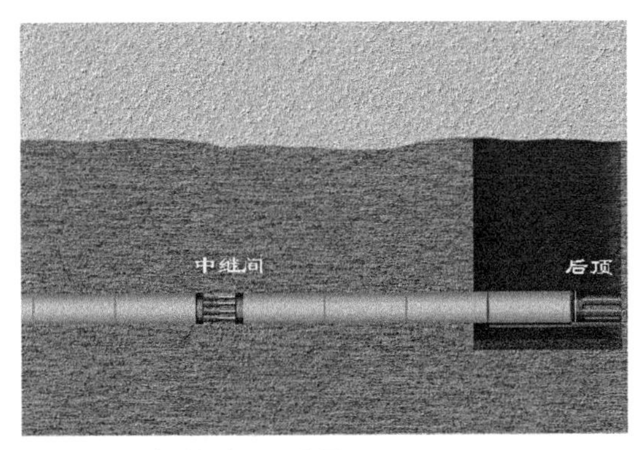

图13-37　中继间布置示意图

图13-38　中继间结构示意图

注浆减阻。

减阻泥浆的使用是工程顺利顶进的关键，在整个顶管过程中起到非常重要的作用。泥浆主要有两个作用，一是支承，二是润滑。

减阻泥浆系统作为顶管顶力控制不可或缺的一个重要环节，能有效减少顶管摩擦力，从而减少在顶管施工过程中中继间的使用数量，若注入的减阻泥浆能在管子的外围形成一个比较完整的泥浆套，则其减摩效果较好，一般情况摩阻力可由12～30kN/m^{2}减至3～5kN/m^2。此外，当管壁周围形成完整泥浆套后，可通过减少顶进带土现象达到控制沉降的目的。本工程触变泥浆材料将优先采用预先经过钠化处理的复合泥浆材料。

（1）泥浆配比

在减阻泥浆配比设计方面，为配制最佳支承作用的触变泥浆，应根据顶管穿越土层筛分曲线详尽地掌握土层的颗粒分布，选择适当的膨润土微细颗粒所占的数量及膨润土的种类，配制保证支承作用的泥浆，泥浆制作须考虑一定的黏滞度和注浆的厚度。注浆管节每间隔一节布置一处，注浆点位应根据施工效果进行优化。

减阻泥浆材料包括膨润土、CMC（羧甲基纤维素）、纯碱及高分子添加剂。本标段的泥浆配置将充分考虑实际土质情况，并结合供料性能，经过试验来确定配比。膨润土最终产地的选择、成品泥浆运动黏度、泥皮厚度、失水率需要通过试验来最终确定。

经试验，顶管减阻泥浆基本配合比为，膨润土：CMC ：纯碱：添加剂＝940：15：40：5，再根据现场实际效果对配比进行调整。

（2）管段压浆

泥浆减阻是顶管减少摩阻力的重要环节之一，而泥浆套形成的好坏，直接关系到减阻的效果。工程采用顶管机同步注浆和管段补浆两种方式进行减阻，即顶管机尾环向设补浆环，泥浆由此在管外壁形成泥浆套；其后管段部分在顶进时分步、同时补浆，补浆孔环形布置。考虑管道直径较大，拟每环4个压浆孔，90°间隔布置。管段补浆第一环布置在顶管机后3m，每根管道都设有注浆孔，每道补浆环有独立阀门控制。

顶进时应贯彻同步压浆与补浆相结合的原则，顶管机尾部的压浆孔要及时有效地进行跟踪注浆，确保能形成完整有效的泥浆环套，管道内的压浆孔须进行一定量的补浆，补压浆的次数及压浆量根据施工情况而定。

采用重叠压浆机理来控制注浆量，即每个压浆环压出去的浆都和下个压浆环的压浆范围重叠，压浆量控制在3～6倍建筑空隙以内，本工程压浆量暂定为5倍建筑空隙。

为确保能形成完整有效的泥浆环套，管道内补压浆的次数及压浆量应根据管壁为泥浆反压、外壁摩阻力的变化情况，结合地面监测数据及时调整。

（3）堤底围岩注浆加固

堤底围岩注浆采用专业的注浆控制系统及配套设备，在顶管顶进至该区域时，采用地面控制系统，将管道连通到顶管内侧，边顶进、边压降，同步施工。注浆系统布置如图13-39所示。

1）注浆量计算

本工程每米注浆量计算如下：

$$V=\pi D_{wt}L=3.14\times(5.8-3.14)\times1.8=12.56m^3$$

式中 V——每米注浆量；

D_{wt}——注浆管道外径与内径平方差；

L——注浆量长度。

按照地质条件，一般注浆量为计算的150%～200%，本工程顶进作业按照160%进行注浆量控制。注浆压力根据管道深度H和土的天然重度γ而定，经验为（2～3）γH，本工程注浆压力为0.2～0.3MPa。

管内注浆布孔方式：沿管线纵向每米设4处压浆孔，且宜采用左上方、右上方、左下方和右下方的布置方式。

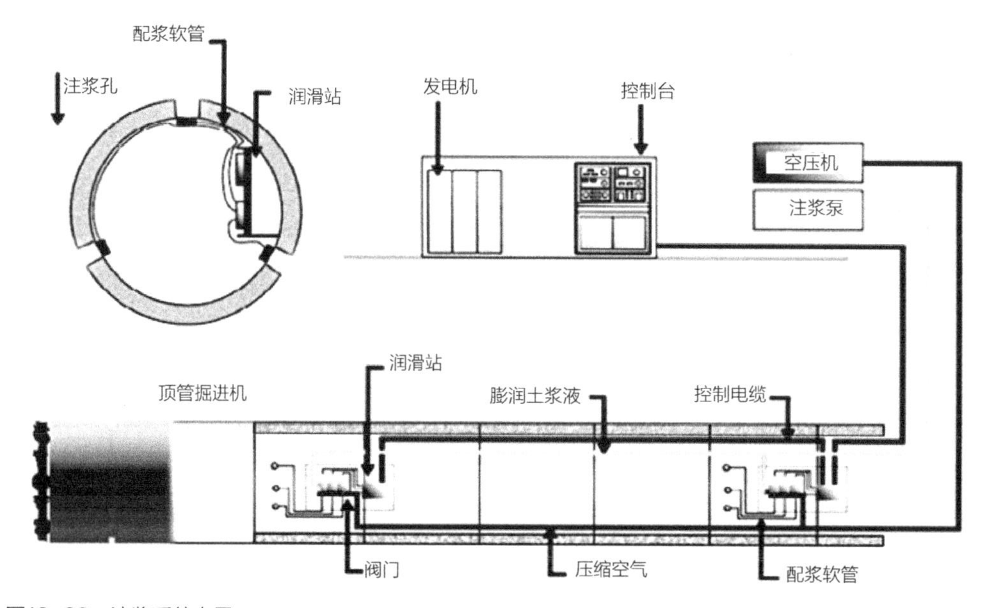

图13-39 注浆系统布置

注浆顺序：每段注浆从第一孔开始，直注至下一孔出浆，依次注完；每段注浆后，静置6～8h后进行第二次注浆，第二次注浆压力不变，直至压不进为止；地面管内注浆均采用两次注浆方式；采用地面管内注浆管段，宜先从地面压浆，再进行管内注浆。

2）注浆施工要点

选择优质的泥浆材料，其主要指标为造浆率、失水量和动塑比。在管子上预埋压浆孔，压浆孔的设置要有利于浆套的形成。浆液的配制、搅拌、膨胀时间，应听取供应商的建议但都必须按照规范进行，使用前必须先进行试验。压浆方式要以同步注浆为主，补浆为辅。在顶进过程中，要经常检查各推进段的浆液形成情况。注浆设备和管路要可靠，具有足够的耐压和良好的密封性能。在注浆孔中设置一个单向阀，使浆液管外的土不能倒灌而堵塞注浆孔，从而影响注浆效果。注浆工艺由专人负责，质量员定期检查。注浆泵选择脉动小的螺杆泵，流量与顶进速度相匹配。

3. 管材焊接

（1）管道连接时不得用强力对口、加热管子、加偏垫或多层垫等方法来消除接口端面的空隙、偏差、错口或不同心等缺陷。

（2）钢管对口间隙应为3～4mm，局部间隙超过5mm时，其长度不得大于焊缝全长的15%，对口间隙达不到标准时要用砂轮修磨，修磨后的坡口尺寸应满足规范要求。

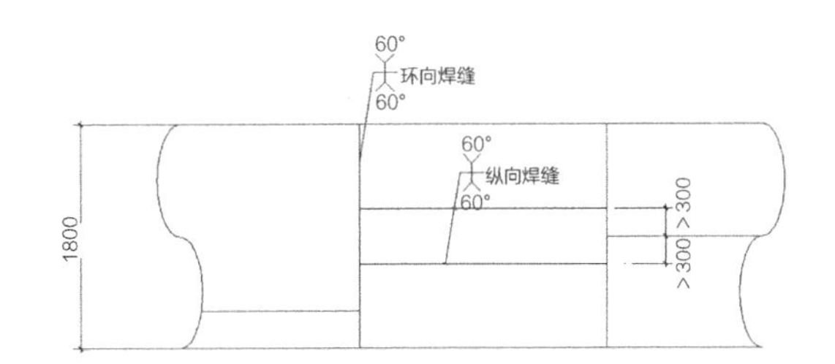

图13-40 钢管拼接示意图

（3）管节制作与焊接

钢管、竖管和顶头闷板均采用Q235B型钢制作而成，焊条采用E43级。管节均由甲方提供标准的防腐钢管至顶管工作井，中交第三航务工程局有限公司负责钢管的焊接连接。钢管采用纵向、横向两向焊接形式进行焊接连接（图13-40～图13-42）。

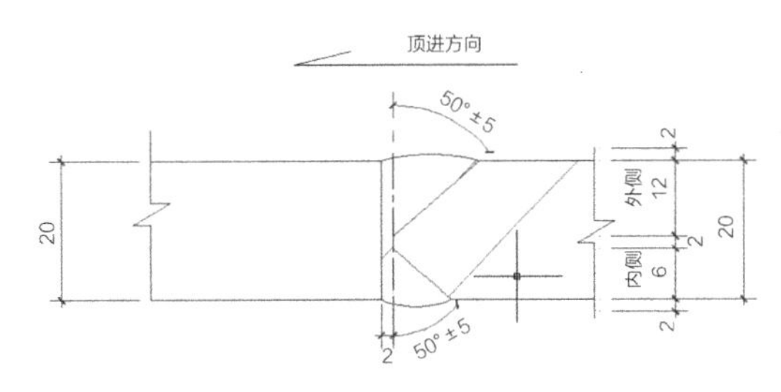

图13-41 钢管环向焊缝焊接

穿越堤坝段钢管应预埋注浆孔。

（4）管口错口允许偏差不大于2mm，应优先保证管道内边对齐。

（5）管道的现场接口均须采用多层焊接方法，正面焊缝（管外壁）和背面焊缝（管内壁）层数如表13-7所示。

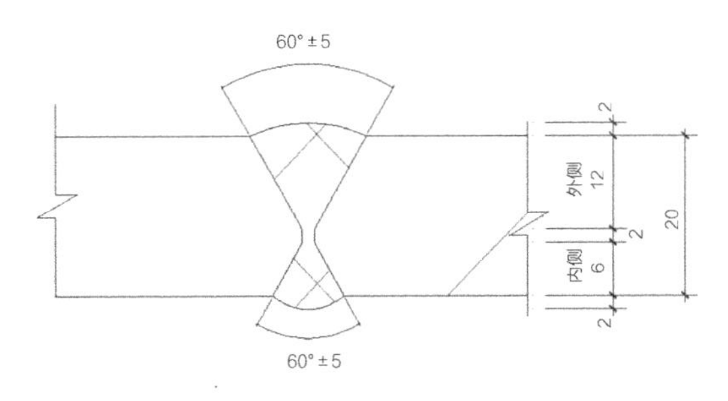

图13-42 钢管纵向焊缝焊接

钢管焊接层数 表13-7

钢板厚度（mm）	6～8	10	12	14	16
正面层数	2～3	2～3	3～4	3～4	4
背面层数	1	1	1	1	1

（6）每条焊口应由两名焊工同时对称焊接。

（7）管道接口的焊接应一次连续完成，若被迫中断时，应采取防止裂缝的措施（如缓冷保温等）不得在混凝土浇注后再焊内缝。

（8）管道焊接工作结束时应将管道内壁的焊疤熔渣等清理干净，局部凹坑深度不应超过板厚的10%，且不大于2mm，否则应予补焊。

（9）焊背缝时应先将根部的焊瘤、焊渣和未焊透缺陷清除干净。焊缝表面应平整光洁，两侧平缓过度，不得有气孔、夹渣、裂缝、烧穿、焊瘤及未填满的火口。

（10）焊接时应避免穿堂风和风、雨的直接侵袭。

（11）焊口焊完后应进行清理，当焊缝有超过规定的缺陷时，可采取挖补的方式返修，但同一位置上的挖补次数不得超过2次。

4. 管道内外防腐

（1）管道内防腐采用环氧富锌底漆一道，环氧云铁中间漆一道，无毒聚氨酯防腐面漆二道，干膜总厚度不少于160μm。

（2）钢管在防腐前必须进行表面处理，除去油污、泥土等杂物，除锈等级为Sa2.5级，并使表面无焊瘤、无棱角、无毛刺。

（3）除锈验收合格后，及时配制好环氧煤沥青涂料，进行涂刷。

（4）用玻璃布缠裹钢管，并涂下一道面漆，面漆应将所有玻璃布网眼灌满，不漏出布纹，缠绕玻璃布时应拉紧布面，不得有褶皱和鼓泡现象。

（5）玻璃布搭接宽度不小于100mm，各层玻璃布搭接接头应错开。

（6）雨、雾等潮湿环境下不应进行防腐作业，未固化的防腐管应有防雨措施。

5. 进、出洞措施

顶管施工中的进、出洞口作业是一项很重要的工作，施工中应充分考虑到它的安全性和可靠性。尤其是从工作坑中的出洞开始顶管这一环节，如果出洞安全、可靠又顺利，那么可以说顶管施工已成功了一半。许多顶管工程就是失败在进、出洞口这两个环节上。

顶进前，为防止洞口处的水和土沿工具管外壁与洞门的间隙涌入工作井，圆形工作井内浇筑前止水墙，在工作井内洞口处安装一道环形橡胶止水圈，方形工作井直接安装止水墙（图13-43）。止水墙在顶进施工过程中又可防止减摩浆从此处流失，保证泥浆套的完整，以达到减小顶进阻力的效果。

顶管机穿越土体进入接收井的过程称为进洞，为了保证进洞安全，仍采用1/2井壁厚度的砖砌封门方式如图13-44所示。

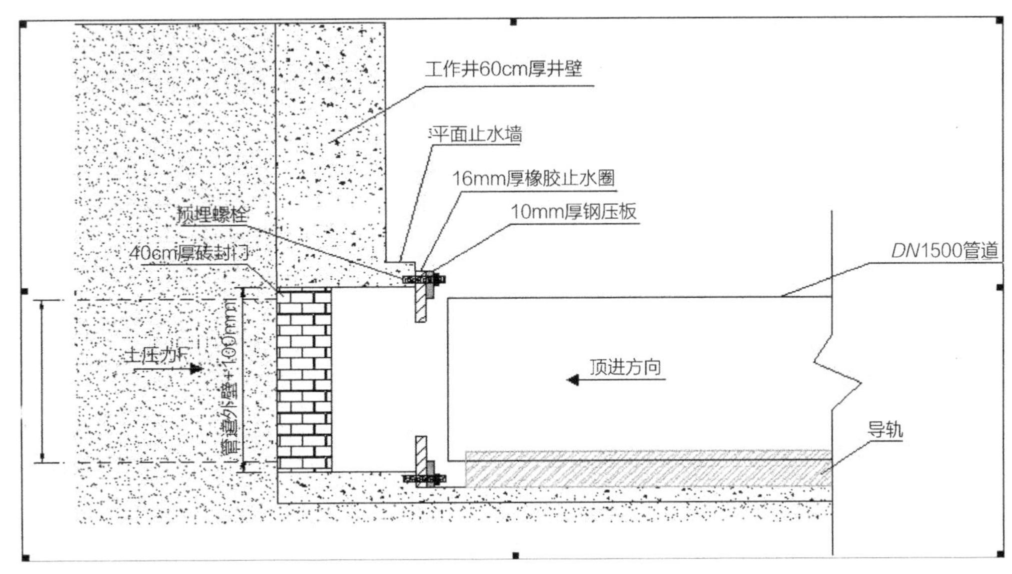

图13-43　顶管出洞措施

6. 顶进注意措施

（1）当掘进机停止工作时，一定要防止泥水从土层或洞口及其他地方流失。不然，挖掘面就会失稳，尤其是在进洞这一段时间内更应防止洞口止水圈漏水。

（2）在掘进过程中，应注意观察地下水压力、泥水仓水压力的变化，并及时采取相应的措施，只有这样才能保持挖掘面的平衡稳定。

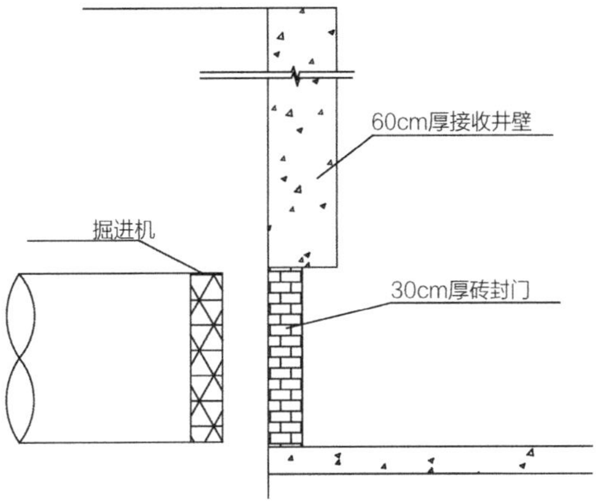

图13-44　顶管进洞示意图

（3）在顶进过程中，随时要注意挖掘面是否稳定，要不时检查泥水的浓度和相对密度是否正常，还要注意排泥泵的流量及压力是否正常。应防止排泥泵的排量过小而造成排泥管的淤泥和堵塞现象。

（4）压浆孔的处理，顶管顶进完成后，对管节上的压浆孔进行封堵。

（5）在SXW2至SXW1段、SXW7至SXW8段顶进时，机头顶至工作井内时，井内现状管道均已拆除，工作井沿顶进方向尺寸只有4m，本项目使用YX-1500型顶管机，长度3.8m，因此，如果顶进轴线与现有管道轴线不错开布置，机头出洞之后偏于现有管道顶头，无法完全进洞。因此在顶进前，需要对顶进轴线提前预设，并在顶进过沉中严格控制轴线偏差，防止上述情况发生。

7. 洞口止水装置

工作井洞口止水装置应确保良好的止水效果。根据设计预留法兰，在法兰上安装工作井洞口止水装置——止水法兰，止水法兰密封成为橡胶止水法兰。安装时要与顶进管边同心，安装误差小于20mm。在橡胶止水法兰之前应预埋注浆孔，以便压注膨润土泥浆。洞口止水装置如图13-45所示。

8. 施工质量控制要点

（1）顶管施工测量及方向控制

1）测量及控制指标

为了保证顶进轴线控制在设计轴线允许偏差范围内，在顶进过程中要密切注意激光点的偏向。轴线测量的控制系统设在工作井内液压主顶装置中间。施工中需经常对控制台进行复测，以保证测量精度，控制台基础应用混凝土浇筑在沉井底板上。

按独立坐标系放样后，用测量控制台使之精确地移动至顶管轴线上，用以正确指挥顶管的施工方向。

2）施工顶管测量和方向控制

在后顶观察台架设J2型激光经纬仪一台，通过后视测量机头的光靶及后标点的水平角和竖直角各测一回，编排程序计算顶管的头部及尾部的平面及高程。

3）测量与方向控制要点

①有严格的放样复核制度，并做好原始记录。顶进前必须遵守严格的放样复测制度，坚持三级复测：施工组测量员→项目管理部→监理工程师，确保测量万无一失。

②布设在工作井后方的仪座必须避免顶进时移位和变形，必须定时复测并及时调整。

③顶进纠偏必须勤测量、多微调，纠偏角度应保持在10′~20′不得大于0.5°。并设置偏差警戒线。

④初始推进阶段，其方向主要由主顶油缸控制，因此，一方面要减慢主顶推进速度，另一方面要不断调整油缸编组和机头纠偏。

⑤开始顶进前必须制定坡度计划，对每米、每节管的位置、标高需事先计算，确保顶进

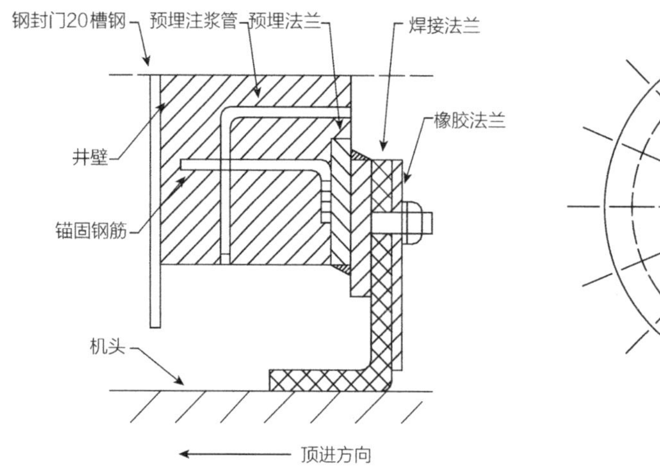

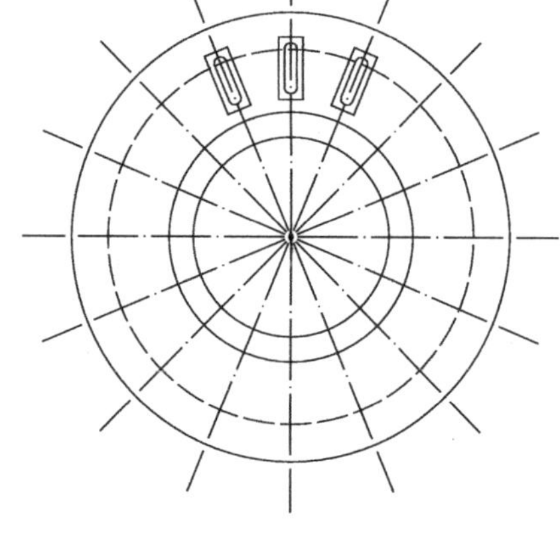

图13-45 洞口止水装置

时正确，以最终符合设计坡度要求和质量标准为原则。

4）注意问题

顶管施工初次放样及顶进尤为重要，另外由于顶管后靠顶进中要产生变化，后台的布置应保持始终不变形、不移位，来确保顶管施工测量的正确性。

（2）顶进停止时的处理措施

本项目顶管施工区域内，地下管线等障碍物较多，因此施工前应提前探明地下管道的位置及标高，防止在顶进过程中顶管与现有管线冲突，尤其是高压线等危险性较大管线。在探明管线情况后，如发现顶管与现有管线位置冲突，应及时与管线管理单位、设计单位联系，协商迁改、管线保护措施。

在采取措施之后，在顶进过程中如果仍发现障碍物时，应采取以下方式进行处理：

①遇到埋置深度较浅的光缆、电缆时，采用人工开挖的方式，暴露管道，然后打设工字钢支撑及槽钢线桥，将管线放置在槽钢中保护现有管线。

②遇到埋置深度较大的管线时，采用长臂挖机挖出管线，暴露管道之后适当调整管线高程，避免与顶管位置冲突，管线加固之后继续顶进。

③如遇到其他硬质障碍物，顶管机头不能完全破碎时，应及时挖出障碍物之后继续顶进。

④在遇到障碍物停止顶进时，要注意开挖面的稳定性，并通过注浆置换等措施，防止管道与地层完全贴合、再次顶进时由于摩擦力太大无法顶进。

（3）过程控制措施

1）顶进不偏移，管节不转动、不错口

顶管接口严密，焊接安装到位，管节不得有漏焊，不渗水，管内不得有泥土和建筑垃圾等杂物；顶管允许偏差，根据《顶管工程施工规程（附条文说明）》DG/TJ 08—2049—2008中顶管顶进长度为50m以内时，施工轴线偏差宜控制在100mm内，管节两侧高差控制在50mm内。

2）主要施工技术参数的控制

顶管顶进速度是保证切口土压力稳定、正面出土量均匀的主要手段，所以在顶进时，应对顶进速度做不断的调整，找出顶进速度、正面土压力、出土量三者的最佳匹配值，以保证顶管的顶进质量，也能让顶进设备以最和顺状态工作。

3）顶进轴线的控制

顶管在正常顶进施工过程中，必须密切注意顶进轴线的控制。在每节管节顶进结束后，必须进行机头的姿态测量，并做到随偏随纠，且纠偏量不宜过大，以避免土体出现较大的扰动及管节间出现张角。

4）管节减摩

制定合理的压浆工艺，严格按压浆操作规程进行。顶进时形成的建筑间隙应及时用润滑泥浆所填补，形成泥浆套，以减少摩阻力及地面沉降。压浆时必须坚持“随顶随压、逐孔压浆、全线补浆、浆量均匀”的原则，注浆压力控制在0.5kg/cm^{2}左右。

5）顶进技术措施

穿越前对全套机械设备进行彻底检查，保证其顶进时具有良好的性能；严格控制顶管的施工参数，防止超、欠挖；顶管顶进的纠偏量越小，对土体的扰动也越小，因此在顶进过程中应严格控制顶管顶进的纠偏量，尽量减小对正面土体的扰动；施工过程中顶进速度不宜过快，一般控制在15mm/min左右，尽量做到均衡施工，避免顶进在途中有较长时间的耽搁；在穿越过程中，必须保证持续、均匀压浆，使出现的建筑空隙被迅速填充，保证管道上部土体的稳定。

（4）质量标准

施工控制标准如表13-8所示。

顶管施工质量控制标准　　表13-8

项目	预警值（mm）	警戒值（mm）
地表沉降	15	30
地面隆起	7	10
管线垂直位移	±5	±10
顶管水平位移	3	5
顶管垂直位移	±5	±10

（5）顶管纠偏控制

1）测量纠偏控制

在实际顶进中，顶进轴线和设计轴线经常发生偏差，因此要采取纠偏措施，减小顶进轴线和设计轴线间的偏差值，使之尽量趋于一致。顶进轴线发生偏差时，通过调节纠偏千斤顶的伸缩量，使偏差值逐渐减小并回至设计轴线位置。在施工过程中，应贯彻“勤测、勤纠、缓纠”的原则，不能剧烈纠偏，以免对管节和顶进施工造成不利影响。

为了使顶进轴线和设计轴线相吻合，在顶进过程中，要经常对顶进轴线进行测量。在正常情况下，每顶进一节管节测量一次，在出洞、纠偏、进洞时，适量增加测量次数。施工时还要经常对测量控制点进行复测，以保证测量的精度。

在施工过程中，要根据测量报表绘制顶进轴线的单值控制图，直接反映顶进轴线的偏差情况，使操作人员及时了解纠偏的方向，保证顶管机处于良好的工作状态。

本工程测量所用的仪器有全站仪、激光经纬仪和高精度水准仪。顶管机内设有坡度板和光靶，坡度板用于读取顶管机的坡度和转角，光靶用于激光经纬仪进行轴线的跟踪测量。

2）地面沉降控制

在顶进过程中，应在顶管沿线合理布置地面沉降监控点，保证每天一测，确保周边管线及土体稳定。如果发现地面沉降量超过10cm时，应予以报警，并及时向项目领导反映，分析沉降原因，以合理的方法解决地面沉降现象。

3）顶管进洞后的测量

当顶管机头逐渐靠近接收井时，应适当加强测量的频率和精度，减小轴线偏差，以确保顶管能正确进洞。

顶管贯通前的测量是复核顶管所处的方位、确认顶管状态、评估顶管进洞时的姿态和拟定顶管进洞的施工轴线及施工方案等的重要依据，可使顶管机在此阶段的施工中始终按预定的方案实施，以良好的姿态进洞，准确无误地落到接收井的基座上。

13.5.3 海域管道施工

海域工程范围以入海点为界，顶管穿越复堆河和海堤后，管道先平行东防波堤铺设，距东防波堤东边坡脚外边沿296m左右，然后在东防波堤北端折转，铺向排放口。

本工程海上埋管的管材为钢管，顶管管道的内外防腐均采用磷化底漆加二道环氧沥青漆。铺管船铺设管道焊缝处内防腐采用环氧富锌底漆一道、环氧云铁中间漆一道、无毒聚氨酯防腐面漆两道，干膜总厚度不小于160μm。

海域段排放管全长22678.5m，其中放流段总长度为22378.5m（包括顶管穿堤段1120m，铺管船施工21258.5m），排海管桩号K01＋120～K18＋400.0的埋设深度为2.0m，桩号K18＋400.0～K22＋678.5埋设深度为2.5m；排海管道扩散段桩号K22＋378.5～K22＋678.5采用T形扩散器，总长300m，其上布置有100根*DN*110上升管，间距3m，每根上升管设置2只*DN*65喷管，共200个*DN*65橡胶鸭嘴阀。海域铺管工程主要包括接收井、管道敷设和管道清管试压、海管挖沟、海砂及碎石回填保护、扩散段扩散器安装及保护和附属设施施工6个方面。

1. 管道铺设

管道铺设前必须对海管路由进行全面扫测，并对障碍物清理情况进行查验，复核管线路由范围内的地质情况，为后续的施工船舶进场、管道顺利铺设提供准确的信息，并且对海管路由和施工海域有一个更全面的了解。与此同时，复核和测放起始点坐标位置，为施工船舶进场后能够立即组织施工做好准备。对施工现场海床进行预先普查，着重考察沿海管路由海床的情况，海床上如有不规则的地形如凹坑、废石、水泥块和渔网、木桩等其他障碍物，则需要进行海床清理或平整，确保在海管铺设时海床上没有凹坑、废石和其他障碍物，并保证海床条件满足施工船舶在该区域起抛锚作业的要求。管道铺设施工流程如图13-46所示。

因铺管船施工区域无滩涂浅滩区，铺管船进行海管铺设即施工作业进入正常铺设阶段，在该作业阶段，海底管道在铺管船的作业线上被一根一根地接起来，然后通过操作铺管船的8台锚机，向前移船将海底管道一根接一根地铺至海底，如图13-47所示。

海管由驳船倒运到主作业船堆管区。所有管材的吊装均由甲板施工人员操作，在起重工的指挥下按操作规程吊装管材。吊装机械采用铺管船主钩进行吊装作业，索具采用吊管专用索具。管道单管重约7.5t，采用2根钢丝绳进行吊装，考虑动载荷系数1.3，吊装夹角60°。

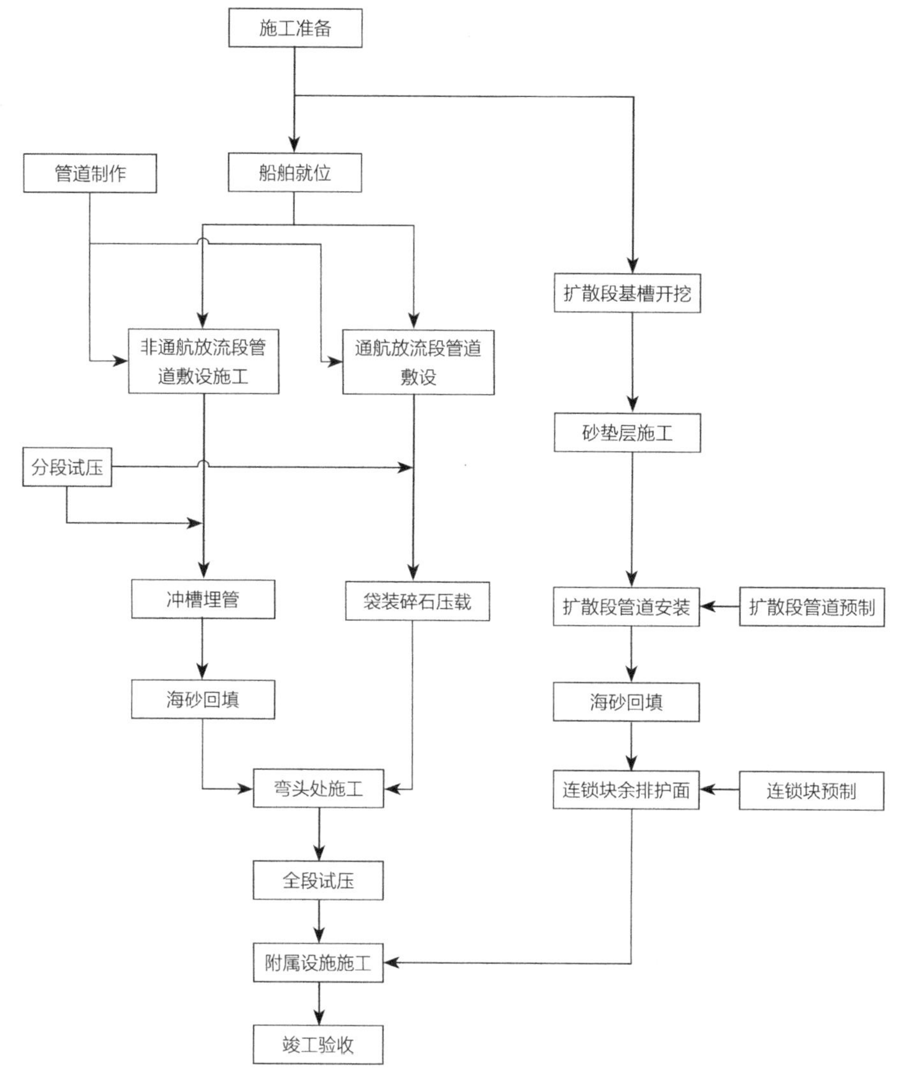

图13-46　管道铺设施工工艺流程

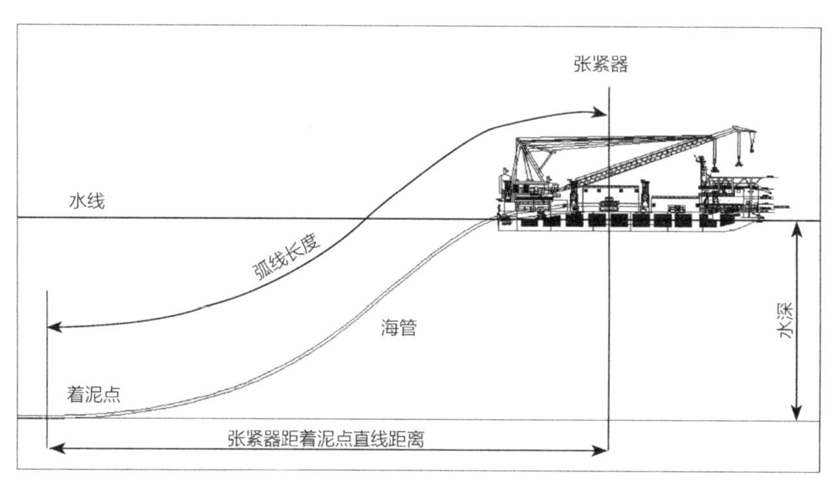

图13-47　海管铺设示意图

图13-48为管道吊运实景。

图13-48　管道运输吊运实景

管道铺设时铺管船连续作业，所有施工人员均2班倒休，现场使用的机械设备均需准备备用设备。铺管效率200~300m/d，走管间隔1~1.5h。本工程管线规格ϕ1422×18mm，单管重量约7.5t，单管在海中浮力约19.6t，因而正常铺设海管会造成焊接完成的海管漂浮在海面。在施工中为保证海管能够安全沉入海底，采用注水的方式增加海管重量，以使海管沉降。因该工程管线按设计需进行内防补口，在施工过程中，同时需考虑涂层干燥空间及时间，因此采用水柱推动泡沫密封球的方式施工，以便在管线沉降的同时，保证管道内部的防腐涂层固化有足够的干燥空间。

当铺管船接近铺设目标点时，计算船上海管终端与目标点的距离，准确测量进入作业线的海管长度，用来与已完成铺设的海管打点记录进行对比，确定海管铺设至目标点的用量。图13-49为海管终止铺设示意图，具体步骤如下：①当海管的铺设靠近目标点时，现场工程师将开始监测和计算待铺设海管的剩余长度；②回收屈曲探测器；③在海管末端焊接终止封头，并将A/R绞车钢缆连接在封头上；④向前移船，直至管头到达张紧器前约2m处，进行张力转换，逐步将张力从张紧器转移到A/R绞车上；⑤释放张紧器，向前移船，由A/R绞车提供张力，当船尾距弃管目标点约85m处时，慢慢降低A/R绞车张力直至为零，然后将海管的末端铺设在海床上；⑥缓慢向船尾方向倒船约60m并回收A/R缆；⑦放松A/R缆，潜水员水下作业将A/R缆从封头上解开；⑧铺管船起锚并根据工作计划移动至下一工作点。

如果管头位置偏出设计目标区域，将执行下列操作：

①通过A/R缆回收海管；②在定位系统辅助下通过工作锚调整船艏向；③当船艏向调整正确后，张力将缓慢释放，海管将被放置到正确的目标区域。

上述步骤将根据现场条件进行。

海管终止铺设示意如图13-49所示。

管道焊接等施工均在铺管作业船上完成，铺管作业线由船艏至船艉主要有7个作业工位，如图13-50所示。分别完成管线管口处理、组对、焊接、检验、牺牲阳极安装、防腐等作业内容。

在铺管船作业线首端位置设置牵引机构，能够牵引管线内部的内对口器，再通过ϕ19钢缆连接管道内防腐机。新管进入作业线后，牵引机构钢缆通过管线内部连接内对口器牵引缆，启动牵引机构将内对口器从C工位牵引至B工位，内对口器就位后，即可进行新的一轮流水作业。

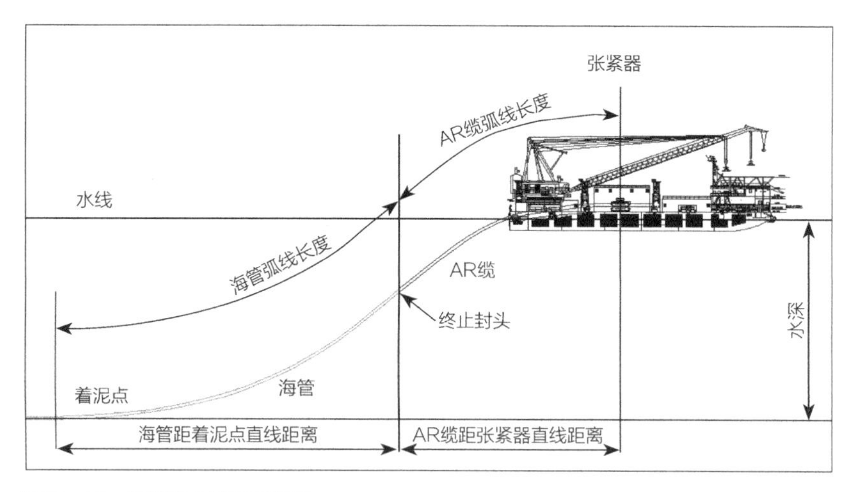

图13-49　海管终止铺设示意图

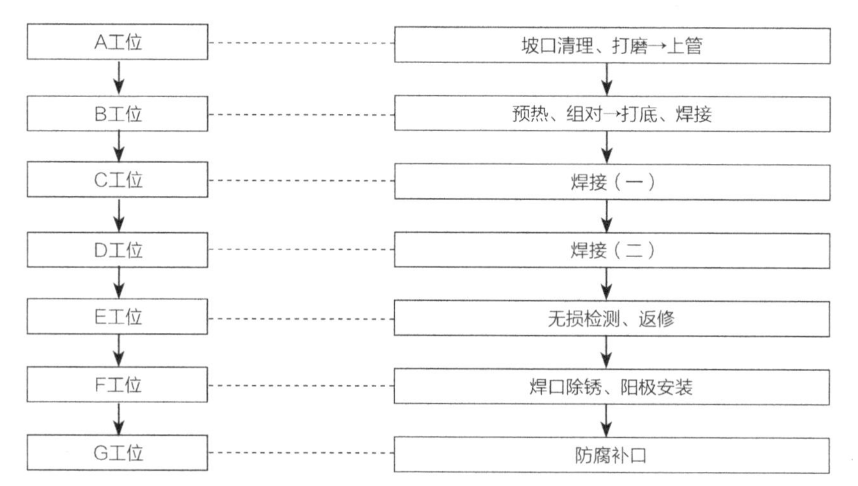

图13-50　铺管作业线工艺流程

图13-51　管道下水实景

本工程因管道内部采用内防腐结构，不适宜采用内部屈曲检测器进行屈曲检测。现场采用潜水探摸的方式查探管道顶部防腐层是否出现褶皱，判断管道是否发生刚性变形。若海管发生刚性变形，立即停止铺管作业，分析造成海管变形的原因，然后回收所铺设的变形海管，更换后再进行施工。

为保证海管内有足够的空间满足内防腐涂层的固化，管道内保持85~100dm的干燥空间，保证内防腐涂层3h以上的固化时间。海上铺管施工时，每下一根管线，将向海管内注入一根海管的水量，用以保持载荷平衡，同时保障管道的内防腐效果。

在海底管道正常铺设期间，当因天气或其他原因使得铺管作业不得不中止时，要进行弃管作业（图13-52），弃管作业的操作步骤与“终止铺设”相同。

临时弃管时的作业说明：①如果未来天气不太恶劣，且持续时间不长，铺管船可以尽量放长A/R缆并现场待机，然后调整船位，使船处于给定海况下的最佳方向，并且A/R缆足够松弛，以防止船舶移动对海管造成损害。②由于施工海域流速较大，铺管船需要持续监控现场潮流情况，并对比详细设计和预调查提供潮流数据，对当时最大流速进行测算，以决定是否需要弃管作业。③紧急工况的处理措施：如果天气非常恶劣，弃管后没有时间或作业条件进行A/R缆和封头断开操作，将直接在船尾切断牺牲缆。

无论采取哪种方式进行弃管操作，都需要铺管船船长根据现场海况及未来天气决定。

当天气转好并具备继续开始铺设海管的条件时，铺管船要重新抛锚就位，开始海管回收作业：①铺管船在定位系统引导下靠近管端抛锚就位；②潜水员连接A/R绞车钢缆至海管封头上；③启动A/R绞车，按照计算的回收张力，向船尾方向移船，回收海底管道；④继续回收海管使封头到达第一工作站；⑤进行张力转换，以张紧器代替A/R绞车向海管提供张力，释放A/R绞车，然后回收A/R绞车钢缆；⑥切割封头，打磨坡口，重新开始正常铺设作业。

海底管道铺设完成后，对管道进行清管试压作业。按照本项目海底管道试压要求，海底管道试压包括分段试压和全段试压。分段试压在铺管船上进行，海底管道每施工5km左右，铺管船管头焊接试压盲板，进行试压。当全段海底管道铺设完成、桩号K09+000膨胀弯连

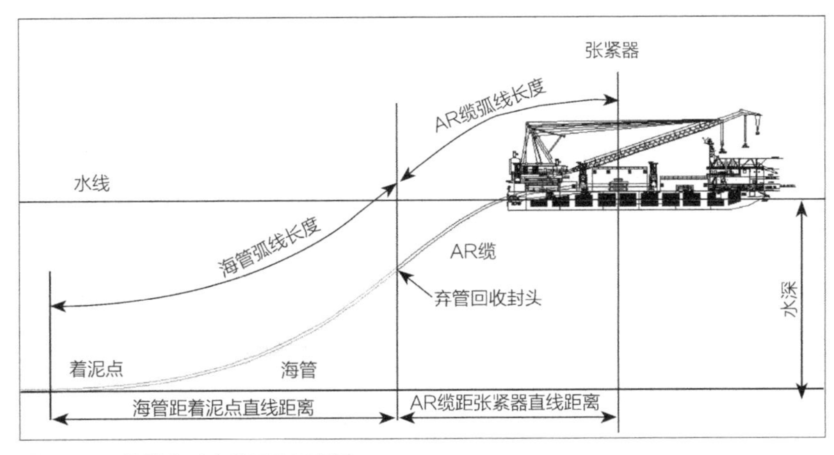

图13-52　海管临时弃管回收示意图

接完成后，进行全段海底管道试压。本项目海底管道试压要求如下：

（1）分段试压

海底管道分段试压一般在施工过程中进行，海底钢管每施工5km左右进行试压。试压在敷管船上进行。试压时，首先由潜水员关闭管头的进水阀们，将管尾放到船头焊接站位置，并焊接试压盲板，进行试压。

（2）全段试压

当段海底管道敷管完成，登陆点接头打捞连接完成后，海域侧端头安装封头封堵板，从陆域侧管线端头进行加水，进行全程水压试验。

2. 预挖沟施工

预挖沟范围为管道镇墩处以及扩散段基槽开挖。预挖沟采用13m^{3}抓斗船进行开挖。抓斗式挖泥船是利用旋转式挖泥机的吊杆及钢索来悬挂泥斗，在抓斗本身重量的作用下，放入海底抓取泥土，然后开动斗索绞车，通过吊杆顶端的滑轮，将抓斗关闭、升起，再转动挖泥机到开底泥驳将泥卸掉，然后挖泥机又转回挖掘地点，进行挖泥，如此循环作业。开挖的泥土使用1000m^{3}开底泥驳进行运输和卸载，利用泥驳本身的开底结构进行排放控制，待泥土沉放海底时，关闭开底结构，返航继续装载。挖泥施工实景如图13-53所示。

预挖沟施工流程如下。

（1）分条施工

根据工程地形、挖泥船有效挖掘宽度，确定每个施工条的宽度和施工条数量。同时，必须考虑相邻两个施工条之间及邻边线施工条的叠加部分，用于消除DGPS（差分全球定位系统）定位误差造成的漏挖。13m^{3}抓斗式挖泥船一次可挖掘的有效宽度为14m，分条宽度为13m，相邻侧预留1m作为两个施工条之间的覆盖宽度。

（2）分段施工

根据挖泥船有效锚缆长度，13m^{3}抓斗式挖泥船一般以65m×110m为一个施工锚位段，临边线处按挖槽形状调整。

（3）分层施工

根据本工程预挖沟的设计深度，计划分3层开挖。

图13-53　挖泥施工实景

（4）边坡施工

基槽底边线外的放坡部分采用阶梯式施工方法，先挖边坡顶层淤泥、流泥，然后逐层下挖。根据施工图纸坡比和挖泥船施工条宽度，确定各梯层的宽度和高差（图13-54）。

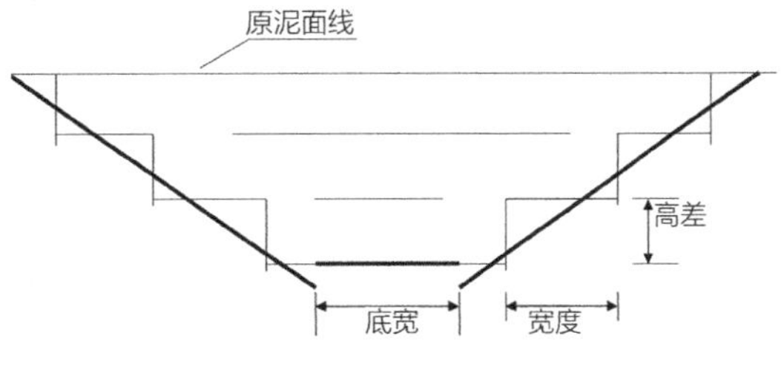

图13-54　边坡阶梯式挖泥示意图

（5）基槽开挖

将基槽开挖细化到每段基槽的分段数、分层数以及分层的挖深和长度。将基槽和分段平面位置坐标、船型尺寸输入计算机，使计算机显示屏显示出与基槽分段位置一致的平面图。挖泥船接收的DGPS信号通过计算机显示实际位置和方向，同时计算出抓斗与基槽起挖点和边线的距离、抓斗下放深度等数据和图形、挖泥行程轨迹等各种施工参数。操作人员根据显示屏调整挖泥位置，并依据所挖层的挖深、长度和显示屏上抓斗位置进行排斗挖泥，确保管沟开挖达到设计底宽、深度、边坡、纵坡和平整度的要求。为保证基槽底的平整度，基槽开挖完成后，采用挖泥船拖行5m宽加重槽钢拖平。

3. 镇墩施工

根据工程特点和铺管工序的安排，本工程有两处钢制镇墩施工，一处位于155°弯头部位，一处位于直线段。镇墩外部为钢制套箱，用混凝土将钢管包裹固定在镇墩内，镇墩基础采用抛石基床，厚度1m，具体结构如图13-55所示。

弯头部位镇墩钢套箱由10块钢板组成，3400mm（长）×2660mm（宽）的2块（板1），3540mm（长）×2660mm（宽）1块（板2），6860mm（长）×2660mm（宽）1块（板3），2804mm（长）×2660mm（宽）1块（板4），6107mm（长）×2660mm（宽）1块（板5），管顶堵漏围板2块，管底封口模板2块。直线段镇墩钢套箱由10块钢板组成，3400mm×2660mm的2块（板1），3500mm×2660mm2块（板6），

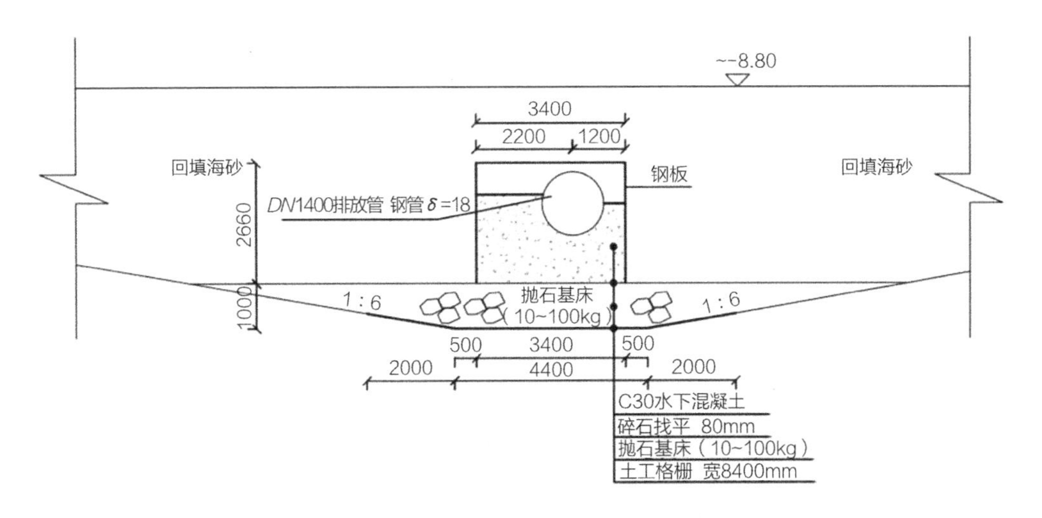

图13-55　镇墩设计断面图

6900mm×2660mm2块（板7），管顶堵漏围板2块，管底封口模板2块。钢套箱在工地现场制作，事先制成高精度的定型胎具，严格控制块单元的断面尺寸以及各板面的垂直度，块单元制作按节号进行，并按拼装顺序编号。

镇墩安装前先进行基床施工，由挖泥船进行基槽开挖，放坡1：6；然后由潜水员进行土工格栅铺设，验收完成后，由抛石船进行抛石，再由潜水员进行碎石找平。镇墩预制完成后，由三航起15进行吊装，钢制镇墩重量在150t左右，由两根钢缆从底部困住镇墩，棱角处垫上垫木。镇墩起吊时不准在其上、其下站人，与吊运无关人员须距离镇墩50m以外。镇墩吊离地面20cm，停留10min，经检查无异常情况后进行起运。运至墩位后停留，待镇墩停止摆动，徐徐下降，对位后入水。由潜水员下水检查安装位置的偏差情况，并进行调整。

4. 后挖沟施工

本项目排海管所经路线及其附近海域，由岸向海方向，水深逐渐增加，坡度平缓，海底泥面高度从-3～-15m逐渐变化，等深线走向与岸线相近。后挖沟施工范围为除去预挖沟范围以外的一般段海管埋设，施工流程如图13-56所示。

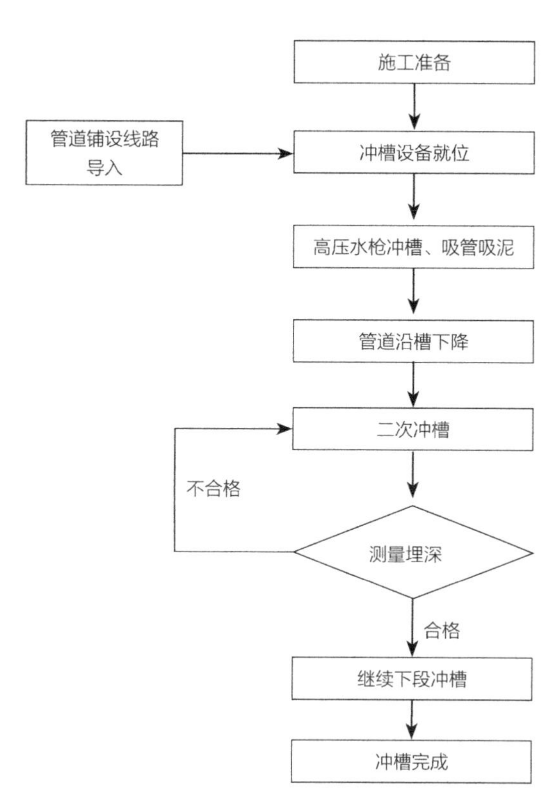

图13-56　后挖沟施工流程图

（1）挖沟船就位

在GPS全球定位系统的引导下，按照“布锚图”用拖轮将驳船拖带到挖沟起点附近抛锚稳船，然后用抛锚艇按“布锚方案”中的要求，布设挖沟作业母船上的8只移船定位锚。起始锚按八字锚位法布设，每个锚位离管线距离应不小于200m。施工过程中抛锚艇上的人员应随时注意是否有流锚现象。挖沟施工典型“布锚图”如图13-57所示。

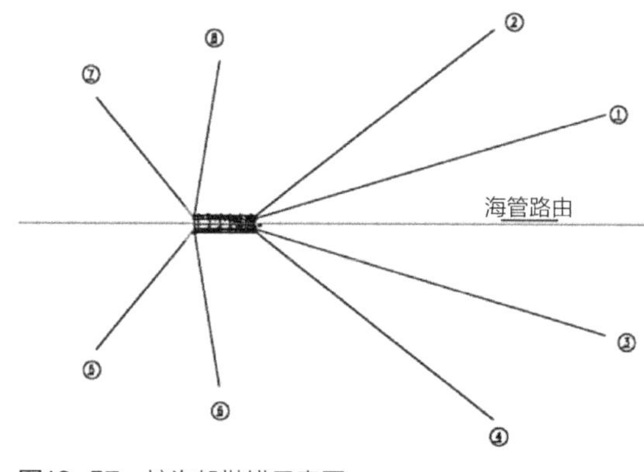

图13-57　挖沟船抛锚示意图

（2）挖沟机定位

调整挖沟机位置，使海管处于挖沟机两个导向柱之间，然后将挖沟机下放到海床面，通过声纳检测海管是否置于导向柱之内，如声纳显示海管已置于导向柱内，则完成挖沟机定位作业。

（3）挖沟施工

挖沟施工（图13-58）时首先逐步将液压系统压力调节至工作压力。船舶的前进速度和挖沟机的工作压力要根据挖沟监控效果而定，声纳设备在挖沟作业过程中实时监控挖沟深度及管道状态。声纳监测技术员随时与船长保持联系，根据后挖沟沟型情况，船长及时调整船舶行进速度，保证挖沟深度按设计深度（或预定深度）运行；通过GPS监测系统提供的参数信息，操控挖沟船移位绞车牵引系统，使挖沟船与管道保持方向一致；通过剖面声纳实时监控成沟形状，GPS实时监视挖沟的轨迹，根据施工现场的土壤条件和其他环境因素，调整挖沟机的速度，以适应当地的挖沟环境，使成沟达到质量要求；每次停机后，GPS定位人员都要进行定位打点，以方便继续开挖时准确定位，如果间隔时间较长，根据以往挖沟经验，下次挖沟作业在定位打点的后方10m处开始挖沟，以保证整条沟深一致。

后挖沟实施过程中，由声纳观测人员全程跟踪检查，包括沟形沟深、管线状态、导向轮状态等内容，同时联机电脑会自动记录声纳监测信息（图13-59）。定位人员应定时对测量数据进行记录。

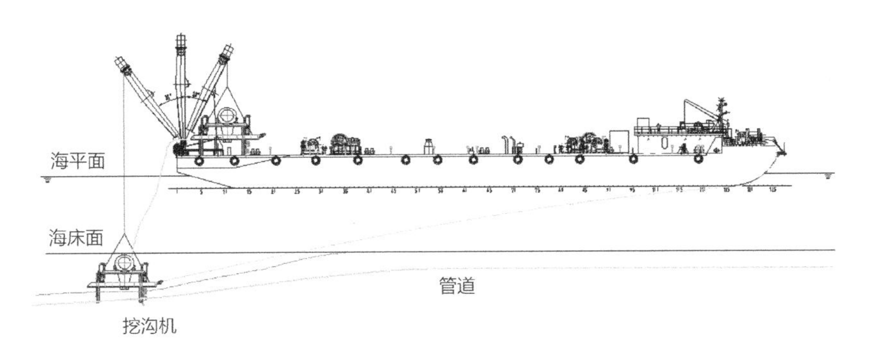

图13-58　挖沟施工示意图

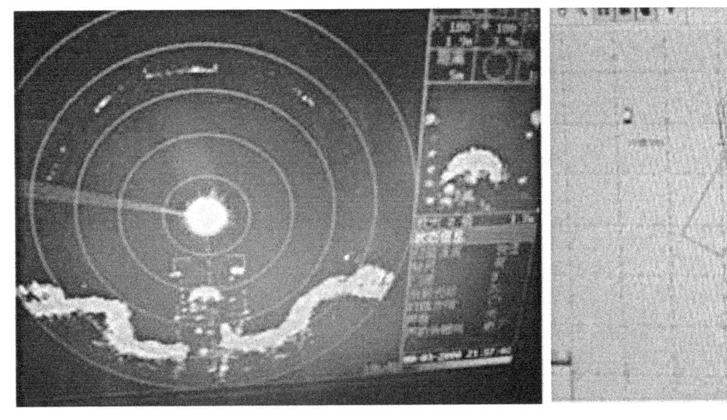

彩图声纳检测海管挖沟状况　　GPS定位显示器记录挖沟位置

图13-59　管沟成型监控系统

挖沟机施工控制要点具体如下：

1）避免或减少与管线接触。挖沟机上安装有运动趋势显示器装置，当对中机构向一侧偏移产生了与管线的相对运动趋势时，中控室会根据提示，及时调整船方向，避免对中机构与管线产生接触。这种操控方式最大限度地减少了挖沟机与管线的接触，从而保证管线安全。

2）边挖边检测。测量队每天带领调查支持船对当天和以前挖过的沟形情况进行调查，并将信息及时反馈给中控室和作业队长，队长结合后调查信息决定是否需要调整挖沟速度、深度及其他参数，选择最优的执行参数和施工方案，若发现局部有欠挖或者塌方的区域应及时进行修复。

3）具有出色的流体性能。合理的管路与管汇设计，减少流体的沿程水头损失；优化喷嘴内部几何结构，保证流体具有足够的动能，避免压力势能的转化；调节喷冲臂的角度及喷嘴出流角度，保证管沟内部流场的合理性，避免泥流上扬，使之与抽吸系统协调工作。

4）数据可视、便于操作。挖沟机本体上安装有超短基线、声纳和若干个传感器，通过脐带缆将各种水下信号输送到中控室的挖沟操作建议系统画面上，中控指挥和操作人员可以很直观的看到挖沟机在水下的姿态和各个点的受力情况，当某个部位对管线的压力稍微大于设定的正常值时，中控室会报警，提醒挖沟作业指挥人员及时调整船舶和大吊的位置和角度，保证管线安全。

5. 扩散段施工

本工程排海管道扩散段全长300m，其上设置有100根上升管，该工段主要包括基槽开挖、管道垫层、管道铺设、海砂回填、连锁块余排护面等施工，其中基槽开挖46330m^3，粗海砂回填。扩散段施断面构造如图13-60所示。

扩散段施工在放流段快施工完成前进行，提前将该段挖泥作业完成，当需要时进行砂垫层及机织布铺设；当管道铺设至直角拐弯点时，将扩散段预制的管节分段吊装，潜水配合安装；完成管道铺设后，立即进行海砂回填、连锁块余排护面等施工。具体施工流程如

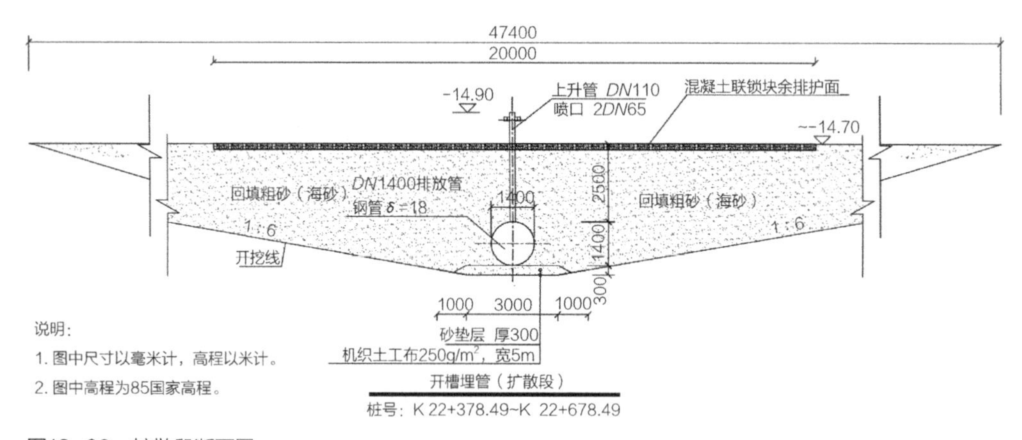

图13-60　扩散段断面图

图13-61所示。

（1）基槽开挖

根据现场实际施工需要，基槽挖泥设备主要有一艘18m^{3}的抓斗式挖泥船，抛泥区距离16.0km，配备2艘约1200m^{3}的自航开底泥驳。

挖泥船驻位完成后，根据建立好的施工区域小网格，对挖泥进行定位，每一抓的位置对应于每一小网格，按分区、按船依次施工。一抓挖泥完成后，由船舶操作室内的操作手根据电脑屏幕显示下一抓挖泥，进行定位施工；每一船地挖泥完成后，由船舶操作室的操作手根据电脑显示屏显示指挥移船，进行下一船地施工，依次类推。抓斗式挖泥船作业实景如图13-62所示。

（2）砂垫层施工

砂垫层施工时，首先潜水员利用铺排船，在水下将250 g/m^{2}机织土工布在扩散器开挖基槽底铺平；按照非通航放流段抛砂程序，进行抛砂；潜水员水下布置整平刮杠，利用整平刮杠将回填砂整平。

（3）管道安装

陆地预制：计划海上安装管段为24m/段，为提高预制效率，在陆地预制场先进行单管预制。海上安装管段两端均安装承插式法兰盘，通过法兰进行水下连接。陆地预制时，法兰盘可预先安装。预制*DN*1400、*DN*1100、*DN*800单管各8支，变径短接3个。

甲板预制：将预制完成的单管拉运至工程船后，进行二次预制。按编号顺序将单管连接成施工需要的管段。单管对接完成后，按设计要求焊

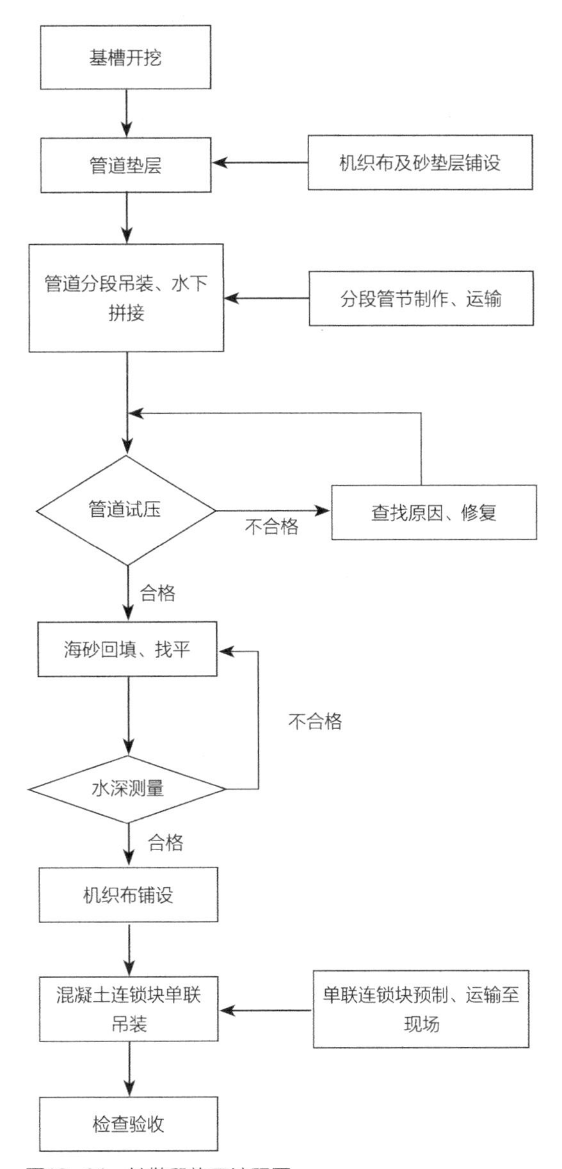

图13-61　扩散段施工流程图

图13-62　抓斗式挖泥船作业实景

接翼板和加强肋板。焊接完成，经检验合格后进行防腐处理。焊道打磨后，对焊道涂刷防腐涂料。连接上升管端部喷头。将预制完成的管段按顺序摆放在甲板上，准备进行水下连接施工。连接后管段*DN*1400、*DN*1100、*DN*800各4支，变径短接安装在相邻低管径端。

水下拼接：在平流时潜水员进行水下作业。潜水员对水下管段进行探摸定位，保障水下管段平整。若达不到施工条件，可通过填塞沙袋调整水下管段状态，也可用水下浮袋配合进行微调。潜水员根据事先做好的法兰孔对接标识，进行不同管段之间的连接。法兰孔正确对位，就能保证水下扩散段主管连接正常，从而也保证了上升管的垂直度。

（4）回填粗砂及混凝土连锁块余排护面施工

扩散段回填粗砂分两个阶段进行，其回填作业程序为：按照非通航放流段抛砂程序，进行抛砂；避免破坏扩散器上升管，潜水员分两次布置整平刮杠将扩散器两侧回填粗砂整平；回填砂完成后，利用铺排船进行土工布铺设，潜水员水下配合。

连锁块余排护面施工时采用150t履带吊吊装混凝土连锁排吊装框架，进行混凝土连锁排安装；潜水员水下配合连锁排安装到位，所有连锁排铺排完毕，潜水员将各块连锁排利用丙纶绳连接成一个整体。

6. 海砂碎石回填

管道敷设完毕后，上部需回填海砂或者袋装碎石压载。非通航放流段全长19425.5m，管道敷设完成后进行回填海砂处理；通航放流段全长1833m，管道敷设完成后采用袋装碎石压载。管沟回填典型断面如图13-63、图13-64所示。

（1）海砂回填施工

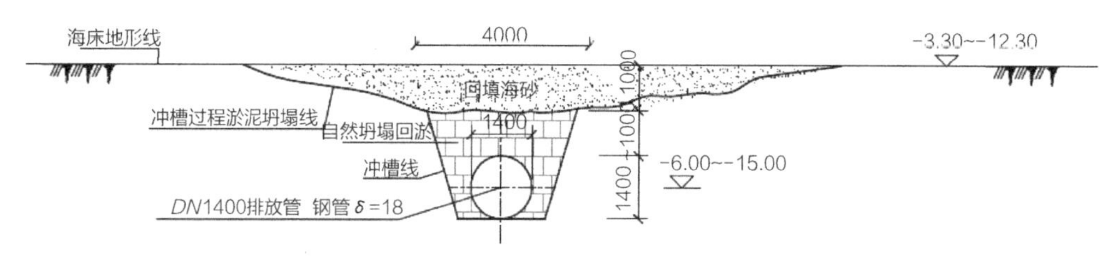

图13-63 管沟回填断面图（非通航放流段）

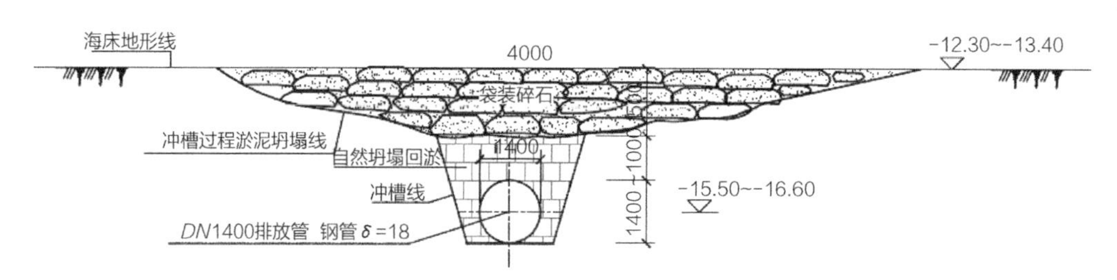

图13-64 管沟回填断面图（通航放流段）

海砂回填用于非通航放流段管道防护，通过定位驳作业移船来完成。具体施工方法如下：先在定位驳上安装传输带和抛砂导向系统，采用40cm直径管作为海砂溜放导管，布设在定位驳一侧船舷上，能通过铰链系统旋转调节高度；传送带应保障运砂船卸下的海砂能传送到导管溜放口；施工准备完成后，根据管线铺设路径图，绘制好需铺砂区域，定位驳利用船上配置的软件进行定位，使抛砂导向漏斗处于管线正上方；根据水深情况，调节抛砂导向装置导管长度，主作业船搭载声纳系统，实时监控抛砂导向系统在线精度，利用传输带输送海砂，通过抛砂导向系统滑入管沟进行回填作业；主作业船甲板布置离心泵，离心泵将抽入海水送入抛砂导向系统，配合回填砂沿抛砂导向装置进入回填管沟；主作业船依据抛砂导向系统回填效率匀速沿管线路由方向绞船；主作业船船艉布置整平装置，整平装置两侧布置牵引缆控制整平装置一直处于回填管沟正上方，随回填船向前绞船，整平装置将回填粗砂整平。海砂回填施工工艺如图13-65所示。

（2）袋装碎石施工

回填袋装碎石位于通航放流段，施工通过定位驳确定施工区域，使用运输船上的履带吊进行抛填作业。具体方法如下：通过测深仪测量，确定抛填标高，施工范围根据管道铺设路线来划定；进行典型试验段的施工，待试验段完成后进行验收，满足要求后再进行后续施工；准备好袋装碎石，利用运输驳直接运送至施工现场；采用履带吊回填，卸扣采用自动脱扣装置；抛填完成后进行检查，保证标高符合要求，全部施工完成后严格按照程序进行检测验收。袋装碎石抛填施工流程如图13-66所示。

7. 海域施工质量控制要点

（1）管段的吊装、堆放和移动

在各种工况的吊装作业中，起重钢丝绳要通过尼龙绑带吊装管段。

管段在施工船上存放时，严格按照螺旋焊缝钢管的刚度参数进行计算，控制堆放层数和堆高。

在堆管区管段横向滚动时，下部垫以表面光洁的木板。

在敷设时管段纵向下滑，通过布置在发射架上支架的滚轮，减小管段因摩擦造成的防腐破损。

（2）敷管时管段受力安全

根据管道敷设设计中对管段的应力要求，要求生产厂家提供管段的弹性模量、最小允许曲率半径、抗拉强度等参数，计算管段的力学性能参数，用以合理设计发射架的角度，托管架、开沟机的长度，从而控制管段从铺管船头入海时的入水角，控制管段进入开沟机沉入沟槽底部的入沟角，确保敷埋管过程中管段的受力安全。

（3）锚泊系统稳定

为提高铺管船锚泊和移船时的稳定性和可靠性，平时应做好相关设备的保养工作。采取拖轮护航辅助的方法，确保在意外情况发生时，铺管船不会位移过大而失控。

施工过程中，应严格控制锚泊系统的缆长。翻锚过程中，必须充分考虑船舶的稳定，视

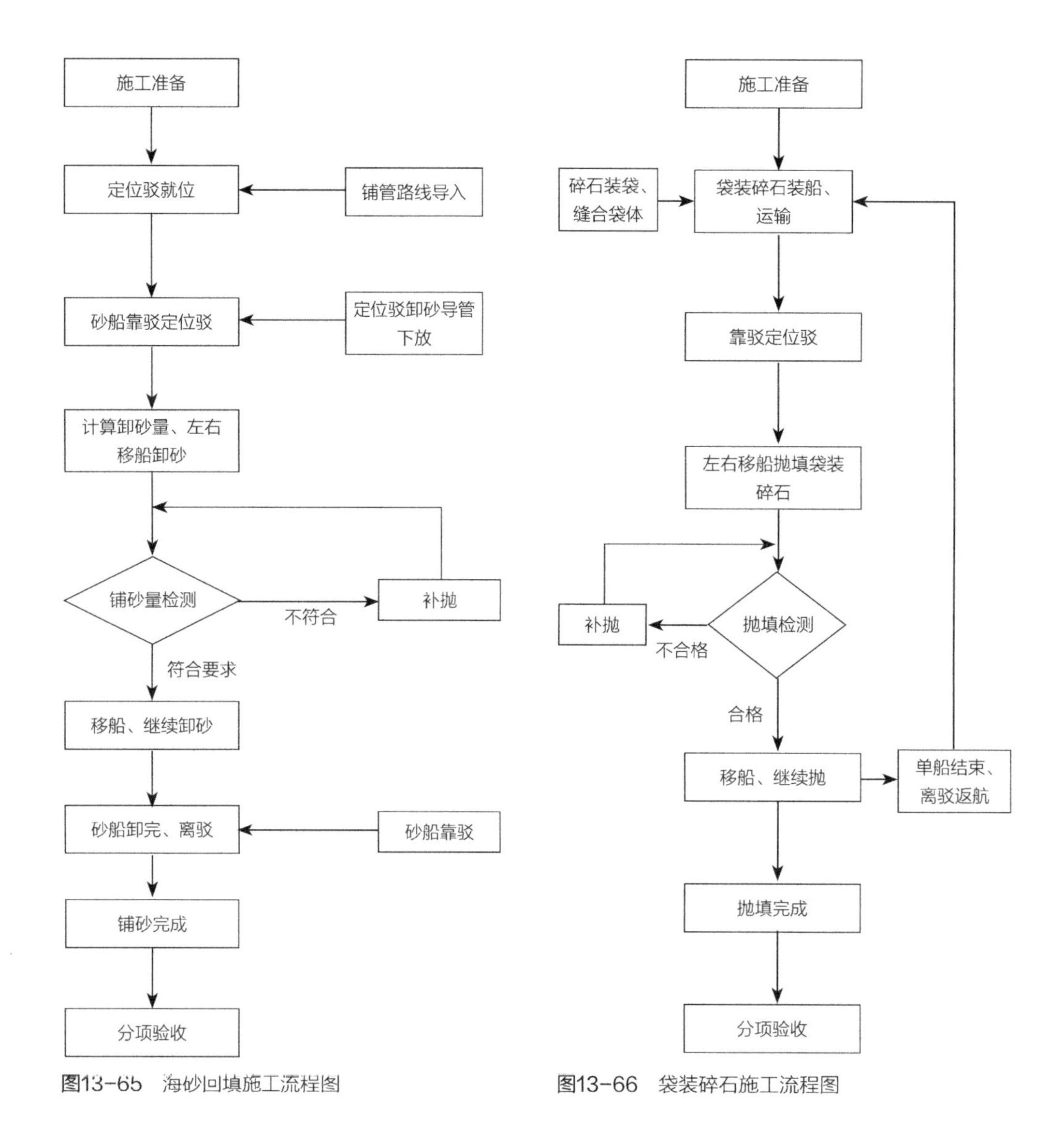

图13-65　海砂回填施工流程图

图13-66　袋装碎石施工流程图

潮水流向、流速、风力、风向多方影响，合理的组织翻锚施工作业。

（4）控制敷埋管路由的偏差

铺管船牵引锚必须通过DGPS定位抛设，一次抛锚缆长1000m，严格控制锚位偏差，左右偏差设计路由不得超过10m。锚艇必须按管道敷设施工要求，正确地抛设系船锚，抛设时应注意方向和锚的姿态，防止因锚抓力不够发生走锚。

敷埋管期间，DGPS连续24h观察和记录船位；移船时，测量人员应及时将船位报给指挥，随时采取措施纠偏，防止一次纠偏量过大；非紧急状态，一般不使用拖轮纠偏。

在敷管、埋深过程中，各系船锚必须与牵引锚的牵引速度同步，并实时通过DGPS控制铺管船位，保持铺管船、拖管架、开沟机与设计路（管道埋深中心线）重合，这也是铺管船纠偏的根本原则。

（5）定位系统的精度

DGPS定位系统能在全球范围内全天候连续定位，但是也受到一定因素的干扰而影响精度。当DGPS由于自然天气影响而出现卫星信号不稳定、定位数据不准确的情况时，敷埋管施工的抛起锚作业应暂缓。

在整个施工过程中，定位系统可以将铺管船的敷埋管路由准确、实时地输入电脑储存，从而指导敷设作业始终沿管道设计路由行进。

埋深过程中，定位系统有专人负责，实时将船位告知敷埋管指挥人员。

（6）埋深系统

埋深系统的关键是控制管道埋深达到2.0m和2.5m的设计要求，埋深过程中水力机械开沟机按照设计参数进行牵引，通过监测系统实时监控开沟机姿态和埋深，控制开沟机牵引速度。

根据路由调查报告，在海床变化较大的地区，应有潜水员下水探摸，确认海床变化情况，确保管道埋设深度。

水力机械开沟机进水高压管路派专人负责检修，观测水泵压力变化，密切注意水泵压力变化趋势，随时检修管路。

（7）监测系统

埋深监测系统须实时注意以下事项：开沟机姿态、埋设深度是否满足设计要求；同时还必须通过观测同一牵引速度下的管道埋深变化趋势，推断海床土质变化情况，及时调整牵引速度，确保不同土质段的管道埋深；注意观测水泵组供水压力，及时通过调整水泵压力控制挖沟机埋深效果；同时在土质相同区段，加强观测水泵供水压力，通过与同一牵引速度下的埋深变化趋势相对比，可判断输水管路的工作状况，确认埋深作业中供水系统正常运行。

（8）敷埋管施工记录

技术人员负责收集和记录运管船运给铺管船管段的编号；敷埋管施工时的船位、路由偏差由DGPS定位系统显示和记录；敷埋管时同步记录日期、管号、接头编号、铺设位置及坐标、累积距离、水深、埋深等施工参数；技术负责人经常检查记录，保证原始记录齐全；每隔1km整理敷埋管记录，报监理验收评定，再由资料员归档。

13.5.4 附属设施施工

1. 工程概况

根据相关技术规范的要求，本项目设置的标志为海底管线保护警示标志。警示浮标以用于警示过往船舶和固定管线时使用，并绘制警示浮标位置图。结合本工程海底管道布置、周围海域状况设置海底管线标志，海底管线标志采用水标，共设置6个；在管道沿线布置灯浮标，距离管线10m，其位置按照技术规格书执行，如图13-67所示。

2. 施工工艺流程（图13-68）

3. 施工方法

（1）警示浮标定位及复查海底状况

施工前由GPS 定位系统进行测量，确定要设立浮标的位置后，用单波束测深仪测量这

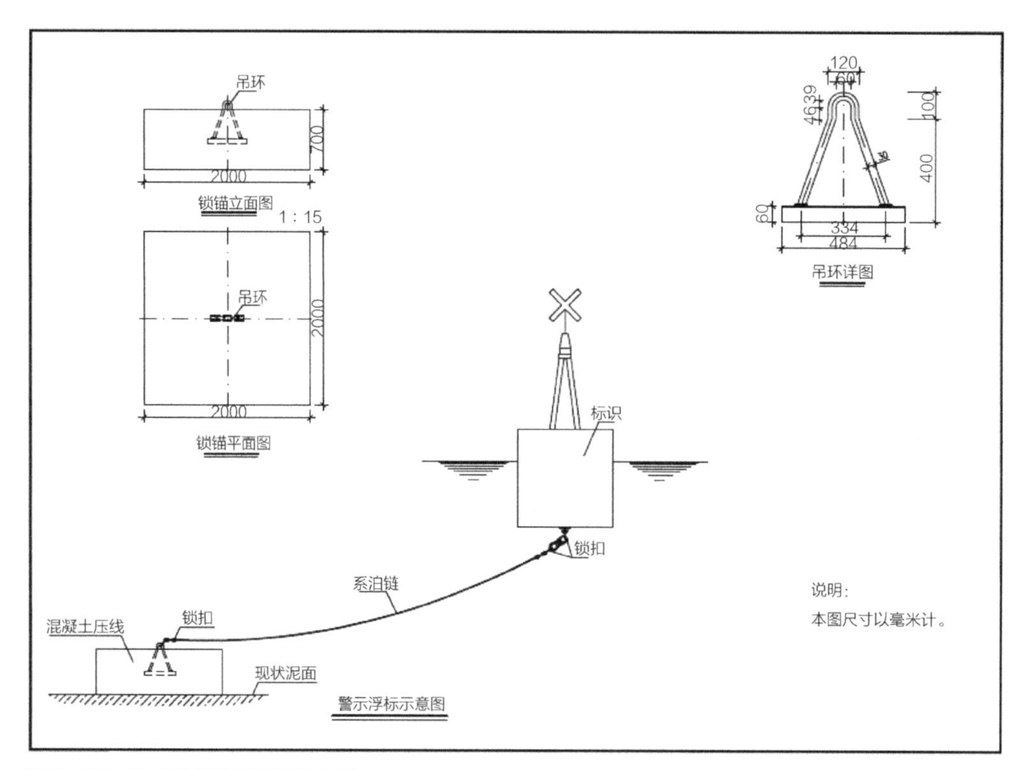

图13-67　海底管线警示浮标示意图

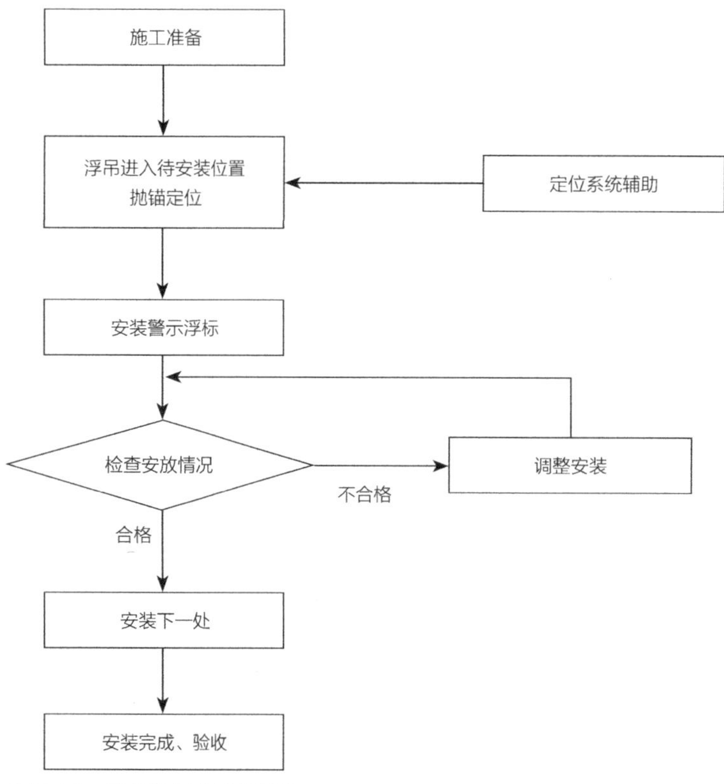

图13-68　警示浮标安装流程图

些位置的水深，根据深度合理选择锚链长度，并派潜水员检查水下有无影响施工的障碍物，若有则及时进行清理，如遇现场无法清理的障碍物需另外调用挖泥船等设备配合完成，浮标安装如图13-69所示。

（2）警示浮标安装

根据管线实际路由，抛锚船抛锚定位进行警示浮标安装（图13-70）。如水深达不到作业要求，可待潮位涨至一定高度再驶至施工海域，施工完毕及时撤离。警示浮标安装过程中，潜水员要随时进行水下检查，以保证安装位置和外露尺寸符合设计要求。如发现不符合要求及时修复或返工，直到符合要求为止。潜水员将每一次下水的检查结果做好记录。

4. 施工质量控制要点

施工中为避免伤害海底管线，混凝土块位置应仔细研究，尽量远离管线，一般混凝土块应距离管线5m左右。施工中遇到突发意外事件、工伤事故、台风等情况时，严格按应急程序执行，避免人员伤亡和设备损失。

图13-69 船舶装船安装浮标

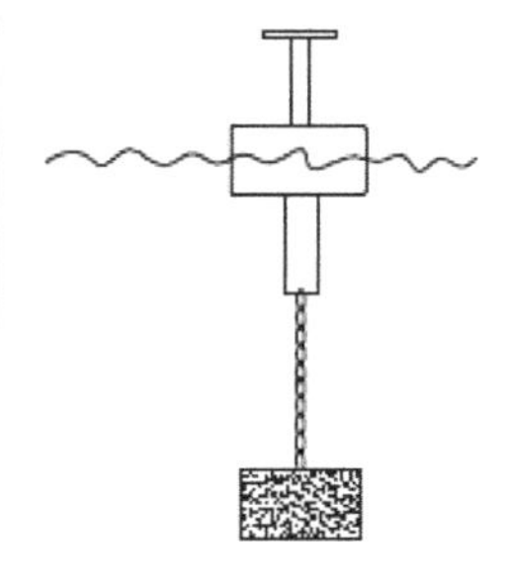

图13-70 混凝土块吊装浮标水下示意图

第14章 产业园区增量配电业务改革实践

2015年3月15日，《中共中央 国务院关于进一步深化电力体制改革的若干意见》（中发〔2015〕9号）发布。其中，网售分开、培育售电主体，向社会资本开放售电业务和新增配电业务，成为本轮电力体制改革的方向和重点。2015年11月，国家发展改革委、国家能源局会同有关部门发布了《关于推进输配电价改革的实施意见》等6个电力体制改革配套文件，落实改革各项措施，加快推进电力体制改革实施。在这样的背景趋势下，徐圩新区政府积极响应国家电力体制改革的大趋势申报试点项目。

2016年11月27日国家发展改革委、国家能源局联合发布《关于规范开展增量配电业务改革试点的通知》（发改经体〔2016〕2480号），公布第一批106个增量配电业务改革试点项目名单，徐圩新区增量配电业务改革试点位列其中。徐圩新区增量配电网经过三年的快速发展，在全国增量配电业务改革试点项目中走在了前列，在试点规模、电力规划、实施进度、供电服务等几个方面都具有一定的示范作用。徐圩新区增量配电业务改革试点项目的顺利开展有望成为增量配电业务改革的试验田，成为探索电力体制改革的先锋队。

14.1 试点项目概况

14.1.1 增量配电业务改革的概念

2015年3月15日，《中共中央 国务院关于进一步深化电力体制改革的若干意见》（中发〔2015〕9号，简称“中发9号文”）提出“鼓励社会资本投资配电业务”，“按照有利于促进配电网建设发展和提高配电网运营效率的要求，探索社会资本投资配电业务的有效途径。逐步向符合条件的市场主体放开增量配电投资业务，鼓励以混合所有制方式发展配电业务”。增量配电业务改革由此开启序幕，配电业务改革是继发电侧、售电侧引入竞争之后，在配电业务领域践行

“打破垄断”方针的落地实施。

1. “输电”与“配电”

通俗来讲，“输电”是指从发电厂输送大量电力至不同区域电网之间的联络渠道，类似于连接各地的高速公路；“配电”是把电分配给用户，类似于市区内的道路。按照一般理解，220kV及以上为输电网，220kV以下为配电网，但在本轮增量配电改革的背景下，以上述电压等级为主要划分原则的认识已发生变化。根据《有序放开配电业务管理办法》第二条规定，配电网原则上包括110kV及以下电压等级电网和220（330）kV及以下电压等级工业园区（经济开发区）等局域电网。

2. “增量”与“存量”

广义上，已建成投运的配电网叫存量配电网，新建的配电网叫增量配电网，与之相对应，配电业务是指配电网内的运营业务。根据增量配电业务改革的有关政策文件精神，试点项目不能由电网企业独资经营，应放开竞争，吸引社会资本进入，鼓励民营资本进入。目前，增量配电业务项目主要有以下几种形式：①由电网企业控股与其他主体共同投资建设运营增量配电业务项目；②电网企业参股（不控股）与其他主体共同投资建设运营增量配电业务项目；③由除电网企业以外的其他主体投资建设运营增量配电业务项目；④既有的拥有配电网存量资产绝对控股权的项目业主（除电网企业存量资产外），直接向地方能源管理部门申请作为配电网项目的业主。

3. 增量配电业务改革试点项目

增量配电业务改革试点项目大多是工业园区、经济开发区等局域电网，其电压等级可以是110kV或220（330）kV及以下，增量配电网的建设不能与省级配电网规划冲突，避免重复建设及交叉供电，增量配电网在其划定的配电区域范围内拥有配电业务的“唯一经营权”。

为推进增量配电业务改革，国家发展改革委、国家能源局分五批次批复了459个增量配电业务改革试点项目（不含已取消的24个试点项目），其中第一批94个，第二批88个，第三批114个，第四批84个，第五批79个，分布情况如图14-1所示。

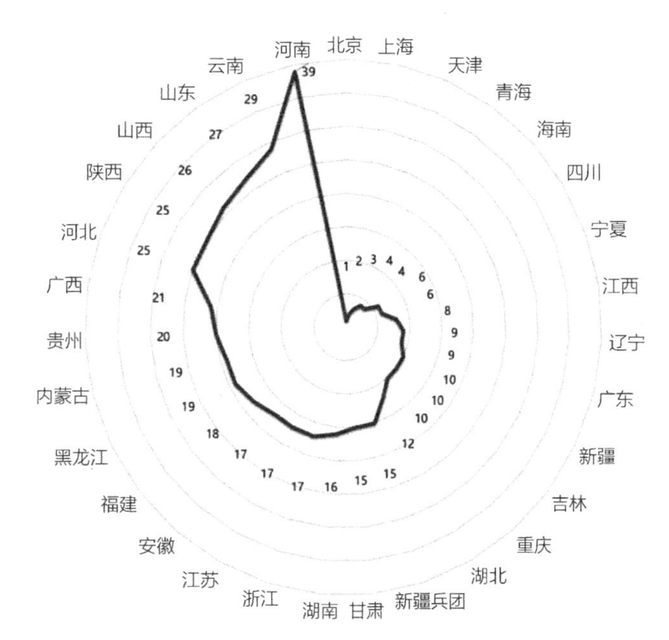

图14-1 五批试点地理位置分布图

14.1.2 试点情况简介

1. 申报背景

2016年，徐圩新区经

过七年的开发建设，盛虹石化、卫星石化、中化国际等一批大型石化企业进驻，未来园区内的用电负荷将实现跨越式发展，成为拉动园区经济的增长点，预计到2030年最大用电负荷将达到2839MW。而当时园区内的电网建设无法满足大量新增负荷的供电需求，电力供应可能成为园区石化企业发展的“卡脖子”问题。如何切实保证徐圩新区各级电网有充足的供电能力，加快园区配套电力工程与产业项目建设的接轨速度，节约入驻产业项目的电源接入时间，降低石化企业生产运营的用电成本，更好地服务经济发展的总体目标，是当时园区电力供应亟需解决的问题。中发9号文及相关配套政策的颁布给解决上述问题带来了新机遇，方洋集团抢先抓住增量配电业务改革试点机遇，在全国范围内率先启动了改革试点工作，力争破解园区企业电力需求难题，实现了社会效益和经济效益的双赢。

2. 试点批复

2016年9月2日，连云港人民政府向省发改委报送试点项目材料，由省发改委审核并转报国家发展改革委、国家能源局。2016年11月27日国家发展改革委、国家能源局联合发布《关于规范开展增量配电业务改革试点的通知》(发改经体〔2016〕2480号)，公布第一批106个增量配电业务改革试点项目，徐圩新区增量配电业务改革试点位列其中。2018年11月30日徐圩新区增量配电业务改革试点入选国家发改委、国家能源局12个直接联系试点项目之一。

3. 试点基本情况

徐圩新区增量配电业务改革试点(以下简称“徐圩新区增量配电网”)位于江苏省连云港市国家东中西区域合作示范区内，试点范围包括石化产业园和炼化预留区约39.68km^2，试点内包含盛虹炼化一体化项目、卫星石化乙烯综合利用项目等一批省级重点产业项目。2018年11月，本试点取得国家能源局正式颁发的电力业务许可证(供电类)；2018年12月9日，徐圩新区增量配电网项目启动开工；2019年12月25日，徐圩新区增量配电网并网运营。目前，试点内首座220kV变电站——孔桥变电站已实现连续安全生产运行560余天，未发生人身轻伤以上事故和一般设备损坏事故。预计至2025年，徐圩新区增量配电网区域内合计变电容量3480MVA，将满足园区入驻企业电力供应持续增长的需求，为连云港石化基地及地方社会经济发展提供安全、高效的电力保障。

14.1.3 试点意义

经过3年的快速发展，徐圩新区增量配电网在全国增量配电业务改革试点项目中走在了前列，从零起步建立经营机制，从无到有开展项目建设，从始到末抓好安全管控，从弱到强壮大专业力量，在试点规模、电力规划、实施进度、供电服务等方面都具有一定的示范作用。徐圩新区增量配电网的发展，对服务地方经济发展及探索电力体制改革都具有多重的意义。

1. 满足负荷快速增长

随着大批石化产业项目相继入驻，徐圩新区用电负荷将快速增长，现状电网将无法满足大量新增负荷的供电要求。着重考虑用户快速增长的负荷需求，形成以大电网为依托，以增量配电网 220kV 变电站为受电电源点，以110kV 电网为主干网架的增量配电网络体系，实现“电源容量充足、网架坚强可靠、运行方式灵活、设备先进规范”的现代化电网。徐圩新区增量配电网项目能够满足连云港石化产业园快速增长的负荷需求，提供安全、可靠、经济的电源接入，更好地为地方经济和产业项目服务。

2. 提升电力服务水平

在国家电力体制改革的大背景下，徐圩新区增量配电网遵循以市场需求为导向、以安全生产为基础、以服务产业为中心、以机制创新为动力的发展原则，在徐圩新区石化产业基地配电业务领域引入社会资本，实现投资主体多元化，提高徐圩新区增量配电项目的资金使用效率，优化传统电力服务机制和体制，提升电力服务水平及供电服务质量，加快推进新区内产业项目用电时序，满足用电企业的个性化用电需求。

3. 构建低碳能源体系

体制新、机制活的增量配电业务能更好地适应综合能源发展的新需求，使能源的就近供应成为可能。相较于省级大电网，增量配电网实现能源互联的手段更加灵活、多样。试点区域内用户产能结构丰富，对水、电、蒸汽、热、冷的负荷需求相对集中，同时会产生大量余热、余压以及工业副产品等能源资源。通过打破当前各类能源主体各自为政的局面，协调各方能源主体形成园区内多种资源的综合优化，推进徐圩新区增量配电网“源—网—荷—储”一体化和多能互补发展。发展综合能源，有利于提升能源利用效率、推动能源转型、助力实现双碳控制目标，为新区打造“绿色电力产业”奠定能源基础。

4. 提供电力改革新样板

通过徐圩新区增量配电业务改革试点，探索电网投资运营管理方式，总结电网高效发展新思路，为其他增量配电业务改革试点发展提供借鉴。在试点内统筹部署综合能源系统，有利于为能源供给侧及需求侧改革提供经验、积蓄力量，为推动能源革命贡献一分力量。

通过试点项目的规划建设，徐圩新区在配电网规划、政策研究、电价测算、存量资产处置等方面积累了大量工作经验和实践案例，成为国内为数不多的配电网建设从零起步、正式投入运营的改革试点项目，先后接待山东、山西、内蒙古等地试点单位的参观考察，有效发挥了引领示范作用。

14.1.4 试点面临的困境

本轮电力体制改革需一定程度上改变现有输配一体供电的生产关系，全面深化改革以激发市场活力。徐圩新区增量配电业务改革试点在重重阻力中艰难推进，主要困难归结为以下几类：

1. 顶层设计的阻力

试点改革初期，国家相关政策文件及地方政府相关实施细则出台滞后，现有政策缺少权威解读，各方理解不一致，试点迫切发展的需求难以实现。

2. 相关利益主体的阻力

（1）关于试点实施主体。试点推进初期，各方对试点项目主体由电网企业或社会资本控股的意见不统一，有人认为改革是要激发市场活力，由社会资本控股更符合国家政策导向，也有人认为配电改革需稳步推进，从电网安全、统一规划、统一标准的角度出发，应由电网企业控股。

（2）关于试点改革范围。试点推进初期，徐圩新区从产业规划的完整性角度出发，主张按申报的120km^{2}划分试点范围，但如何处置试点内存量资产，如何避免重复投资等问题因没有相关政策支撑无法有效解决，导致试点范围久悬不决。

（3）关于试点推进过程中产业用电问题。试点推进初期，因试点范围迟迟未确定，各方投资界面无法明确，徐圩新区重大产业项目及新区产业园外用户用电进度也受到了一定影响。

（4）关于徐圩新区增量配电网规划。试点范围迟迟未划分，增量配电网主张的环网运行方案得不到认可，这些问题导致规划迟迟无法批复，最终增量配电网变电站只能以馈供方式接入电网，导致后期新能源接入、用户受电接入的灵活性均受到一定影响。

3. 用户端的阻力

用户对电力行业现有的供电关系产生了惯性思维，在试点改革初期，试点内产业用户质疑增量配电网项目主体的运营能力，对国家试点改革不明朗的政策环境信心不足，普遍对试点业务开展产生抵触情绪。

一直以来，国家、江苏省、连云港市各级政府主管部门高度重视徐圩新区电改试点工作，先后15次回函以协调解决试点推进重点、难点问题，并多次赴试点现场调研并召开项目协调推进会。2017年9月18日，连云港市政府成立徐圩新区增量配电业务改革试点推进工作领导小组，以保障改革工作顺利有序推进。

14.1.5 项目主体确定

在试点推进工作领导小组的大力支持下，徐圩新区增量配电网前期在国内优选熟悉电力行业产业经济规律和法律政策的专业咨询机构和专家团队。由鑫诺律师事务所展曙光律师、知名高校教授及电力设计行业专家组成的顾问团队，共同完成徐圩新区增量配电业务改革试点实施方案和徐圩新区增量配电业务改革试点项目特许经营权竞争性磋商方案。

当时江苏省暂未出台增量配电网主体的相关指导性文件，通过借鉴专业团队参与改革项目的经验和思考，结合徐圩新区试点推进的实际情况，及时向市政府和省主管部门报告相关情况，在一定程度上推动江苏省发改委、江苏省能源监管办出台《江苏省增量配电业务改革试点实施细则》（苏政办发〔2017〕110号）。

1. 业主优选

徐圩新区增量配电网项目主体成立之初，新区本着电网安全第一、统筹规划、健康发展的初衷邀请国网江苏省电力公司参与，共同成立试点项目主体。但双方就试点区域划分及股权合作模式方面存在较大争议。市委市政府高度重视徐圩新区电改试点工作，并于 2017年

1月23日、3月2日两次召开专题协调会，就有利于电网健康发展、电力市场稳定等方面达成多项共识，但徐圩新区与省电力公司就试点区域划分及股权合作模式方面的争议问题未能达成一致意见。

经市领导小组研究同意，2017年9月15日，徐圩新区会同市发改委开始启动增量配电业务改革试点特许经营项目业主竞争性磋商工作，共有2家市政府出资的国有公司和11家其他公司参与报名，其中8家公司（供应商）最终进入磋商环节。最终由江苏方洋集团有限公司作为市政府出资的国有公司，由第一候选人国家电投集团江苏电力有限公司和第二候选人神华国华江苏售电有限责任公司（后更名为国能江苏新能源科技开发有限公司）作为其他2家出资方共同组建项目公司，占股比例分别为45%、30%、20%。试点也成了当时江苏省第一批5个试点项目中唯一一个没有省电力公司参与的项目（后至2021年1月国网江苏省电力公司入股）。

2. 合资公司注册

项目主体成立阶段面临着改革初期市场环境压力大、试点前景不明朗等不确定因素，徐圩新区组织股东方召开会议坚定改革信心，试点项目派专人驻扎股东方办公地点跟进项目主体公司注册进度，以确保在2018年2月底前完成合资公司注册工作。经过多方努力，2018年2月28日提交了合资公司注册资料，2018年3月1日，江苏东港能源投资有限公司作为试点内增量配电业务实施主体正式成立。由于试点范围迟迟未确定，且可能被严重压缩，经济效益难以预测，国家电投集团江苏电力有限公司最终未按章程约定出资，视为放弃股权。2019年5月27日，江苏东港能源投资有限公司完成工商变更，江苏方洋集团有限公司、神华国华江苏售电有限责任公司（后更名为国能江苏新能源科技开发有限公司）分别占股64.29%、35.71%。方洋集团与神华集团在试点前景不乐观的情况下，顶住压力，坚定信念，推动各方诉求达成共识，在试点发展的道路上披荆斩棘、携手共行。

在电网企业的支持和配合下，2019年12月25日，试点第一座220kV变电站顺利投产运营，2020年底，为进一步确保增量配电网稳定运行，共同推动东港能源做强做优，东港能源股东各方达成一致意见，同意挂牌交易部分股权，2021年1月8日，试点项目主体股东方变更为江苏方洋集团有限公司股权占比 40%，国能江苏新能源科技开发有限公司35.71%，国网江苏省电力有限公司股权占比 24.29%。

3. 安全技术顾问团队

试点项目筹建过程中，行业内普通反映对于试点安全性的担忧。为此，管委会主要领导提出聘请国内电力行业最优秀的安全技术顾问团队作为支持后盾的工作思路。2018年4月，在试点项目规划编制初期即与专业设计院签订合同，开展全过程的安全技术咨询服务。在增量配电网改革前期，设计院与项目主体共同承担了众多压力和阻力，有效解决试点推进过程中多项“重、难、急”的工作任务。

14.1.6 配电区域划分

1. 唯一配网运营权

配电区域划分是增量配电网的核心内容，也是社会广泛关注的内容，我国实行供电/配电区域独家经营制度。根据《中华人民共和国电力法》规定，“一个供电营业区内只设立一个供电营业机构”，“供电企业在批准的供电营业区域内向用户供电”。《增量配电业务配电区域划分实施办法（试行）》（发改能源规〔2018〕424号，以下简称《实施办法》）明确“在一个配电区域内，只能有一家售电公司拥有该配电网运营权”，这种独家经营制度，意味着配电区域划分的实质就是划分独家运营权行使的地域范围。

《实施办法》第四条明确提出“地方政府确认的主管部门负责配电区域的划分”。然而，在实际执行过程中关于“地方政府”是指省级地方政府还是市级地方政府却有着不同的看法，这也导致试点陷入了区域划分方案迟迟无法确定审批主体的尴尬处境。

2. 区域划分方案

试点项目申报拟定的试点范围为产业区内120km^2，包含石化产业园、精细化工园、节能环保科技园和现代港口物流园等区域。试点批复以来，电网公司提出试点范围内不能包含其存量资产，避免重复投资，以其已建220kV东港变电站及南区变电站为中心按照行业相关规范供电半径预留足够的110kV及以下配网出线区域，建议划分方案为228省道以东、陬山路以南共13.4km^{2}绝对空白区域作为试点范围。

在连云港市增量配电业务改革领导小组指导下，市发改委会同徐圩新区先后 15次协商配电区域范围问题，在经过专业咨询论证后，徐圩新区充分考虑利益相关方诉求，先后四次调整配电区域范围，第一次由原申报的产业区内120km^{2}调整为105km^2，第二次调整为93km^2，第三次调整为83km^2，第四次调整为67km^2。第四次调整充分尊重江苏省能源局2018年3月13日在徐圩新区调研时提出的建议和要求，调整后的具体范围为北至疏港大道、西至规划驳盐河、南至徐仲公路、东至海滨大道共 67km^{2}区域（有效面积 62km^2，占地约5km^{2}的斯尔邦石化、虹港石化等存量用户仍维持由供电公司供电），包含石化产业园及其拓展区。经专家评审，一致认为该划分方案范围明确、界限清晰，充分考虑存量资产的有效利用，避免了重复建设和交叉供电，有利于安全管理，符合国家相关文件要求，且四次调整后该区域内存量资产约占项目总投资的1.26%。

2018年4月3日，经江苏省发展改革委的协调后，电网公司将试点范围由13.4km^{2}调增至23.5km^{2}以进一步支持增量配电业务改革试点工作。但该配电区域建议方案将石化基地割裂，实际有效建设区域仅14.5km^2，入驻企业受限，在技术经济上不合理，在管理上也存在较大安全风险，如按此方案划分配电区域，很可能导致试点项目夭折。历次配电区域范围调整如图14-2所示。

3. 区域划分的双重压力

区域划分涉及配各方核心利益，徐圩新区面临巨大的压力和阻力，因各方在认识上存在分歧，试点推进举步维艰，试点工作陷入僵局，甚至新区内其他企业项目用电也受到不同程

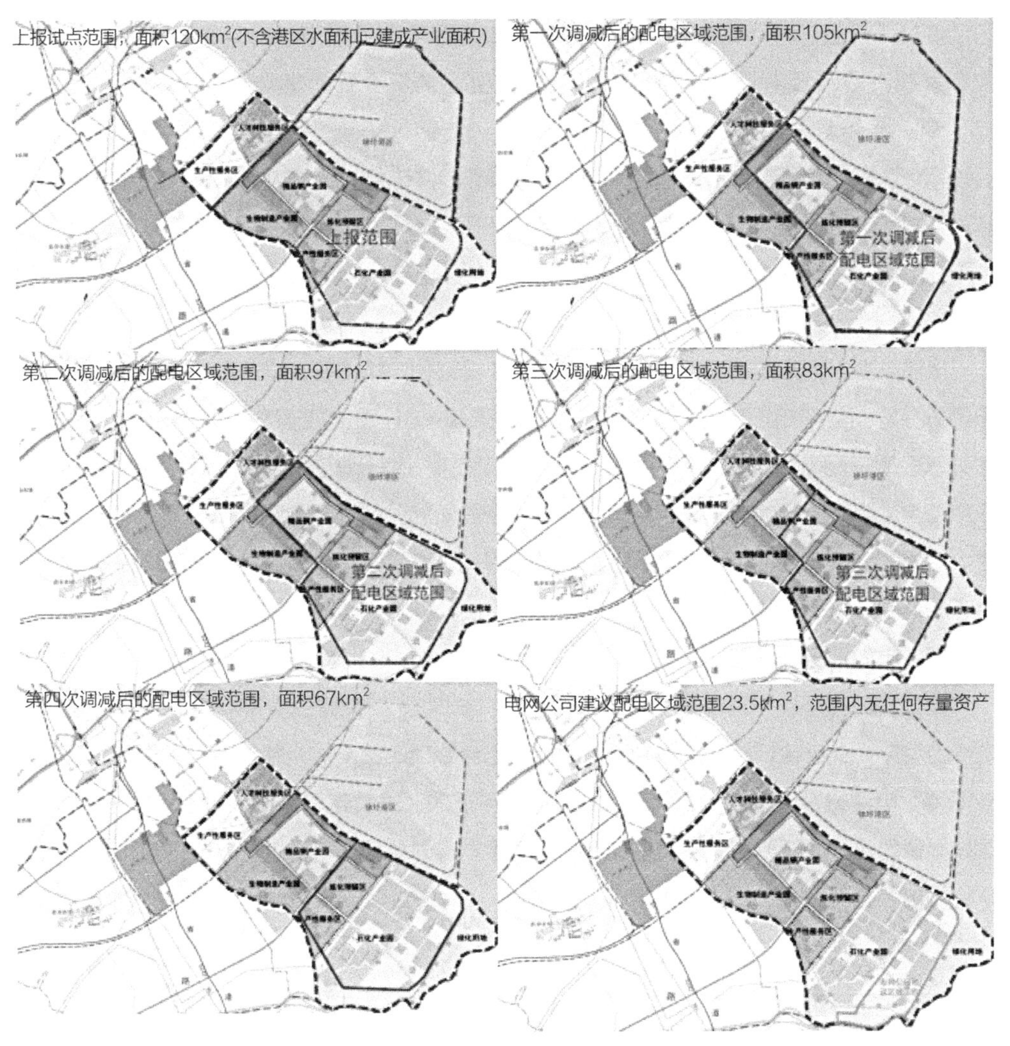

图14-2 配电区域范围调整方案

度的影响。至此，因配电区域仍未能确定，增量配电网获批20个月仍无法启动实施，盛虹炼化一体化、卫星石化等一批重大产业项目因用电问题难以按计划开工建设。徐圩新区顶着试点规划“落地难”、产业项目“用电难”的双重压力，多次赴发改委、能源局汇报试点情况，一方面尽快协调解决重大产业项目生产用电的迫切需求，另一方面邀请第三方机构组织专家对试点范围进行反复论证，并出具范围划分建议。

在徐圩新区的坚持及社会各方的广泛关注下，2018年8月8日，时任国家发展改革委体改司副司长万劲松一行赴徐圩新区召开项目现场办公会，会议明确以下内容：一是明确试点区域划分方案由连云港市自主审批；二是明确须于2018年9月底前确定试点范围；三是明确各方应积极配合试点相关工作开展。本次办公会的召开解开了困扰试点区域划分的绳结，加快了试点推进的步伐。

4．区域划分确定

2018年8月24日，在连云港市纪委派驻第八纪检组的监督下，连云港发展改革委委托江苏省工程咨询中心组织专家对徐圩新区增量配电业务改革试点范围进行了论证。与会专家在听取连云港供电公司、徐圩新区管委会情况介绍的基础上，经认真讨论，出具了专家咨询意见。市发改委参考专家意见，结合徐圩新区发展实际，为支持地方产业发展，同时兼顾电网公司利益、充分释放现有供电能力，建议徐圩新区增量配电业务改革试点范围为：北至疏港大道、西至228国道、南至徐仲公路、东至海滨大道，其中斯尔邦、虹港石化等国网公司存量用户可维持现有供电关系不变，试点范围面积约39.68km^2。

上述方案经报市政府审批通过（图14-3），2018年9月3日，连云港市发改委发布《关于明确徐圩新区增量配电业务改革试点范围的通知》（连发改能源发〔2018〕253号文），徐圩新区增量配电网试点范围历时23个月最终确定，徐圩新区增量配电网项目建设正式拉开序幕。试点范围的确定虽不尽完美，将石化产业园部分区域分割在试点之外，限制了试点更大空间的经营发展，但也实属不易，试点范围基本满足了重大项目推进需求，在规模上仍具有一定的改革代表性。

14.1.7 电力业务许可证

电力业务许可证作为增量配电业务改革的“新课题”，尚无充分资料可以参考。江苏省能源监管办为此赴徐圩新区开展调研办公会，出台专项政策文件，并组织召开东港能源电力业务许可申请材料评审会，为试点电力业务许可证的颁发奠定了基础。2018年11月26日，国家能源局正式向江苏东港能源投资有限公司颁发电力业务许可证，标志着试点正式获得合法合规的经营身份。

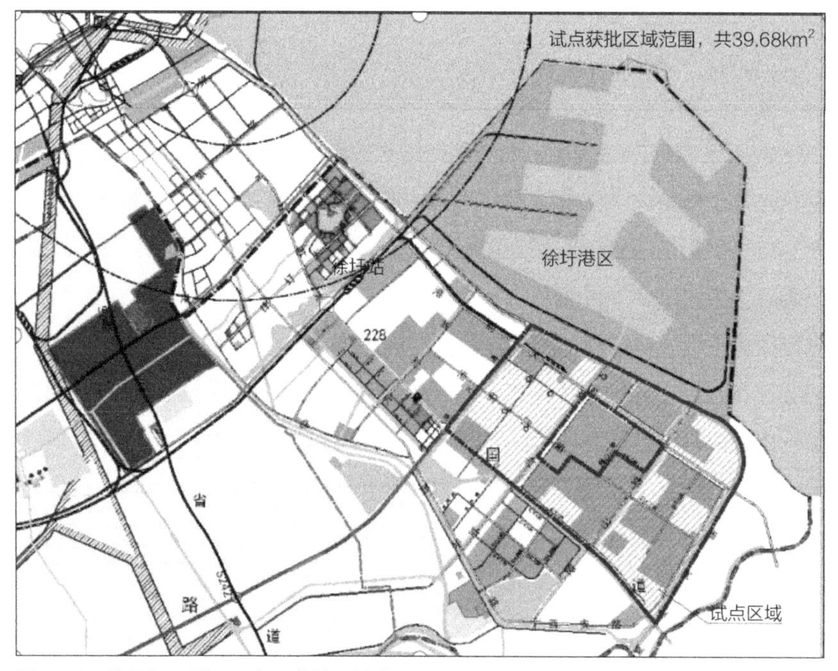

图14-3　徐圩新区增量配电网获批区域范围

14.2 徐圩新区增量配电网项目规划及建设

14.2.1 配电网规划

1. 区域范围

根据《关于明确徐圩新区增量配电业务改革试点范围的通知》(连发改能源发〔2018〕253 号文),徐圩新区增量配电业务改革试点项目试点区域明确如下:北至疏港大道、西至 228 国道、南至徐仲公路、东至海滨大道,其中电网存量用户江苏斯尔邦石化有限公司、江苏虹港石化有限公司、连云港虹洋热电有限公司维持现有供电关系不变,试点范围面积约 39.68km^2(图14-4)。

2. 报告编制及获批

2017年1月份,连云港发展和改革委员会授权徐圩新区委托专业咨询机构开展徐圩新区增量配电改革试点区域配电网规划编制工作。为保证增量配电网前期理性、逐步、适度的建设投入,坚持“规划先行,分步实施”,高标准做好试点项目的顶层设计工作,先后委托专业设计院编制徐圩新区增量配电网规划报告,并邀请电力行业权威机构、知名高校等各方专家就规划的安全性、可靠性、经济性展开多次论证。2017年4月完成规划送审稿编制及意见征求,期间因园区电力负荷分布和电力平衡变化较大、试点区域范围划分方案未确定等原因,电网规划一直未能定稿。

试点划分范围确定后,试点迅速启动搜资工作,就试点规划边界条件、安全界面、负荷

图14-4 徐圩新区增量配电网规划

预测、电源接入等问题开展多次专家论证，规划方案最终由省发改委委托电力规划设计总院评审。在国家发展改革委、省发改委、市发改委的大力支持和江苏省电力公司的全力配合下，《连云港市徐圩新区增量配电网规划》（后文简称《配电网规划》）于2019年4月19日正式获批。

《配电网规划》作为徐圩新区增量配电网建设的纲领性文件，自获批1年多以来有效地规范与指导配电网建设，在保障用户供电安全性、可靠性方面，取得了显著的成效。

3. 规划电网规模

按照《配电网规划》要求，试点项目总投资约20亿元，配电网区域内共规划建设220kV变电站5座、110kV变电站10座（图14-5）。其中：220kV变电站建成投运1座、在建2座，110kV变电站建成投运1座、在建5座。目前已完成投资约5.4亿元。

增量配电项目实施前，试点范围内的4家重点化工企业不具备两路电源应当来自两个不同的变电站的技术要求，经常发生停电情况，企业生产无法得到保障。为保障区域内大型石化企业的安全可靠供电，试点在配电区域内提供2个独立的电源点，孔桥、深港、炼化3座变电站采用2点馈入方式、通过3～4回220kV线路接入公共电网；深港变电站、纳潮变电站、复堆变电站通过110kV侧互联备供，不仅满足供电范围内大型石化企业对安全供电的特殊要求，确保安全、优质供电，也避免了重复建设、交叉供电现象的发生，实现安全供电和投资效益双保障。

截至目前，220kV孔桥变电站已于2019年12月并网运行，炼化变电站已于2021年6月并网运行，深港变电站预计于2021年下半年投运，主要为园区内盛虹炼化、卫星石化、中化等企业提供施工、调试及生产用电，试点全面建成后年供电量约180亿kWh；现有110kV线路7km，折单10kV线路88km，拟建110kV电力线路4km、10kV线路22km。二

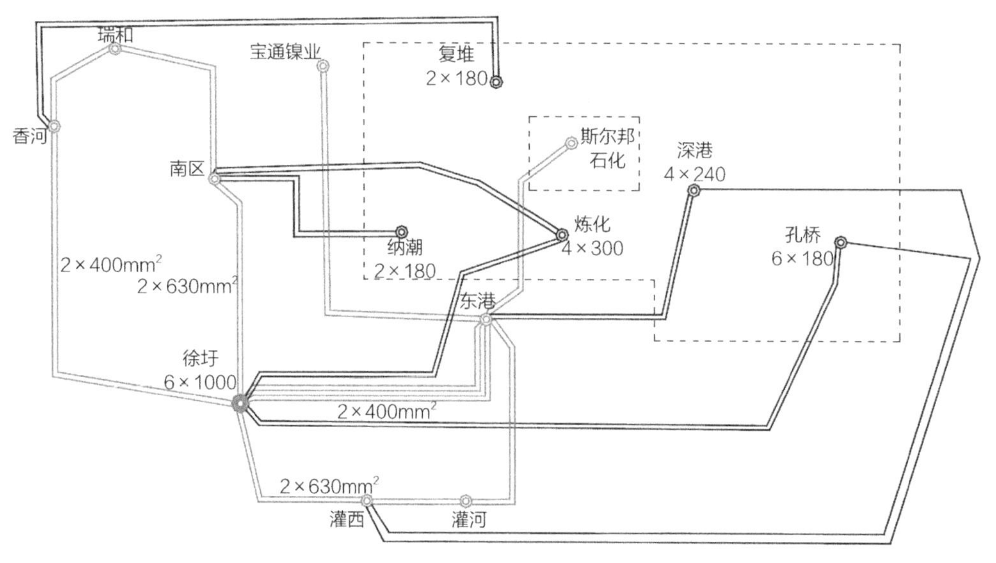

图14-5 徐圩新区增量配电网网架结构示意图

期配网线路建成后将实现10kV配网线路联络，不断提高增量配电网运行的安全稳定性（图14-6、图14-7）。

（1）220kV孔桥变电站

220kV孔桥变电站（图14-8）作为东港能源依托《配电网规划》投资建设的首个220kV项目，是目前江苏省内建设规模最大的220kV全户内变电站。该工程采用EPC总承

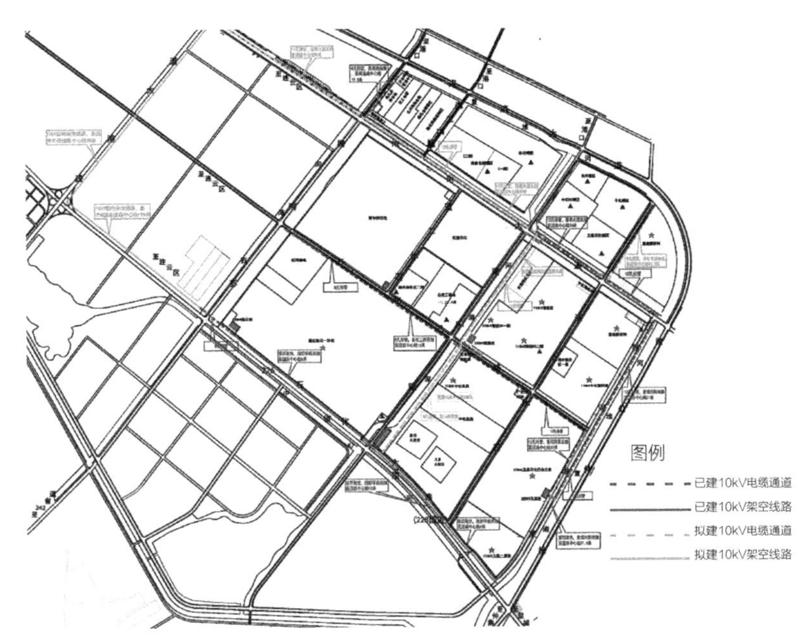

图14-6　110kV及以上线路路径图

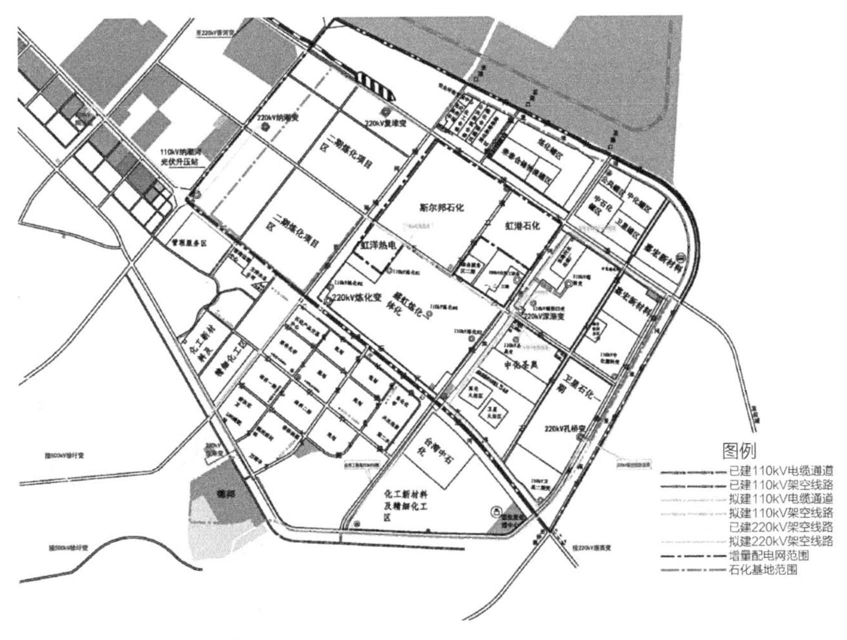

图14-7　10kV配网线路路径图

图14-8　220kV孔桥变电站

包模式，于2018年12月14日启动建设，2019年12月25日并网运行。主要建设内容包括1座220kV变电站及高压进线，主变压器6×180MVA，220kV孔桥—徐圩同塔双回线路、220kV孔桥—灌西线路及配套工程。项目核准总投资金额约为4.7亿元，实际总投资金额为3.7亿元。

试点北部区域分布卫星石化、中化国际等一批110kV、35kV、10kV用户，变电站建设初期有两个方案：方案一是按照传统方案，分别建设卫星石化用户变电站和方洋公用变电站两个220kV变电站（图14-9）；方案二是提出将两个变电站合建为一个220kV变电站的设想方案（图14-10）。经过对两个方案适用性、可行性、经济性等多方面的研究论证，最终采用方案二的建设思路。试点项目创新性地在220kV孔桥变电站将2台公用变电站与4台卫星石化专用变电站一体化建设（卫星石化通过13年按月摊销的形式返还建设成本），既实现了降本增效，节约土地、廊道资源，也确保产业项目在自身投产之日起即可享受220kV电压等级的销售电价，这种资产下边界模糊化的投资方式，为解决传统工业园区配电网建设缓慢、降低企业用电成本等问题提供了新的解决思路。

（2）220kV深港变电站

220kV深港输变电工程（图14-11）于2020年6月17日正式开工，主要为中化瑞恒、圣奥等产业项目供电。主要建设内容包括1座220千伏变电站及高压进线，主变压器2×240MVA（远景4×240MVA），220千伏深港—东港同塔双回线路、220kV深港—灌西线路及配套工程。该工程核准投资金额为6.88亿元。

（3）220kV炼化变电站

220kV炼化输变电工程于2020年3月3日正式开工，2021年6月17日并网运行，是为盛虹炼化一体化项目建设的专用变电站。主要建设内容包括1座220kV变电站及高压进线，主

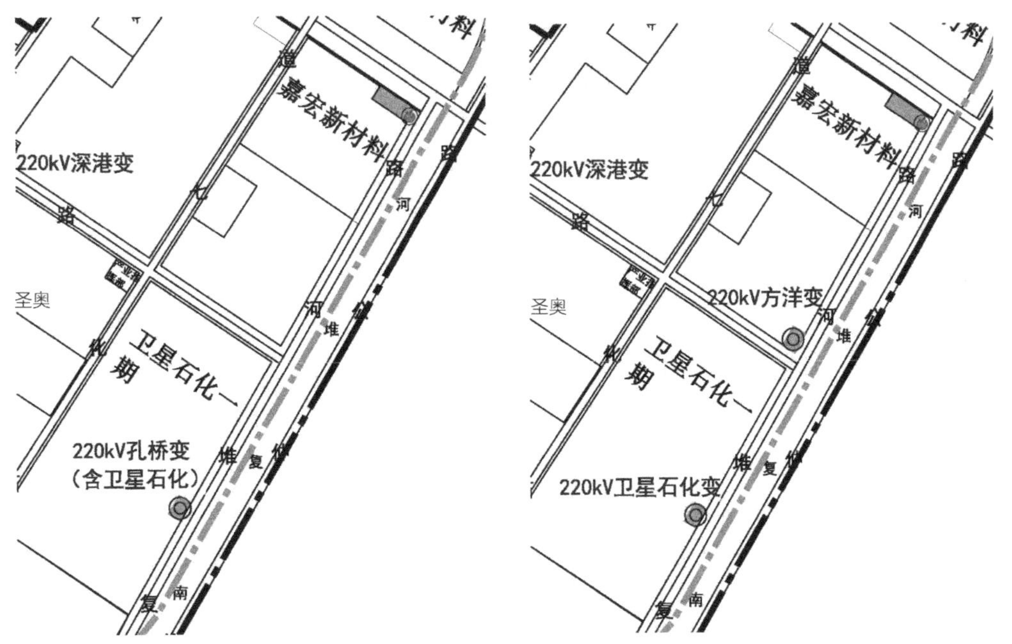

图14-9　方案一：220kV方洋变电站、卫星石化变电站

图14-10　方案二：220kV孔桥变电站

图14-11　220kV深港变电站（在建）

变压器6×240MVA，220kV炼化—南区、炼化—徐圩同塔双回线路及配套工程。该工程核准投资金额为4亿元。

14.2.2　并网互联

《关于制定地方电网和增量配电网配电价格的指导意见》明确指出，“配电网与省级电网具有平等的市场主体地位”。换言之，增量配电网与省级电网一样，都是电网，二者具有平等地位。基于这种平等的关系，增量配电网与其他电网的连接，既不是作为用户接入，也不是所谓的下级电网与上级电网相连，严格意义上讲是不同电网之间的互联。确定增量配电网与其他电网连接是“网网互联”，对增量配电网的合理权益意义重大。在增量配电网实际政策落地的过程中，电网企业与增量配电网企业的并网关系成为一大争议的热点，不能简单地将增量配电网定义为地方电网下的“大用户”，这就关系到增量配电网与地方电网之间的结算标准、调度关系、运行方式、电源接入等诸多方面。

1. 结算标准

2019年5月25日孔桥变电站3~6号主变（主变压器，简称主变）送电后，东港能源与供电公司的网间综合结算电价暂按照220kV大工业用户执行峰谷分时电价，并全容量缴纳基本电费。徐圩新区增量配电网试点内多为石化产业大用户，其负荷具有24h平稳连续的生产特性，经多次测算与研究，执行分时电价将增加0.02~0.03元/kWh的购电成本，基本电费将增加0.07~0.1元/kWh的购电成本。并网前后，试点就并网身份、电价是否执行峰谷分时、基本电费是否缴纳等涉及增量配电网运营核心权益的问题积极争取利好政策，从而为试点项目创造良好的生存环境。

东港能源业务团队逐字逐句研读政策文件，明确试点不执行峰谷分时电价的诉求与政策文件精神是一致的，坚持为试点争取基本权利。历时半年，经过6次会商，3次发函，2020年11月经省发改委协商确定东港能源与供电公司的网间综合结算电价不执行分时，并退返自2020年5月25日起多收的电费；会上，省发改委也认可增量配电网企业“电网”的身份，应享受并承担作为电网企业的权利和义务。2020年12月25日，省发改委发文全省增量配电网试点综合结算暂不执行分时电价，这一突破无疑是徐圩新区增量配电网打破壁垒的第一步，也是关键一步。后续，试点还将就基本电费等核心问题继续向有关部门积极反馈，争取更多的利好政策落地，为试点向用户释放改革红利奠定良好的基础。

2. 调度关系

基于徐圩新区增量配电网规模及调度关系，试点内已建立独立的电力调度控制中心（图14-12），与上级电网签订并网调度协议，在调度业务上是上下级关系，徐圩新区增量

图14-12　徐圩新区综合能源调度控制中心

配电网接受连云港地调统一调度管理，按照网与网的关系执行调度操作，根据设备管辖权限，部分线路须由省调许可，营销业务上按照大用户管理模式上报停电计划等。

3. 运行方式

《增量配电网规划》评审意见提出，正常情况下220kV变电站母联开关或母线分段开关打开，即采用环网建设、馈供方式运行的方式接入电网，并网调度协议明确正常方式下，不得出现双侧电源合环、电磁环网。这种运行方式实际上是将增量配电网220kV公用变电站看作用户终端变电站，在一定程度上限制了变电站之间的互联互备，对保证增量配电网的可靠性是不利的。为此，试点提出“对于试点内不具备全转全供条件的220kV变电站宜采用来自两个不同电源点的3～4回电路接入公共电网”等思路，实现220kV孔桥变电站、深港变电站、炼化变电站，分别以3回、3回、4回线路接入公共电网，以提升本质安全水平。

4. 电源接入

《国家发展改革委、国家能源局关于规范开展第二批增量配电业务改革试点的通知》(发改经体〔2017〕2010号)规定：试点项目不得以常规机组“拉专线”的方式向用户直接供电，不得依托常规机组组建局域网、微电网，不得依托自备电厂建设增量配电网。本试点在规划之初计划就近接入周边区域已有的公用工程岛、虹洋热电等热电联产项目，该方案在技术与安全方面是可行的，但由于缺少明确的政策文件支撑，未能将其接入试点区域。为推进试点规划尽快落地，综合考虑下试点放弃了热电联产项目的就近接入。目前试点区域只能考虑接入以风、光、储能系统为主的分布式电源。

14.2.3 综合能源规划

试点在“碳达峰、碳中和”背景下，结合徐圩新区资源禀赋和用能特点，以发展绿色综合能源与建设示范基地为目标，研究整合区域能源网络和信息网络，构建园区综合能源体系。试点先后委托专业设计院开展综合能源规划及利用项目研究。目前《徐圩新区综合能源规划》已取得市发改委批复意见；《徐圩新区绿色综合能源与示范基地建设》项目报告已完成初稿。在项目层面，通过研究多能综合供给、电化学储能、多站融合、分布式能源交易、综合能源管控平台、综合能源服务，以综合能源理念综合构建园区综合能源系统，促进互联网及大数据技术应用于能源的生产、调度、消费、管理等各个环节，实现能源的产供销用全环节提升；通过低碳、清洁、能效和经济性指标等多目标优化系统建设方案，提高区域可再生能源利用比例和能源利用效率，有效满足园区新时代高质量发展需求，为新区打造“绿色电力产业”奠定能源基础。徐圩新区能流现状如图14-13所示。

徐圩新区发展绿色综合能源，在负荷增长潜力、园区内部协调管理和配套支持政策等方面，都具有显著优势。

1. 负荷增长潜力巨大

徐圩新区热力和电能的主要用户是大型石化企业，目前多数产业项目还处于建设施工阶段，待项目稳定达产后，园区用能需求将十分可观。结合规划区域现状和用户报装情况，用

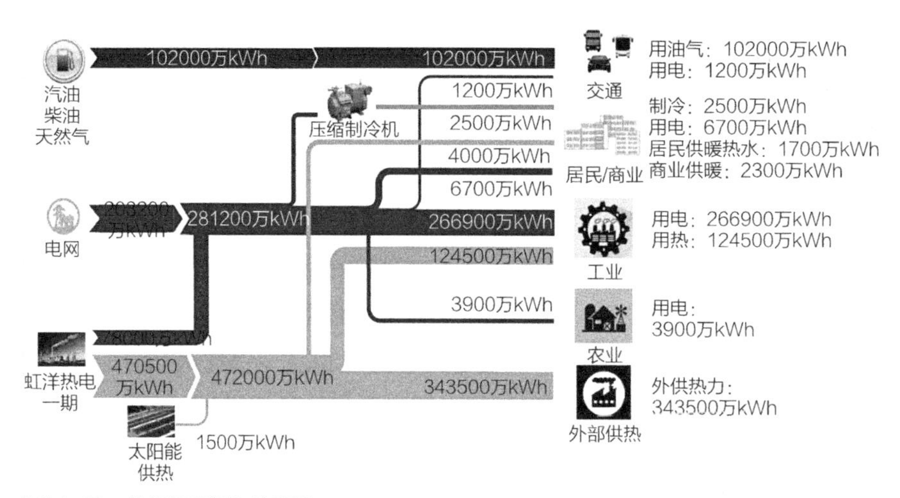

图14-13　徐圩新区能流现状图

电方面，预测增量配网配电区域2025年和2030年用电负荷达2966MW和3334MW，用电量达158.5亿kWh和173亿kWh；热力需求方面，预测2025年低压蒸汽（0.1～1.6MPa）、中压蒸汽（2.4～4.4MPa）和高压蒸汽（9.8～13.6MPa）平均负荷达到2078t/h、1280t/h、1490t/h。考虑到大型石化企业的用能特性，可观且稳定的用能需求对徐圩新区发展综合能源、优化能源供给消费起到强力的支撑作用。

2. 打通不同能源间纵向壁垒

徐圩新区发展综合能源的根本目的是打通源侧和用户侧，提供多元化的能源生产和消费服务方式，提高用能可靠性和经济性。源侧充分利用辖区内风、光等可再生能源，建设运营分散式风电、分布式光伏，提高清洁能源开发使用率，构建、运营以新能源系统为主的多能互补能源供应系统，增加本地清洁电力供给。建设公用工程岛，发展IGCC（整合煤气化联合循环发电系统，integrated gasific combined cycle，IGCC）多联产产业，建设核能供热项目，满足园区热力供应。园区现已形成电力、热力、水、天然气在内的经营主体，通过内部协调，构建综合能源系统，有助于打通多种能源子系统间的技术壁垒、体制壁垒和市场壁垒，促进多种能源互补互济和多系统协调优化，在保障能源安全的基础上促进能效提升和新能源消纳，大力推动能源生产和消费革命。

3. 增量配电带动综合能源发展

自徐圩新区2016年11月列入国家第一批增量配电网试点以来，相关工作稳步推进，现已步入正常化轨道，具备开展后续综合能源服务条件。综合能源服务作为增量配电网后续增值服务的开拓业务，服务业态侧重能源供应和用能侧，而增量配电网侧重配电网络和售电侧。《有序放开配电网业务管理办法》（发改经体〔2016〕2120号）明确指出，“配电网运营者可有偿为各类用户提供增值服务”。因此对于徐圩新区而言，投资增量配电业务更大的价值在于可以依托配网资产做更多终端能源服务的创新，而终端能源服务的创新才是增量配电业务的精髓所在。

14.3 徐圩新区增量配电网项目运营

14.3.1 安全、生产、基建一体化

1. 政府政策引导、行业标准管理

本试点项目秉持“基建为生产，生产为经营”的理念，统筹协调推进工程建设及生产准备工作。在试点项目主体成立之初人员少、资源匮乏，基础资料较少、工程开工迫在眉睫的情况下，广泛收集国家电网公司、中国南方电网公司、中国神华集团的管理体系文件，从中抽丝剥茧，组织制定了符合当时工程阶段的安健环管理制度20项，工程施工管理制度11项，工程质量管理制度26项，为工程的顺利、有序开展提供了支撑性文件。

生产投运前期，组织生产人员赴西门子、施耐德等设备厂家参与设备监造、出厂试验，提前入场参与设备安装、调试、验收等环节（图14-14），尽早熟悉生产环境、摸清设备结构、建立设备台账，为基建转生产做好充足准备、打下坚实的基础；转入生产运行后，及时组织制定了符合生产安全需要的安全目标以及工作票、隐患辨识、隐患排查和风险预控等管理制度，进一步完善了制度管理体系，形成了电力改革新体制下的“政府政策引导、行业标准管理”的运营模式。

试点项目基建、生产、经营各环节严格执行电力行业标准，以制度为依从，制定安全目标，与施工承包单位、集团公司、各部门及每位职工签订安全目标责任书，制定全员安全生产责任制度、安全生产奖惩制度和经营生产指标，层层传导安全压力，级级分解生产经营责任。自2018年12月开工以来工程建设未发生人身轻伤及以上事故和一般设备损坏事故；自2019年12月首座变电站投运以来，已实现连续安全生产运行560余天，累计为产业用户供电5.8亿kWh，最大负荷已突破20万kW。

考虑到试点内均为大型石油化工企业，且生产具有连续性，一旦供配电系统出现问题造成生产中断，将带来重大安全事故隐患及经济损失。为保证让客户用上安全、优质、可靠的“放心电”，在试点项目获批初期即与专业设计院签订合同，开展全过程的技术咨询服务，以及时提供制度体系、规范标准、电网要求等方面的服务；推进试点管理体系化、制度化，提出“对于试点内不具备全转全供条件的220kV变电站宜采用来自两个不同电源点的3～4回

图14-14 GIS和变压器设备监造、安装及试验

电路接入公共电网”等思路，切实提升本质安全水平。

委托当地培训学校、消防支队、知名专家等开展安全法律法规、安全知识培训，健康知识培训，提高从业人员安全意识。聘请知名质量认证公司开展施工现场安全检查，督促监理单位、施工单位落实安全方案和措施，完善安全资料，保障施工安全、优质、高效推进。由当地主管部门出面进行协调、处理。在制度编修、基建管理、检修程序、工作票执行等工作中，徐圩新区增量配电网将国家电网、南方电网、国家能源集团的专业化管理模式加以综合，形成个性化管理要求。

2. 运营团队建设

围绕增量配电业务改革试点项目促进电网企业改进管理、降低成本、提高效率的目标，徐圩新区试点项目首先在降低人力成本上下功夫。本试点运营主体核定编制60人（现有43人），相比同规模企业减少50%，全部员工均为大学本科毕业，其中研究生学历占比30%，中高职称占比30%，平均年龄32岁，整个团队年轻且富有活力，是一支精干高效的运营团队。“控员增效、专业融合”，在人才队伍建设上注重横向扩展与纵向延伸，鼓励员工结合自身岗位责任及能力特长发展专业融合，充分挖掘价值潜力，提升试点项目整体的专业管理水平。

14.3.2 供电服务

徐圩新区增量配电网成立之初，试点内许多用户对试点政策不清楚，对服务质量有担忧。徐圩新区增量配电网坚守改革初心，解客户之所惑，供客户之所需，以现代服务业管理为手段，以客户需求为导向，思考如何创新电力服务机制，当好徐圩新区“电小二”，打造“增量配网”品牌。截至 2021年6月底，试点区域共受理用电报装申请 63个，已按计划完成产业项目送电41个，受电容量约92万kW。

1. “线上+线下”服务

试点积极推进线上办电服务，已实现供电服务“业务网上办、流程线上走”，用户可自主选择通过微信公众号或营业厅（图14-15）办理相关用电手续，并通过微信公众号查询政策法规、停电公告、办电指南、电量电费等信息。对部分高压用户提供预约上门服务，争取让用户办理用电业务时“不跑少跑，一次办好”，配套电网接入工程配备“项目经理+客户经理”进行全过程跟进，定期上门了解用户施工情况，及时跟进施工计划，协调解决施工难点，有序推进施工进度，在用电报装各环节推行业务主动服务、资料主动收集。针对卫星石化、盛虹炼化等重点项目，制定详细的送电计划，按期与用户召开项目推进会，了解各项工作进度，配合用户完善启动方案，利用自身专业技术力量和先进经验

图14-15 徐圩新区增量配电网电力营销中心

有效地解决用户用电过程中的技术和业务问题，不断提升用户对增量配电网的信赖度和支持度。

2. 办电时间

“压减办电时间，精减办电材料”，徐圩新区增量配电网积极落实《国家发展改革委、国家能源局关于全面提升“获得电力”服务水平，持续优化用电营商环境的意见》等相关文件精神。试点内已完成送电的35个项目均为高压电力用户，高压单电源、高压双电源用户办理用电报装业务各环节合计时间分别压减至10个、18个工作日以内，已达江苏省出台的“获得电力”相关文件要求。

自2021年起用户提交用电申请时取消重要性负荷登记表；对于一个企业有多个用电项目的，不需要重复提交企业营业执照、法人证明等相关文件，实现线上信息文档共享。

3. 销售电价

目前，徐圩新区增量配电网终端用户电价严格按照江苏省最新的销售目录电价执行，试点内用户可自主选择预存电费转账、分次划拨托收的形式缴纳电费。东港能源已委托第三方专业机构就配电价格核算、配电价格套餐等问题进行研究，结合用户负荷率、用电量、峰谷特性等因素探索差异化产品和定价策略，例如阶梯电价套餐等，以满足不同用户的用电需求，在提升自身市场竞争力的同时，争取最大限度地将改革红利传导至终端用户。

以试点内卫星石化产业项目为例，东港能源综合考虑其负荷用电体量以及220kV孔桥变电站的合建模式，虽然电源接入等级为35kV，但其自投产日起即可享受220kV电压等级的销售电价，即与增量配电网并网电压等级一致，不存在电压等级级差收费的利润空间，预计每年至少将为卫星石化降低用电成本约6000万元。

4. 个性化服务

对徐圩新区增量配电网内用户提供更具有针对性的定制化服务，主要包括：提供电费划拨、预存、结算、月度账单等各类信息的短信推送，以此提前告知客户扣款时间及金额、电量电费使用情况等，使用户第一时间了解用电情况；提供定制化服务，部分企业对电量电费预报及统计规则、票据日期等服务项有特殊需求，针对不同企业提供个性化方案，如定制短信格式；配合用户侧开展电量校核工作等。

5. 电力市场化交易

2020年徐圩新区增量配电网区域内用户仍处于工程建设阶段或新投产阶段。依照《江苏省发展改革委　江苏能源监管办关于开展2020年电力市场交易的通知》（苏发改能源发〔2019〕1068号文件），增量用户无法参加2020年电力市场化交易，在省业务主管部门的关心指导下，2021年通过孔桥变电站作为二类用户将各企业整体打包参加电力市场交易方式，使试点内用户尽早享受到市场化交易带来的红利，同时避免其因负荷不稳定等综合因素带来的偏差考核。预计2021年该增量配电网区域内参加市场化交易电量约为17亿kWh，全年仅卫星石化一家企业享受到的市场化交易优惠总额约达5000万元。

6. 高可靠性供电费用

高可靠性供电费用是供电企业对于申请两路及以上多回路供电的用电户收取的一次性费用，收费标准由省价格主管部门印发执行。为充分释放增量配电改革红利，降低试点内用户的用电成本，支持产业项目发展，我公司拟主动降低高可靠性供电费用收费标准，提高产业用户的获得感和幸福感。

7. 政策性电价执行

目前，试点范围内有5个污水处理、海水淡化项目，用电负荷约1.6万kW，按照《国家发展改革委关于创新和完善促进绿色发展价格机制的意见》（发改价格规〔2018〕943号）文件要求，对该部分用电负荷免收需量（容量）电费，预计2020～2025年累计免收该类负荷需量（容量）电费约3968万元。

此外，徐圩新区主动延伸高压用户投资界面，对于增量配电网区域内所有用户，均将线路配套至企业红线边，持续优化营商环境，提升用户的获得感、满意度。通过线上业务办理、精简办电手续，全过程跟踪服务，传导市场红利，让用户享受“一对一”的优质服务，为客户逐字逐句讲政策、逐条逐项解疑惑，用实际行动诠释服务理念，打造增量配网的服务品牌。

14.3.3 信息化建设

徐圩新区增量配电网在用户群体、涉及区域、业务密度等方面虽不如电网企业复杂、多变，但在生产技术及流程管理等方面也有着同样的技术标准和业务需求，可以说是“麻雀虽小五脏俱全”。同类型大型企业如国家电网，有几十甚至近百个大大小小的信息系统，每个业务分项又细分为多个业务子系统。电力供应具有天然垄断的性质，行业内具有成熟业务经验的基本都是国家电网、南方电网供应商，这既有优点也有缺点。优点是优秀的供应商具有行业内权威的技术力量，可以基于电力行业已有的经验提供专业的建设方案支持增量配电网的信息化建设；缺点是行业思维固化严重，系统模式已趋于定型。如何打破各业务之间的壁垒，利用现有资源优势做到锦上添花，是增量配电网前期信息化建设的重点问题。

试点项目初期信息化建设为空白状态，项目组前期做了大量的调研工作，分别赴陈家港电厂、无锡星洲增量配电网试点、郑州航空港增量配电网试点、浙江省电力公司调度中心、中电普华、朗新科技、南瑞继保等多家单位调研，参考已有电力行业信息化系统模式，统筹规划具有“增量配电网特色”的信息化顶层设计，打通业务数据壁垒，建立统一标准的公共资源数据池，目前试点内已有多个项目落地。

1. 电力营销和用电信息采集系统

2020年年底，徐圩新区增量配电网电力营销及用电信息采集系统上线运行（图14-16），通过将电力营销业务系统及用电信息采集系统一体化建设，集成客户服务、合同管理、资产管理、电费收缴、远程集采、运营分析等功能模块，与安全生产管理信息系统电网资产管理紧密衔接，优化了增量配电网的电力营销业务流转、数据处理方式和资产全生命周期管理，形成业务开放互联、信息对等分享的共享模式。后续将在该平台基础上进一步扩展各项增值

图14-16　电力营销和用电信息采集系统

服务项目，做到增量配电网“业务一条线”。

2. 配电自动化系统

配电自动化系统与徐圩新区调控中心同步建设，是江苏第一家建成调配一体化主站系统的单位。该系统具备“信息化、自动化、互动化”的特点，利用自动化装置监视配电线路的运行状况，几分钟内便可迅速排查并隔离故障区域，及时恢复非故障区域用户用电，大幅提升故障处理效率及供电的可靠性。通过构建徐圩新区增量配电网全电压等级的输、变、配、用的拓扑贯通、无缝拼接地图，整合多个业务领域众多场景，基于GIS平台与生产、营销、调度和数据资源等系统的集成，以多系统协同的方式实现“配网一张图”。

3. 安全生产管理信息系统

安全生产管理信息系统（图14-17）采用整体规划、急用先行、成熟先用的原则，本着紧急程度的不同进行区别，考虑先行实施业务和管理急需的部分。同时借鉴国电南瑞电力

图14-17　安全生产管理信息系统

公司企业信息系统成熟的建设经验，结合公司主营业务需求，紧密联系客户、资产两大中心，规划资产全生命周期、统一技术平台等应用模块，构建网络化、信息化、智能化、一体化业务管理平台，实现业务开放互联、信息对等分享、运营管理智能高效，支撑供电、市场化购售电、营销和客户服务等业务的创新发展。

徐圩新区增量配电网高度重视数据建设，通过跟踪生产用能数据，充分挖掘数据潜力及价值。通过业务子系统作为建设支撑，以配网运营业务为核心，搭建适合试点发展需求及易于扩展的具有一定先进性的标准化管理平台，从内部管理和业务开展上实现一体化应用，建立“数据一个源”的业务生态链，为推动智能电网发展，全力保障徐圩新区各重点企业、重大项目的安全、稳定、可靠用电需求奠定智慧、先进的信息化保障。

14.3.4 多元化业务

1. 多站合一

本试点将在建的220千伏深港变电站作为多站融合示范站载体，助力“变电站加速变身”，实现“变电站+储能电站+光伏电站+5G基站+智慧充电站”的五站合一应用，打开综合能源服务新的应用场景，依托变电站的便利条件开展多站融合建设，加速实现电网企业由传统供电业务向综合能源服务业务的自然延伸。通过设计阶段的合理规划，充分利用深港变电站的空间条件，在站内配套建设10MW/60MWh的电化学储能电站一座；新建挂设AAU宏基站设备的单管塔一座；在生产综合楼、220kV配电装置楼、运维楼建设总装机容量为308.88kWp的屋顶光伏发电项目（图14-18、图14-19）；建设交直混联的光储充智慧车棚一座，包含四交两直的充电车位，9kW的棚顶光伏，并在功能柱内配置21.3kWh磷酸铁锂电池储能系统，将光伏、储能、充电桩高度集成形成一套微电网系统。本试点科研项目“徐圩新区增量配电网5G智慧电网”项目在全国第三届“绽放杯”5G应用大赛中荣获三等奖。

2. 综合能源调度控制中心

徐圩新区增量配电网综合能源控中心是基于配电网规模及调度关系建立的独立调度控制中心，负责调控整个增量配电网系统的运行并负责对外数据交换，远期将实现新区内水、蒸

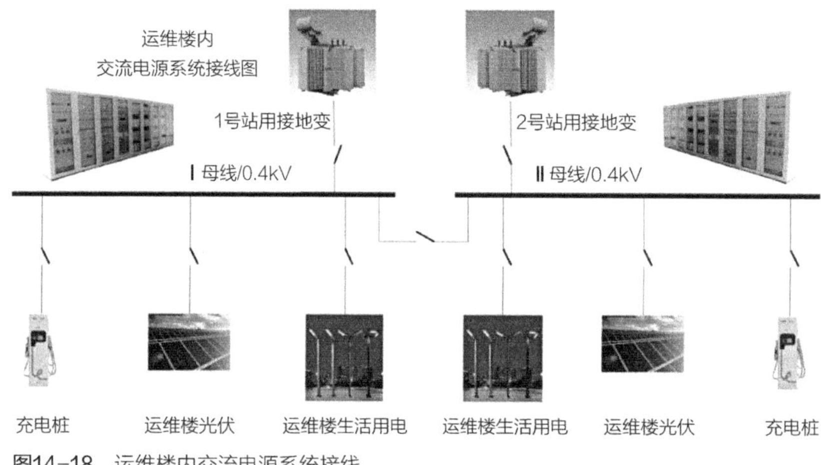

图14-18 运维楼内交流电源系统接线

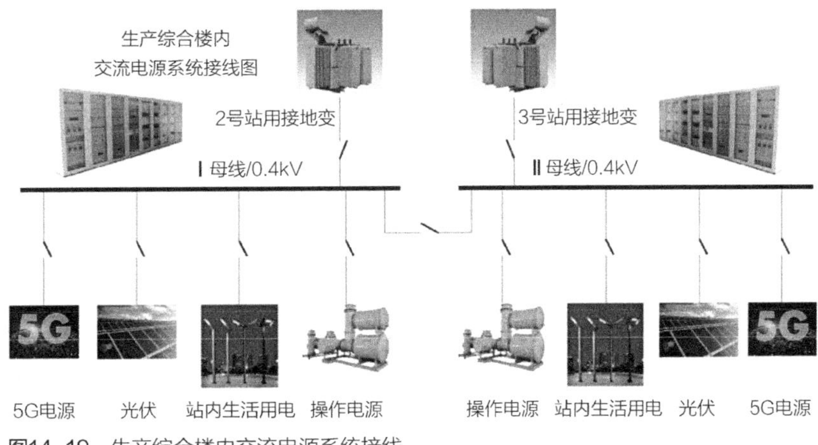

图14-19　生产综合楼内交流电源系统接线

汽等分布式能源的综合管控。调控中心配备电力行业D5200调配一体化主站系统，用以实现信息共享、系统厂站设备的在线监测、数据处理及实时控制。项目于2019年9月完成可行性研究报告，作为2020年度徐圩新区增量配电网的重点建设项目，各方领导高度重视。经多方组织研究、精心策划，相关责任部门积极推进，2020年10月底按计划完成调控中心的主站系统、电源系统、通信系统的安装调试及监控大厅的建设并投运。

“探索数据赋能，助力综合能源服务”，园区内计划建设综合能源管控平台（图14-20），实现企业用能信息的全方位交互，构建以电为核心的新型能源消费市场，为用户提供多元化综合能源服务，实现园区内能源监测、能效管理和部分设备运维管理等增值服务功能，增加客户黏性和信任度，从而逐步实现基础服务和增值服务的协同发展。

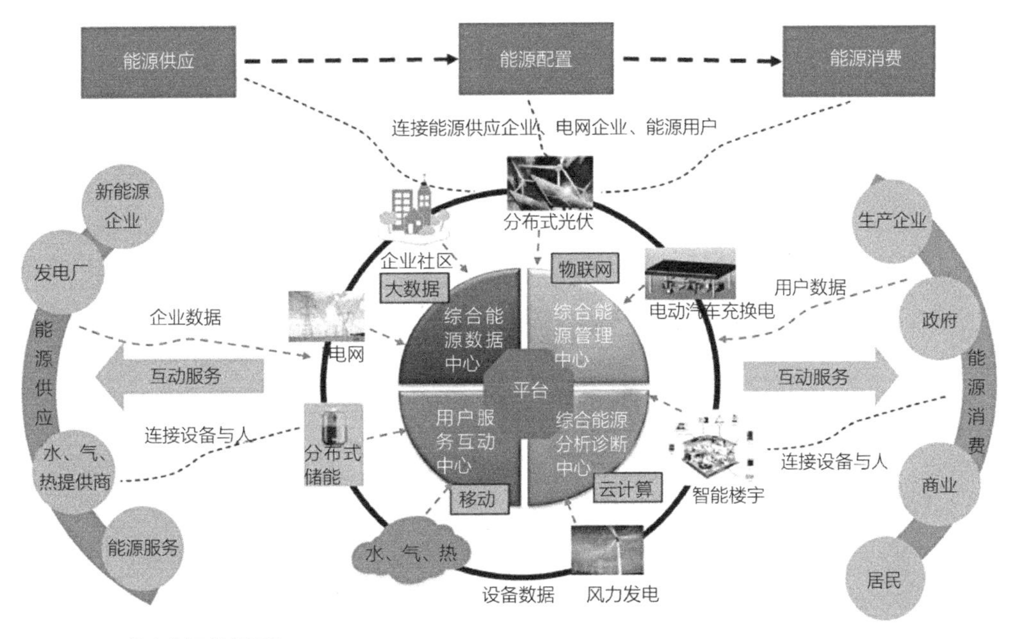

图14-20　综合能源管控平台

3. 售电业务

“延伸售电业务，拓宽发展空间”，本试点积极参与售电侧改革，抓住电改机遇，探索业务发展新路径。2020年售电业务共代理江苏省内10家电力用户，总交易电量1.29亿kWh；河北南方电网11家电力用户，总交易电量14.86亿kWh；2021年，江苏省内共绑定电力用户48家，预估全年参加市场化交易电量3.56亿kWh。

14.4 结束语

踏平坎坷成大道，斗罢艰险又出发。经历种种磨难，克服重重阻力，徐圩新区增量配电网已安全、持续、可靠运行近一年半。徐圩新区增量配电业务改革试点作为“徐圩新区2019年十大事项”之具有标杆示范意义的五大产业配套工程建成投运的项目之一，已成为国内为数不多的配电网建设从零起步、正式投入运营的改革试点项目。通过不断的探索与尝试，试点与各级政府主管部门建立了良好的沟通机制，与电网企业达成了共赢的合作模式，与试点用户筑起了稳固的信任基石，在试点筹划、政策解读、生产经营、供电服务等方面都积累了深厚的经验，试点项目的正式落地为徐圩新区石化产业基地的能源服务注入了新的活力，也为更多增量配电业务试点的发展之路作出了有益的探索。

增量配电网的规划建设是一个漫长并多变的过程，改革也不是一蹴而就。配电价格、基本电费、电源接入等常见的难点问题也仍处于有争议无定论的状态，徐圩新区增量配电网将以“守得云开见月明”的决心坚定前行，不断在矛盾和困难中寻求新的发展机遇。

参考文献

[1] 叶江峰，任浩，甄杰．中国国家级产业园区30年发展政策的主题与演变 [J]．科学学研究，2015，33 (11)：1634-1640，1714.

[2] 杨旸，洪再生，张丽梅．港口空间与土地利用规划：新加坡港与天津港的比较研究 [J]．现代城市研究，2015，(11)：63-68.

[3] 王荟．新形势下我国产业园区规划中存在的问题与对策探究 [J]．经贸实践，2018，(5)：191.

[4] 邹华，许千．我国高新技术产业园区规划布局研究 [J]．沈阳工业大学学报 (社会科学版)，2016，9 (2)：112-116.

[5] 张梦天，王成金，王成龙．上海港港区区位与功能演变及动力机制 [J]．地理研究，2016，35 (9)：1767-1782.

[6] 张爱玲，杨志刚，王号昌．化工园区应急救援基地的先驱：危化品惠州应急救援基地的市场化新模式 [J]．中国安全生产，2016，11 (10)：18-19.

[7] 管悦．产业园区规划设计新思路 [J]．北京规划建设，2019，(6)：136-138.

[8] 张伟娜，刘文峰，邓成云．市政管线入廊分析与探讨 [J]．城市勘测，2018 (Z1)：180-183.

[9] 刘立彬．应急救援基地运行机制探索 [J]．广东化工，2019，46 (16)：112-113.

[10] 周静．应急救援基地建设探讨 [J]．现代职业安全，2010，(7)：74-75.

[11] 王晓红，高丽娜，孙翀．我国城市应急备用水源地建设安全评价指标体系研究 [J]．环境保护，2016，44 (21)：17-23.

[12] 李美香，黄昌硕，耿雷华等．城市应急备用水源建设要求与思路 [J]．中国水利，2017，(7)：48-50.

[13] 马永福．雨污水管道入廊设计分析 [J]．低碳世界，2017，(15)：132-133.

[14] 王弘．综合管廊的管线入廊问题探讨 [J]．住宅与房地产，2017，(26)：118.

[15] 本刊．管线入廊规划先行 [J]．城乡建设，2017 (12)：6.

[16] 王洋，宋桂杰，刘旭东. 城市应急备用水源需求和规模确定方法研究 [J]. 给水排水，2012，38（5）: 19-22.
[17] 郄燕秋，王胜军，张炯，等. 城市供水备用水源工程规划设计探讨 [J]. 给水排水，2012，38（12）: 25-30.
[18] 陈立家，田延飞，黄立文，等. 港区船舶溢油应急联防设备库选址优化研究 [J]. 中国安全科学学报，2014，24（7）: 172-176.
[19] 姚勇，鞠美庭，孟伟庆. 港口规划环境影响评价与生态规划的技术思路探讨 [J]. 海洋通报，2008，27（1）: 95-101.
[20] 张欢，成金华，冯银，等. 特大型城市生态文明建设评价指标体系及应用——以武汉市为例 [J]. 生态学报，2015，35（2）: 547-556.
[21] 秦晓楠，卢小丽. 基于BP-DEMATEL模型的沿海城市生态安全系统影响因素研究 [J]. 管理评论，2015，27（5）: 48-58.
[22] 张景奇，孙萍，徐建. 我国城市生态文明建设研究述评 [J]. 经济地理，2014，34（8）: 137-142，185.
[23] 张鹏飞，岳烨，侯嫔，等. 人工湖水体富营养化的活性炭处理技术及生态修复建议 [J]. 水资源与水工程学报，2017，28（2）: 92-98.
[24] 於孟元，赵忠伟. 城市人工湖泊水环境保护研究概述 [J]. 水利水电快报，2020，41（6）: 25-32.
[25] 肖冰. 城市典型人工湖湿地生态修复关键施工技术质量控制——以杭州某人工湖为例 [J]. 园林，2020，（8）: 23-28.
[26] 张统，李志颖，董春宏，等. 我国工业废水处理现状及污染防治对策 [J]. 给水排水，2020，46（10）: 1-3，18.
[27] 朱勤芳. 活性炭吸附法在工业废水处理中的应用 [J]. 环境与发展，2018，30（8）: 89，91.
[28] 章毅，姚静波，陈静，等. 临汾汾河公园人工湖生态修复 [J]. 绿色科技，2018，（22）: 40-43.
[29] 陈建昌. 工业废水处理方法浅析及发展趋势 [J]. 化工管理，2019，（1）: 95-96.
[30] 樊金鹏，田海龙，李保安. MABR及其在工业废水处理方面的应用 [J]. 化学工业与工程，2019，36（1）: 59-63.
[31] 张聪. 工业废水处理现状与解决对策思考 [J]. 资源节约与环保，2016，（4）: 44，49.
[32] 柯志波，赵付宝，刘丹. 废水深海排放工程施工风险分析 [J]. 价值工程，2016，35（23）: 114-116.
[33] 张华昌，倪长健，鞠忠勋. 污水深海排放工程整体与断面模型试验 [J]. 海岸工程，2001，20（2）: 14-24.

致 谢

本书由江苏方洋集团组织编写，编委会由闫红民等组成。在本书规划和组织编写过程中，得到了兄弟单位和合作企业的大力支持。在此致谢：

连云港徐圩港口投资集团有限公司：公司成立于2011年2月，作为徐圩港区的开发建设和运营主体，承担着徐圩港口开发建设和运营管理任务。

江苏方洋水务有限公司：公司成立于2012年1月，作为徐圩新区及连云港石化产业基地唯一环境综合服务商，承担多项徐圩新区公共服务事业，包括供水服务、污水处理服务、环境监测服务、市政工程建设与运维服务、水环境整治及水生态建设。

江苏方洋建设投资有限公司：公司成立于2013年9月，作为徐圩新区房屋建设的主要建设企业，具有房地产开发二级、建筑工程总承包三级资质。

江苏方洋建设工程管理有限公司：公司成立于2015年1月，承担徐圩新区道路、桥梁、绿化、水利等工程项目建设管理及工程招标代理等。

江苏方洋智能科技有限公司：公司成立于 2014年10月，作为徐圩新区最大的智能化整体解决方案供应商，拥有电子与智能化工程专业承包壹级与通信工程施工总承包叁级施工资质。

江苏方洋人力资源管理有限公司：公司成立于2010年12月，作为综合性国有人力资源公司，面向徐圩新区广大企事业单位提供人才招聘、劳务派遣、职业介绍、人事代理、人才培养、拓展训练、人力资源管理咨询、猎头等服务。

江苏东港能源投资有限公司：公司成立于2018年3月1日，作为徐圩新区增量配电业务改革试点唯一的配售电运营主体，承担试点范围内的配电设施建设运营，电力销售，电力运维检修，综合能源开发建设，售电业务代理、节能服务等。

青岛新都市设计集团有限公司：公司成立于1976年，前身为青岛市园林规划设计研究院有限公司，是一家有着悠久历史和丰富经验的专业设计院。拥有风景园林规划甲级、建筑设计甲级、城市规划设计乙级等资质。